“十三五”普通高等教育规划教材

数控应用技术

主　编　张志义　李海连

副主编　罗春阳　肖　鹏

机械工业出版社

本书详细介绍了机床数控技术的有关内容，突出了数控技术的先进性与综合性。全书理论联系实际，重在实用。

本书共分6章，内容包括绪论、数控机床的组成（机械结构、辅助装置、数控系统、位置检测装置和伺服系统）、数控机床的加工工艺基础、数控编程基础（数控车床编程和数控铣床编程）、轮廓加工的数学基础和CAD/CAM技术（UG CAM的应用），章后附有复习思考题。

本书可供从事数控机床编程和操作等相关工程技术人员使用，也可作为应用型机械类和近机械类相关专业本科教材使用。

图书在版编目(CIP)数据

数控应用技术/张志义，李海连主编．—北京：机械工业出版社，2018.3
“十三五”普通高等教育规划教材
ISBN 978-7-111-59552-6

Ⅰ.①数…　Ⅱ.①张…　②李…　Ⅲ.①数控机床-高等学校-教材　Ⅳ.①TG659

中国版本图书馆CIP数据核字(2018)第062158号

机械工业出版社(北京市百万庄大街22号　邮政编码　100037)
责任编辑：时　静　杨　璇　　责任校对：张艳霞
责任印制：张　博
三河市宏达印刷有限公司印刷
2018年5月第1版·第1次印刷
184mm×260mm·15印张·360千字
0001-3000册
标准书号：ISBN 978-7-111-59552-6
定价：45.00元

前　　言

随着现代工业的迅猛发展，数控加工设备的应用日趋普及，制造业越来越多采用数控技术以提高产品的精度和生产率，因此对数控加工的工艺安排、程序编制、加工操作及机床维护和保养等技术人员的要求也越来越高。为此，数控技术的教学和人才培养就应注重实用性和先进性。本书以介绍数控应用技术为主，同时穿插介绍了数控加工相关的工艺性知识和自动编程实例，使本书既具有相当的理论性又具有一定的实用性。本书可供从事数控机床编程和操作等相关工程技术人员使用，也可作为应用型机械类和近机械类相关专业本科教材使用。

数控技术的理论性较强，更是一门涉及机械、电气、传感器及计算机等多门学科的技术。它是由各种技术相互交叉、渗透、有机结合而成的一门综合性学科，具有很强的系统性和实用性。因此本书首先全面、系统地介绍了数控机床的产生与发展过程、数控机床的工作过程及各个组成部分的工作原理及其结构，使读者对其工作原理、结构组成及数控加工特点有较全面了解；接着针对数控机床加工工艺进行了介绍，结合编者多年的数控加工经验，选择较为实用的工艺内容进行讲解，使读者对刀具、切削用量选择及数控加工工艺卡的编制有一定的了解；然后针对数控车床和数控铣床进行了编程代码及编程技巧的详细讲解，并提供了大量编程实例以供读者理解和熟悉编程技巧；接着通过逐点比较法、数字积分法介绍了数控插补原理，使读者初步了解数控机床运动轨迹的插补控制过程；最后介绍了 CAD/CAM 的概念及编程步骤。随着计算机技术和先进制造技术的进步，现代加工向着无图样加工方向发展，其中 CAD/CAM/CAPP 等计算机辅助设计、制造、工艺已广泛应用到数控加工制造中。本书结合实例介绍了 UG 在自动编程方面的应用，使读者能了解现代编程技术和使用方法，能更有效地完成数控技术的学习。

参加本书编写的有张志义（1、2、3 章），李海连（4、6 章），肖鹏（5 章及附录），罗春阳和孙长健参与了部分编写工作，张彭负责图形绘制，罗春阳和肖鹏对本书的加工程序进行验证，全书由张志义统稿。

本书在编写过程中参阅了国内外的教材、资料和文献，在此谨表谢意。由于编者水平有限，书中难免会有不妥之处，恳请读者提出宝贵意见和建议。

编　者

目　　录

第1章　绪　　论

数控技术是20世纪先进制造技术的重大成就之一，是集成了计算机技术、自动控制技术、检测技术和机械制造技术的交叉和综合技术。本章重点对数控机床的产生与发展、数控机床的基本组成与工作过程、数控机床的分类、数控机床的特点及发展趋势等内容进行阐述。

1.1　数控机床的产生与发展

数控机床是在机械制造技术和自动控制技术的基础上发展起来的。1946年，美国宾夕法尼亚大学研制出世界第一台电子计算机“ENIAC”，为产品制造由刚性自动化向柔性自动化方向发展奠定了基础。

1.1.1　数控机床的产生与发展史

现代科学技术和社会生产的不断发展，对机械加工提出了越来越高的要求。机械加工过程的自动化、智能化是实现上述要求的最重要措施之一。它不仅能提高产品的质量、提高生产率、降低生产成本，还能大大减轻工人的劳动强度，改善工作环境。

在机械制造业中，并不是所有产品的零件都具有很大的批量，单件与小批量生产的零件（批量为10~100件）约占机械加工总量的80%以上。尤其是造船、航天、航空、机床、重型机械以及国防等行业，其生产特点是加工批量小、改型频繁、零件形状复杂且精度要求高。采用专业化程度很高的自动化机床加工这类零件就显然很不合理，因为生产过程中需要经常改装与调整设备，对于专业生产线来说，这类改装与调整有时是不可能实现的。各类仿形加工机床虽已部分解决了小批量、复杂零件的加工问题，但在更换零件时必须制造靠模、调整机床，不但消耗大量的手工劳动，延长了生产准备周期，而且由于靠模误差的影响，零件精度很难达到较高的要求。

为解决上述这些问题，满足多品种、小批量的自动化生产要求，迫切需要一种灵活的、通用的、能够适应产品频繁变化的自动化机床。

数字控制（Numerical Control，简称NC或数控）机床就是在这样的背景下诞生并发展起来的。它极其有效地解决了上述一系列矛盾，为单件、小批量生产精密复杂零件提供了自动化加工手段。数控机床将加工过程所需的各种操作（如主轴变速、松夹工件、进刀与退刀、开车与停车、选择刀具、供给切削液等）步骤，以及刀具与工件之间的相对位移量等都用数字化的代码来表示，通过介质（如穿孔纸带或磁盘等）将数字信息送入专用的或通用的计算机，计算机对输入的信息进行处理与运算，发出各种指令来控制机床的伺服系统或其他执行元件，使机床自动加工出所需要的工件。数控机床与其他自动机床的一个显著区别在于，当加工对象改变时，除了重新装夹工件和更换刀具外，只需更新程序即可，不需要对机床进行任何调整。

采用数字控制技术进行机械加工的思想，最早是在20世纪40年代提出的。当时，美国的一个小型飞机工业承包商帕森斯公司在制造飞机框架及直升机叶片轮廓检查用样板时，利用全数字电子计算机对轮廓路径进行数据处理，并考虑了刀具直径对加工路径的影响，提高了加工精度。1949年帕森斯公司正式接受美国空军委托，在麻省理工学院伺服机构实验室的协助下，开始从事数控机床的研制工作。经过三年的研究，于1952年试制成功世界第一台数控机床试验性样机。这是一台采用脉冲乘法器原理的直线插补三坐标连续控制铣床（图1-1），是第一代数控机床。1955年，该类机床进入实用化阶段，在复杂曲面的加工中发挥了重要作用。

图1-1　第一台三坐标数控铣床

1953年，美国空军与麻省理工学院协作，开始从事计算机自动编程的研究，这就是创制APT（Automatically Programmed Tools）自动编程的开始。

1955年，美国空军花费巨额经费订购了大约100台数控机床。此后两年，数控机床在美国进入迅速发展阶段，市场上出现了商品化数控机床。1958年，美国克耐·杜列克公司（Kearney & Trecker Co.）在世界上首先研制成功带自动换刀装置的数控机床，称为“加工中心”。

1959年，计算机行业研制出晶体管元器件，随后数控装置中广泛采用晶体管和印制电路板，从而跨入第二代数控时代。同时美国航空工业协会（AIA）和麻省理工学院发展了APT程序语言。1960年以后，点位控制机床在美国得到迅速发展，数控技术不仅在机床上得到了实际应用，而且逐步推广到冲压机、绕线机、焊接机、火焰切割机、包装机和坐标测量机等。在程序编制方面，已由手工编程逐步发展到采用计算机自动编程。除了APT数控语言外，又出现了许多自动编程语言。

从1960年开始，一些先进工业国家陆续开发、生产及使用了数控机床。

1965年，出现了小规模集成电路。由于它体积小、功耗低，使数控系统的可靠性得以进一步提高，数控系统发展到第三代。

以上三代，都是采用专业控制计算机的硬逻辑数控系统。装有这类数控系统的机床为普通数控机床（简称NC机床）。

1967 年，英国首先把几台数控机床连接成具有柔性的加工系统，这就是最初的 FMS（Flexible Manufacturing System，柔性制造系统）。之后，美、欧、日也相继进行开发与应用。

随着计算机技术的发展，小型计算机的价格急剧下降。小型计算机开始取代专用数控计算机，数控的许多功能由软件程序实现。这样组成的数控系统称为计算机数控系统（CNC）。1970 年，在美国芝加哥国际机床展览会上，首次展出了这种系统，称为第四代数控系统。而由计算机直接对许多机床进行控制的数控系统，称为直接数控系统（DNC）。

1970 年前后，美国英特尔公司开发和使用了微处理器。1974 年美、日等国先后研制出以微处理器为核心的数控系统。随后，微处理器数控系统的数控机床得到了飞速发展和广泛应用，这就是第五代数控系统（MNC）。20 世纪 80 年代初，国际上又出现了柔性制造单元 FMC（Flexible Manufacturing Cell）。

FMC 和 FMS 被认为是实现 CIMS（Computer Integrated Manufacturing System，计算机集成制造系统）的必经阶段和基础。

1.1.2 数控机床的特点

（1）广泛的适应性　由于采用数字程序控制，当生产品种改变时，只要重新编制零件程序，就能够实现对新零件的自动化生产。这对当前市场竞争中产品不断更新换代的生产模式是十分重要的。它为多品种、中小批量零件的自动化加工提供极好的生产方式。

（2）精度高、产品稳定　数控机床是按照预定程序自动工作的，一般情况下工作过程不需要人工干预，这就消除了操作者人为生产的误差。在设计制造机床主机时，通常采取了许多措施，使数控机床的机械部分达到较高的精度。数控装置的脉冲当量（或分辨率）目前可达 0.01 ~ 0.0001 mm，同时可以通过实时检测反馈，修正误差或补偿来获得更高的精度。因此，数控机床可以获得比普通机床精度更高的加工精度。尤其是产品稳定（即零件加工的一致性）是过去任何机床所不及的，它与操作者的思想情绪和熟练程度几乎无关。由于零件加工的一致性，它给下一道工序的加工或总装工序的互换性都带来许多方便。

（3）生产率高　数控机床能够减少零件加工所需的机动时间与辅助时间。数控机床的主轴转速和进给量的范围比通用机床的范围大，每一道工序都能选用最佳的切削用量，良好的机械结构刚性允许数控机床进行大切削用量的强力切削，从而有效地节省了机动时间。数控机床移动部件在定位中均采用加速和减速措施，并可选用很高的空行程运动速度，缩短了定位和非切削时间。由于采用了自动换刀、自动交换工作台及自动松夹工件，并还可在同一台机床（加工中心）上同时进行车、铣、镗、钻、磨等各种粗精加工，即在一台机床上实现多道工序的连续加工。它不仅减少了辅助时间，并且由于集中了工序，既减少了零件周转和装夹次数，又减少了半成品零件的堆放面积，给生产调度管理带来极大的方便。另外由于一机多用，减少了设备数量和厂房占地面积。

（4）减轻劳动强度、改善生产条件　由于数控机床是按所编程序自动完成零件加工的，操作者一般只需装卸工件和更换刀具，按下循环起动按键后，由机床自动完成加工，因而大大减轻了操作者的劳动强度，改善了生产条件，减少了对熟练技术工人的需求，并可实现一个人管理多台机床加工。

（5）能实现复杂零件的加工　普通机床难以实现或无法实现轨迹为二次以上的曲线或

曲面的运动，如螺旋桨、汽轮机叶片之类的空间曲面。而数控机床由于采用了计算机插补技术和多坐标联动控制，可以实现几乎是任意轨迹的运动和加工任何形状的空间曲面，适用于各种复杂曲面的零件加工。

（6）有利于现代化生产管理　采用数控机床加工，能很方便地准确计算零件加工工时、生产周期和加工费用，并有效地简化了检验以及工装夹具和半成品的管理工作。利用数控机床的通信接口，采用数控信息与标准代码输入，可以与计算机联网，实现计算机辅助设计、制造及管理一体化，即成为实现 CIMS 技术的基础。

1.1.3　数控机床的适用范围

数控机床具有普通机床所不具备的许多优点，其应用范围也在不断扩大，但它并不能完全取代普通机床，还不能以经济的方式解决机械加工中所遇到的问题。数控机床最适合加工具有如下特点的零件。

1）多品种、小批量生产的零件。

2）形状结构比较复杂的零件。

3）需要频繁改型的零件。

4）价值昂贵、不允许报废的关键零件。

5）设计制造周期短的急需零件。

6）精度要求较高的批量零件。

1.2　数控机床的基本组成与工作过程

数控机床一般由数控系统、伺服系统、强电控制柜、机床本体和各类辅助装置组成。下面将对数控机床的基本组成及工作过程进行介绍。

1.2.1　数控机床的基本组成

图 1-2 中实线部分是一种较典型的现代数控机床构成框图，加上虚线部分即可表示数控加工的基本工作过程。具体功能不同的数控机床，其组成部分略有不同。

（1）数控系统　它是机床实现自动加工的核心，主要由操作系统、主控制系统、可编程序控制器和各类输入输出接口等组成。其中操作系统由显示器和操作键盘组成，显示器有数码管、CRT 和液晶等多种形式。主控制系统与计算机主板类似，主要由 CPU、存储器和控制器等部分组成。数控系统所控制的一般对象是位置、角度和速度等机械量以及温度、压力和流量等物理量，其控制方式又可分为数据运算处理控制和时序逻辑控制两大类，其中主控制器内的插补运算模块就是根据所读入的零件程序，通过译码、编译等信息处理后，进行相应的刀具轨迹插补运算，并与各坐标伺服系统的位置、速度反馈信号比较，从而控制机床各个坐标轴的位移。而时序逻辑控制通常主要由可编程序控制器 PLC 来完成，其根据机床加工过程中的各个动作要求进行协调，按各检测信号进行逻辑判断，从而控制机床各个部件有条不紊地按序工作。

（2）伺服系统　它是数控系统与机床本体之间的电传动联系环节，主要由伺服电动机、驱动控制系统及位置检测装置等组成。伺服电动机是系统的执行元件，驱动控制系统则是伺服

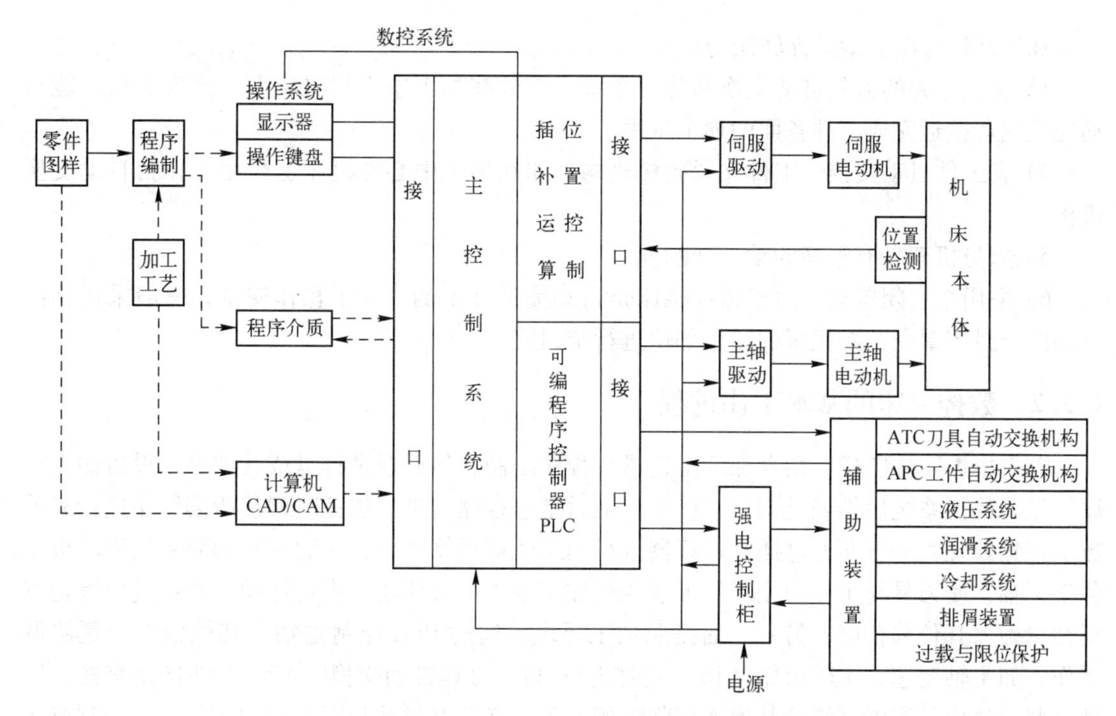

图 1-2　数控机床的主要组成部分与基本工作过程示意图

电动机的动力源。数控系统发出的指令信号与位置检测反馈信号比较后作为位移指令，再经驱动控制系统功率放大后，驱动电动机运转，从而通过机械传动装置拖动工作台或刀架运动。

（3）强电控制柜　它主要用来安装机床强电控制的各种电气元器件，除了提供数控、伺服等一类弱电控制系统的输入电源以及各种短路、过载、欠电压等电气保护外，主要在可编程序控制器 PLC 的输出接口与机床各类辅助装置的电气执行元器件之间起桥梁作用，即控制机床辅助装置的各种交流电动机、液压系统电磁阀或电磁离合器等，主要起到扩展接点数和扩大触点容量等作用。另外，它也与机床操作面板的有关手控按钮连接。强电控制柜由各种中间继电器、接触器、变压器、电源开关、接线端子和各类电气保护元器件等构成。它与一般的机床电气设备类似，但为了提高对弱电控制系统的抗干扰性，要求各类频繁起动或切换的电动机、接触器等电磁感应器件中均必须并接 RC 阻容吸收器，对各种检测信号的输入均要求用屏蔽电缆连接。

（4）辅助装置　它主要包括 ATC 刀具自动交换机构、APC 工件自动交换机构、工件夹紧放松机构、回转工作台、液压系统、润滑系统、冷却系统、排屑装置和过载与限位保护等部分。机床加工功能与类型不同，所包含的部分也不同。

（5）机床本体　它是数控机床机械结构实体。它与传统的普通机床相比，同样由主传动机构、进给传动机构、工作台、床身以及立柱等部分组成，但数控机床的整体布局、外观造型、传动机构、刀具系统及操作机构等方面都发生了很大的变化。这些变化的目的是为了满足数控技术的要求和充分发挥数控机床的特点，归纳起来有以下几点。

1）采用高性能主传动及主轴部件，具有传递功率大、刚度高、抗振性好及热变形小等优点。

2）进给传动采用高效传动件，具有传动链短、结构简单、传动精度高等特点，一般采用滚珠丝杠螺母副、滚动导轨副等。

3）有较完善的刀具自动交换和管理系统。工件在加工中心类机床上一次安装后，能自动完成或者接近完成工件各面的加工工序。

4）有工件自动交换、工件夹紧放松机构，如在加工中心类机床上采用工作台自动交换机构。

5）床身机架具有很高的动、静刚度。

6）采用全封闭罩壳。由于数控机床是自动完成加工的，为了操作安全，一般采用移门结构的全封闭罩壳，对机床的加工部位进行全封闭。

1.2.2 数控机床的基本工作过程

首先根据零件图样，结合加工工艺进行程序编制，然后通过键盘或其他输入设备输入程序，送入数控系统后再经过调试、修改，最后把它存储起来。加工时就按所编程序进行有关数字信息处理：一方面通过插补运算器进行加工轨迹运算处理，从而控制伺服系统驱动机床各坐标轴，使刀具与工件的相对位置按照被加工零件的形状轨迹进行运动，并通过位置检测反馈以确保其位移精度；另一方面按照加工要求，通过 PLC 控制主轴及其他辅助装置协调工作，如主轴变速、主轴齿轮换档、适时进行 ATC 刀具自动交换、APC 工件自动交换、工件夹紧与放松、润滑系统的开停、切削液的开关，必要时过载与限位保护起作用，控制机床运动迅速停止。

数控机床通过程序调试、试切削后，进入正常批量加工时，操作者一般只要进行工件上下料装卸，再按下程序自动循环按钮，机床就能自动完成整个加工过程。

零件加工程序编制分为手动编程和自动编程。手动编程是指编程员根据零件图样和工艺，采用数控编程指令（目前一般都采用 ISO 数控标准代码）和指定格式进行程序编写，然后通过操作键盘送入数控系统内，再进行调试、修改等。对于自动编程，目前已较多采用了计算机 CAD/CAM 图形交互式自动编程，通过计算机处理后，自动生成数控程序，可以通过接口直接输入数控系统内。

1.3 数控机床的分类

数控机床的品种规格繁多，分类方法不一。一般可以按下面四种原则来进行分类。

1.3.1 按加工工艺方法分类

据不完全统计，目前数控机床的品种规格已达 500 多种，按其工艺方法可以划分为四大类。

（1）金属切削类　它是指采用车、铣、镗、铰、钻、磨和刨等各种切削工艺的数控机床。它又可以分为以下两类。

1）普通型数控机床，如数控车床、数控铣床和数控磨床等。

2）加工中心。它的主要特点是具有自动换刀机构的刀库，工件经过一次装夹后，通过自动更换各种刀具，在同一台机床上对工件各加工面连续进行铣（车）、镗、钻、铰和攻螺纹等多种工序的加工，如镗铣加工中心、车削加工中心和钻削加工中心等。

（2）金属成形类　它是指采用挤、冲、压和拉等成形工艺的数控机床，如数控压力机、数控折弯机和数控弯管机等。

（3）特种加工类　它主要有数控电火花线切割机、数控电火花成型机、数控火焰切割机和数控激光加工机等。

（4）测量、绘图类　它主要有三坐标测量仪、数控对刀仪和数控绘图仪等。

1.3.2　按控制方式分类

（1）点位控制数控机床　它的特点是只要求控制机床移动部件从一点移动到另一点的准确定位，至于点与点之间移动的轨迹（路径和方向）并不严格要求，各坐标轴之间的运动是不相关的。

这类机床主要有数控钻床、数控镗床和数控压力机等，其相应的数控装置称为点位控制数控系统。

（2）直线控制数控机床　直线控制数控机床也称为平行控制数控机床，其特点是除了控制点与点之间的准确定位外，还要控制两相关点之间的移动速度和轨迹，但其路线只是与机床坐标轴平行的直线，也就是说同时控制的坐标轴只有一个（即数控系统内不必具有插补运算功能），一般只能加工矩形、台阶形零件。

这类机床主要有数控车床、数控铣床和数控磨床等，其相应的数控装置称为直线控制数控系统。

（3）轮廓控制数控机床　轮廓控制数控机床也称为连续控制数控机床，其控制特点是能够对两个或两个以上运动坐标的位移和速度同时进行连续相关的控制。在这类控制方式中，要求数控装置具有插补运算的功能。

这类机床主要有数控车床、数控铣床、数控线切割机床和加工中心等，其相应的数控装置称为轮廓控制数控系统。它按所控制的联动坐标轴数不同，可分为以下几种主要形式。

1）两轴联动。它主要用于数控车床加工曲线旋转面或数控铣床等高加工曲线轮廓面（图1-3a）。

2）两轴半联动。它主要用于三轴以上控制的机床，其中两个轴联动，而另一个轴做周期进给，如用球头铣刀加工三维空间曲面（图1-3c）。

3）三轴联动。它一般指 X、Y、Z 三个直线坐标轴联动，多用于数控铣床、加工中心等，如用球头铣刀加工三维空间曲面（图1-3b）。

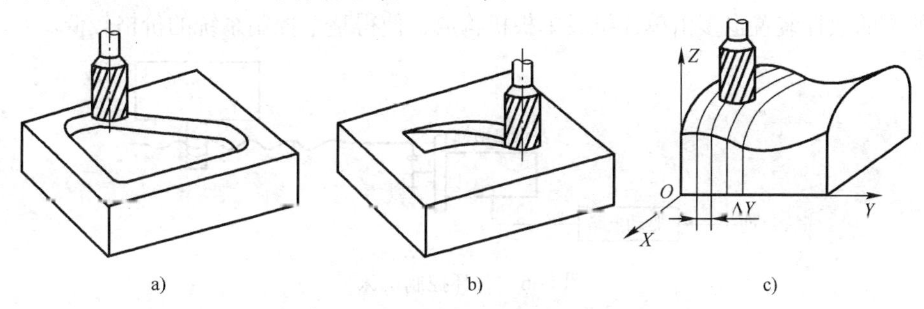

图1-3　铣削的联动轴数

a）两轴联动　b）三轴联动　c）两轴半联动

4）四轴联动。可同时控制 X、Y、Z 三个直线坐标轴与某一旋转坐标轴联动。图 1-4 所示数控机床为同时控制 X、Y、Z 三个直线坐标轴与一个工作台回转轴联动的数控机床。

5）五轴联动。除了同时控制 X、Y、Z 三个直线坐标轴联动以外，还同时控制围绕这些直线坐标轴旋转的 A、B、C 旋转坐标轴中的两个坐标轴，即同时控制五个轴联动。这时刀具可以被定在空间的任意方向，如图 1-5 所示。例如控制工件同时绕着 X 轴和 Z 轴两个方向旋转（即 A、C 轴向回转），使得刀具在其切削点上始终保持与被加工的轮廓曲面成法线方向，以保证被加工曲面的圆滑性，提高其加工精度和减小表面粗糙度等。

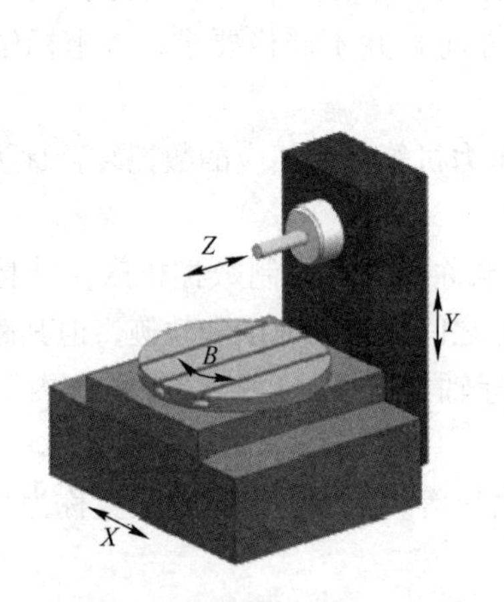

图 1-4　四轴联动的数控机床

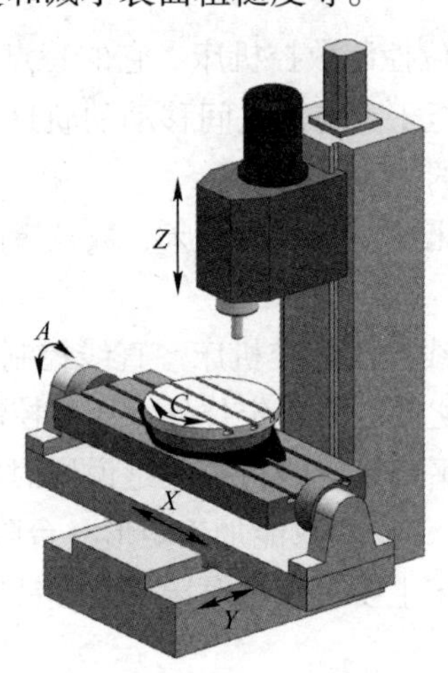

图 1-5　五轴联动的数控机床

1.3.3　按伺服驱动的特点分类

（1）开环控制机床（图 1-6）　这类机床的伺服系统是开环的，即没有检测反馈装置，其驱动电动机只能采用步进电动机。该类电动机的主要特征是控制电路每变换一次指令脉冲信号，电动机就转动一个步距角，并且电动机本身就有自锁能力。数控系统输出的进给指令信号通过环形分配器来控制驱动电路，它以变换脉冲个数来控制坐标位移量，以变换脉冲频率来控制位移速度，以变换脉冲的分配顺序来控制位移方向。因此该控制方式的最大特点是：控制方便，结构简单，价格便宜。由于机械传动误差不经过反馈校正，位移精度一般不高。世界上早期的数控机床均采用该种控制方式。目前由于驱动电路的改进和发展，仍有较多系统采用该种控制方式。一般经济型数控机床或旧设备数控改造中均广泛采用该种方式。另外该类控制方式所配的数控装置也多由单片机或单板机构成，使得整个控制系统的价格较低。

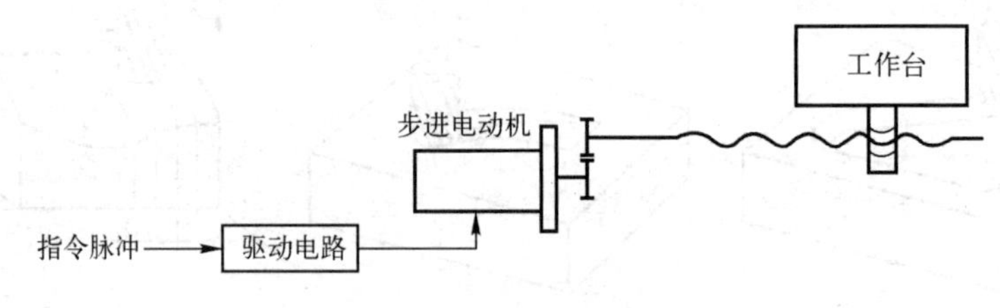

图 1-6　开环控制机床

（2）闭环控制机床　按位置反馈检测元件的安装部位不同，又分为全闭环和半闭环两种控制方式。

1）全闭环控制。如图1-7所示，其位置反馈采用直线位移检测元件，安装在机床床鞍部位上，即直接检测机床的直线位移量，通过反馈可以消除从电动机到机床工作台整个机械传动链中的传动误差，得到很高的机床静态定位精度。但是，整个闭环系统的稳定性校正很困难，系统的设计和调整也都相当复杂。全闭环控制系统的控制精度高，但是要求机床的刚性好，对机床的加工、装配要求高，调试复杂，而且设备的成本高。因此这种全闭环控制方式主要用于精度要求很高的数控坐标镗床和数控精密磨床等。

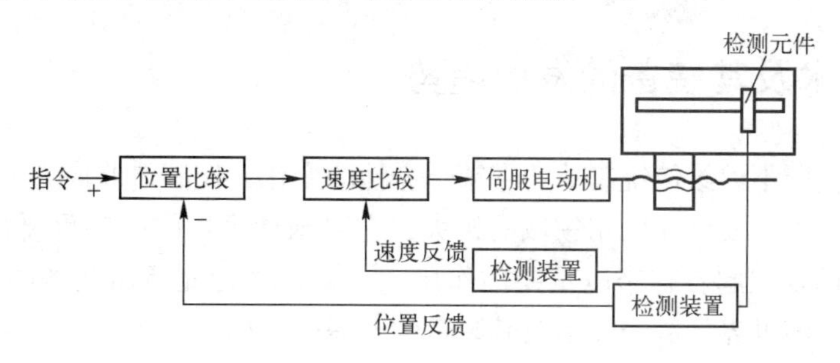

图1-7　全闭环控制机床

2）半闭环控制。如图1-8所示，其位置反馈采用转角检测元件，直接安装在伺服电动机或丝杠端部。由于大部分机械传动环节未包括在系统闭环环路内，因此可以获得较稳定的控制特性。丝杠等机械传动误差不能通过反馈来随时校正，但是可采用软件定值补偿的方法来适当提高其精度。这种控制系统的控制精度高于开环控制系统，调试比全闭环控制系统容易，设备成本介于开环与全闭环控制系统之间。目前，大部分数控机床采用这种半闭环控制方式。

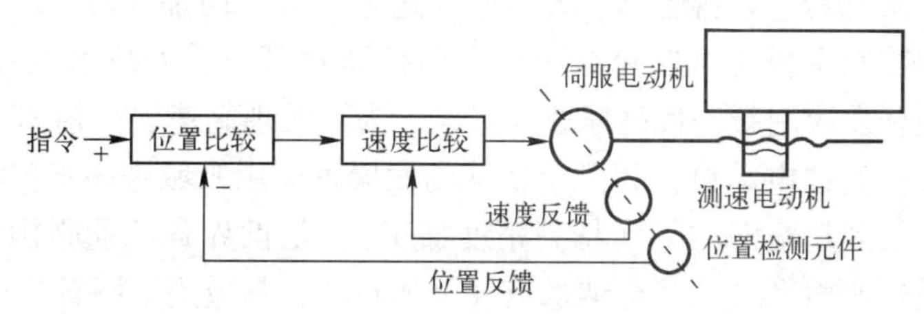

图1-8　半闭环控制机床

1.3.4　按数控系统的功能水平分类

按数控系统的功能水平，通常把数控系统分为低、中、高三档。三档的界限是相对的，不同时期，划分标准也会不同。就目前的发展水平来看，可以根据表1-1的一些功能及指标，将各种类型的数控系统分为低、中、高三档。其中经济型数控系统属于低档数控系统，中高档数控系统一般称为全功能数控系统或标准型数控系统。

表1-1　数控系统不同档次的功能及指标

功　能	低　档	中　档	高　档
系统分辨率	10 μm	1 μm	0.1 μm
G00速度	3～8 m/min	10～24 m/min	24～100 m/min
伺服系统	开环及步进电动机	半闭环及交、直流伺服	半闭环及交、直流伺服
联动轴数	2～3轴	2～4轴	5轴或5轴以上
通信功能	无	RS-232或DNC	RS-232、DNC或MAP

（续）

功　能	低　档	中　档	高　档
显示功能	数码管显示	CRT：图形、人机对话	CRT：三维图形、自诊断
内装 PLC	无	有	强功能内装式 PLC
主 CPU	8 位、16 位 CPU	16 位、32 位 CPU	32 位、64 位 CPU
结构	单片机或单板机	单微处理器或多微处理器	分布式多微处理器

1.4　数控技术及其装备的发展趋势

数控技术的应用不但给传统制造业带来革命性的变化，使制造业成为工业化的象征，而且随着数控技术的不断发展和应用领域的扩大，它对国计民生的一些重要行业（IT、汽车、轻工、医疗等）的发展起着越来越重要的作用。因为这些行业所需装备的数字化已是现代发展的大趋势。当前世界上数控技术及其装备的发展呈现如下趋势。

（1）高速、高精密化　新一代数控机床（含加工中心）只有通过高速化大幅度缩短切削工时才可能进一步提高其生产率。这与超高速加工特别是高速加工中心的开发应用紧密相关。20 世纪 90 年代以来，欧、美、日各国争相开发应用新一代高速数控机床，加快机床高速化发展步伐。高速主轴单元（电主轴，转速 15000 ~ 100000 r/min）、高速且高加/减速度的进给运动部件（快移速度 60 ~ 120 m/min，切削进给速度高达 60 m/min）、高性能数控和伺服系统以及数控工具系统都出现了新的突破，达到了新的技术水平。随着超高速切削机理、超硬耐磨长寿命刀具和磨料磨具、大功率高速电主轴、高加/减速度直线电动机驱动进给部件以及高性能控制系统（含监控系统）和防护装置等一系列技术领域中关键技术的解决，应不失时机地开发应用新一代高速数控机床。为了实现高速、高精加工，与之配套的功能部件（如电主轴、直线电动机）得到了快速的发展，应用领域进一步扩大。

从精密加工发展到超精密加工（特高精度加工），是世界各工业强国致力发展的方向。它的精度从微米级到亚微米级，乃至纳米级（ <10 nm），其应用范围日趋广泛。超精密加工主要包括超精密切削（车、铣）、超精密磨削、超精密研磨抛光以及超精密特种加工（微细电火花加工、微细电解加工和各种复合加工等）。随着现代科学技术的发展，对超精密加工技术不断提出了新的要求。新材料及新零件的出现，更高精度要求的提出等，都需要超精密加工工艺。发展新型超精密加工机床，完善现代超精密加工技术，以适应现代科学技术的发展。

效率、质量是先进制造技术的主体。高速、高精密度加工技术可极大提高效率，提高产品质量和档次，缩短生产周期和提高市场竞争能力。为此日本先端技术研究会将其列为五大现代制造技术之一，国际生产工程学会（CIRP）将其确定为 21 世纪的中心研究方向之一。例如：在轿车工业领域，年产 30 万辆的生产节拍是 40 秒/辆，而且多品种加工是轿车装备必须解决的重点问题之一；在航空和宇航工业领域，其加工的零部件多为薄壁和薄筋，刚度很差，材料为铝或铝合金，只有在高切削速度和切削力很小的情况下，才能对这些零部件进行加工。近年来采用对大型整体铝合金坯料“掏空”的方法来制造机翼、机身等大型零部件，以替代多个零件通过众多的铆钉、螺钉和其他连接方式拼装大型零部件，使其强度、刚度和可靠性得到提高，这些都对加工装备提出了高速、高精密度和高柔性的要求。

（2）高可靠性　数控机床的可靠性是数控机床产品质量的一项关键性指标。数控机床能否发挥其高性能、高精密度、高效率，并获得良好的效益，关键取决于可靠性。

衡量可靠性重要的量化指标是平均无故障工作时间（Mean Time Between Failures, MTBF）。作为数控机床的大脑——数控系统的MTBF已由20世纪70年代的大于3000 h，20世纪80年代的大于10000 h，提高到20世纪90年代初的大于30000 h。据日本近期介绍，FANUC的CNC系统已达到MTBF≈125个月。

高可靠性是指数控系统的可靠性要高于被控设备的可靠性在一个数量级以上，但也不是可靠性越高越好，仍然要适度可靠。因为数控系统是商品，要受性价比的约束。对于每天工作两班的无人工厂而言，如果要求在16 h内连续正常工作，无故障率$P(t)=99\%$以上的话，则数控机床的平均无故障工作时间MTBF就必须大于3000 h。MTBF大于3000 h，对于由不同数量的数控机床构成的无人工厂差别就大多了。只对一台数控机床而言，如果主机与数控系统的失效率之比为10∶1（数控的可靠性比主机高一个数量级），此时数控系统的MTBF就要大于33333.3，而其中的数控装置、主轴及驱动等的MTBF就必须大于10万h。

在可靠性方面，国外数控装置的MTBF已达6000 h以上，伺服系统的MTBF达到30000 h以上，表现出非常高的可靠性。

目前，很多企业正在对可靠性设计技术、可靠性试验技术、可靠性评价技术、可靠性增长技术以及可靠性管理与可靠性保证体系等进行深入研究和广泛应用，以期使数控机床的整机可靠性提高到一个新水平。

（3）数控机床设计CAD化、功能多样化　随着计算机应用的普及及软件技术的发展，CAD（Computer Aided Design，计算机辅助设计）技术得到了广泛发展。CAD不仅可以替代人工完成繁重的绘图工作，更重要的是可以进行设计方案选拔和大件整机的静、动态特性的分析、计算、预测和优化设计，可以对整机各工作部件进行动态模拟仿真。在模块化的基础上，在设计阶段就可以看出产品的三维几何模型和逼真的色彩。采用CAD还可以大大提高工作效率，提高设计的一次成功率，从而缩短试制周期，降低成本，增加市场竞争能力。

数控机床的设计是一项要求较高、综合性强、工作量大的工作，故应用CAD技术就更有必要、更迫切。

（4）智能化　21世纪的数控装备将是具有一定智能化的。智能化的内容包括在数控系统中的各个方面。

1）为追求加工效率和加工质量方面的智能化，如加工过程的自适应控制，工艺参数自动生成。

2）为提高驱动性能及使用连接方便的智能化，如前馈控制、电动机参数的自适应运算、自动识别载荷、自动选定模型和自整定等。

3）简化编程、简化操作方面的智能化，如智能化的自动编程和智能化的人机界面等。

4）还有智能诊断和智能监控等方面的内容，以方便系统的诊断及维修等。

数控系统在控制性能上向智能化发展。随着人工智能在计算机领域的渗透和发展，数控系统引入了自适应控制、模糊系统和神经网络的控制机理，不但具有自动编程、前馈控制、模糊控制、学习控制、自适应控制、工艺参数自动生成、三维刀具补偿和运动参数动态补偿等功能，而且人机界面极为友好，并具有故障诊断专家系统，使自诊断和故障监控功能更趋完善。

伺服系统智能化的主轴交流驱动和智能化伺服装置，能自动识别载荷并自动优化调整参数。

（5）开放性　长期以来，数控系统都是在专有设计的基础上完成的，是一种封闭式的专用系统。这种封闭体系结构已经不能适应现代化生产的变革，不适应车间面向任务和订单的生产模式，因此开放式数控系统应运而生。开放式数控系统具有模块化、标准化、可二次开发性和适应网络操作等特点。它面向机床厂家和最终用户，可以自由选择数控装置、驱动装置、伺服电动机等数控系统的各个构成要素，并可方便地将自己的技术积累和特殊应用集成到数控系统中，快速组成不同品质、不同档次的数控系统。目前开放式数控技术的研究和开发方兴未艾，已成为数控机床不可逆转的发展趋势。美国、欧洲、日本都在进行开放式数控技术的研究，并制定出各自的开放式体系结构。但由于技术等方面的限制，要在短期内完全实现这种理想的开放式体系结构，还有不少困难。目前开放式数控系统的一个具体表现就是发展基于计算机的数控系统，也就是第六代数控系统，以计算机为平台的数控系统可共享计算机迅猛发展的众多成果，为数控系统的开放化奠定了硬件基础。

（6）复合化　复合化包括工序复合化和功能复合化。数控机床的发展已模糊了粗、精加工全部工序的概念。加工中心（包括车削加工中心、磨削加工中心和电加工中心等）的出现，又把车、铣、镗和钻等类的工序集中到一台机床来完成，打破了传统的工序界限和分开加工的工艺规程。一台具有自动换刀装置、自动交换工作台和自动转换立卧主轴头的镗铣加工中心，不仅一次装夹可以完成镗、铣、钻、铰、攻螺纹和检验等工序，而且还可以完成箱体五个面粗、精加工的工序。

近年来，又相继出现了许多跨度更大的、功能集中的复合化数控机床。日本池贝铁工所的TW－4LⅡ立式加工中心，由于采用了U轴，也可进行车加工。东芝机械的GMC－95立式加工中心，在一根主轴上既可进行切削又可进行磨削。又比如：意大利SAFOP的车、镗、铣、磨复合机床，德国VOEST－ALPINT－STEINNEL公司M30型铣削－车削复合中心，ETA公司GILDEMISTER复合车－铣机床。在多轴和多轴联动控制方面，日本的FANUC15系统为2～15轴，西门子880系统控制轴数达24轴。

在EMO2001展会上，新日本工机的五面加工机床采用复合主轴头，可实现四个垂直平面的加工和任意角度的加工，使得五面加工和五轴加工可在同一台机床上实现，还可实现倾斜面和倒锥孔的加工。德国DMG公司展出DMUVoution系列加工中心，可一次装夹完成五面加工和五轴联动加工，由CNC系统控制或CAD/CAM直接或间接控制。

复习思考题

1-1　简述数控机床产生的原因。

1-2　简述数控机床产生的过程。

1-3　解释NC、CNC、DNC、MNC。

1-4　简述数控机床的优点。

1-5　举例说明两轴联动、两轴半联动、三轴联动的工作方式。

1-6　简述数控机床的组成。

1-7　说明开环、闭环、半闭环控制机床的特点及区别。

1-8　简述数控机床的适用范围。

1-9　举例说明数控机床按控制方式分类。

第2章　数控机床的组成

数控机床是一种用计算机通过数字信息来自动控制各运动部件，完成加工过程的一类机床。加工时按所编程序进行有关数字信息处理：一方面通过数控系统进行加工轨迹运算处理，从而控制伺服系统驱动机床各坐标轴，使刀具与工件的相对位置按照被加工零件的形状轨迹进行运动，并通过位置检测反馈以确保其位移精度；另一方面通过数控系统的PLC控制辅助装置协同完成零件的自动加工。下面将详细介绍数控机床的机械结构、辅助装置、数控系统、位置检测装置及伺服系统。

2.1　数控机床的机械结构

机械结构又称为机床本体，是数控机床的主体部分，接收数控装置的各种命令，并将其转化成机床运动，实现数控机床的自动加工功能。本节重点介绍数控机床主传动及进给传动的机械结构，并详细介绍了机械结构中的关键传动部件——滚珠丝杠的结构、特点及应用。

2.1.1　数控机床主传动的机械结构

1. 数控机床对主传动的要求

数控机床的主传动是指产生主切削力的传动运动，它是数控机床的重要组成部分之一。主传动的最高与最低转速、转速范围、传递功率和动力特性，决定了数控机床的切削加工效率和加工能力。数控机床的主传动系统除应满足普通机床主传动要求外，还应具备如下特点。

（1）具有更大的调速范围，并实现无级调速　数控机床为了保证在加工时能选用合理的切削用量，充分发挥刀具的性能，必须具有更高的转速和更大的调速范围。对于可自动换刀的数控机床，工件一次装夹要完成多个工序，所以为了适应各种工序的要求，主传动的调速范围还应进一步扩大。

（2）具有较高的精度、刚度和耐磨性，传动平稳，噪声低　数控机床加工精度的提高，与主传动系统的刚度密切相关。为此，应提高传动件的制造精度与刚度，齿轮齿面采用高频感应淬火增加其耐磨性；最后一级采用斜齿轮传动，使传动平稳；采用高精度轴承及合理的支承跨距等以提高主轴组件的刚度。

（3）具有良好的抗振性　数控机床一般既要进行粗加工，又要进行精加工，加工时由于切削量、加工余量不均匀，运动部件不平衡以及切削过程中的白激振动等原因引起的冲击力或交变力的干扰，使主轴产生振动，影响加工精度和表面粗糙度，严重时甚至会破坏刀具或零件，使加工无法进行。因此在主传动系统中的各主要零部件不但要有一定的静刚度，而且要具有足够的抗振性。

2. 主传动的机械结构

主传动的机械结构主要是指主轴部件，它是机床的一个关键部件，包括主轴的支承、安装在主轴上的传动零件等。主轴部件的质量直接影响加工质量。无论哪种机床的主轴部件都应能满足下述几个方面的要求：主轴的回转精度，部件的结构刚度和抗振性，运转温度和热稳定性以及部件的耐磨性和精度保持能力等。对于数控机床尤其是自动换刀数控机床，为了实现刀具在主轴上的自动装卸与夹持，还必须有刀具的自动夹紧装置、主轴准停装置和主轴孔的清理装置等结构。

(1) 主轴端部的结构形状　主轴端部用于安装刀具或夹持工件的夹具。在设计要求上，应能保证定位准确、安装可靠、连接牢固、装卸方便，并能传递足够的转矩。主轴端部的结构形状都已标准化，如图 2-1 所示。

图 2-1a 所示为车床主轴端部，卡盘靠前端的短圆锥面和凸缘端面定位，用拨销传递转矩，卡盘装有固定螺栓，卡盘装于主轴端部时，螺栓从凸缘上的孔穿过，转动快卸卡板将数个螺栓同时拴住，再拧紧螺母将卡盘固定在主轴端部。主轴为空心，前端有莫氏锥度孔，用以安装顶尖或心轴。

图 2-1b 所示为镗、铣床主轴端部，铣刀或刀杆在前端 7∶24 的锥孔定位，并用拉杆从主轴后端拉紧，而且由前端的端面键传递转矩。

图 2-1c 所示为磨床主轴端部。

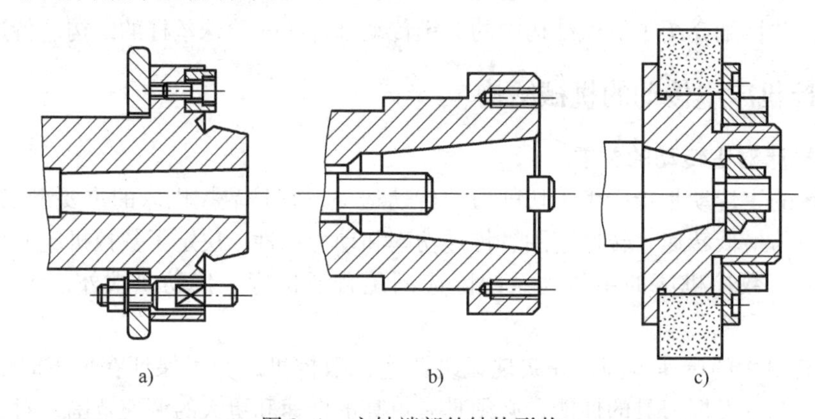

图 2-1　主轴端部的结构形状
a) 车床主轴端部　b) 镗、铣床主轴端部　c) 磨床主轴端部

(2) 主轴部件的支承　机床主轴带着刀具或夹具在支承中做回转运动，应能传递切削转矩与切削抗力，并保证必要的旋转精度。机床主轴多采用滚动轴承作为支承。对于精度要求高的主轴则采用动压或静压滑动轴承作为支承。主轴部件常用的滚动轴承有以下几种。

1) 角接触球轴承。这种轴承常由两个、三个或更多组配使用，能承受径向、双向轴向载荷。组配使用能满足刚度要求，并能方便地消除轴向和径向间隙，对其预紧。这种轴承允许主轴的最高转速较高。

2) 圆柱滚子轴承。这种轴承只承受径向载荷，承载能力大，刚度大，容易消除径向间隙和径向预紧。

3) 60°角接触推力调心球轴承。这种轴承只承受轴向载荷，承载能力大，刚度大，容易消除轴向间隙。这种轴承允许主轴最高转速与同孔径的圆柱滚子轴承相同，适合两者配套使用。

4）圆锥滚子轴承。这种轴承能同时承受较大的轴向载荷和径向载荷，刚度大，容易消除间隙和预紧，但由于滚子大端面与内圈挡边之间为滑动摩擦，发热较多，故转速受到限制。

在实际应用中，数控机床主轴轴承常见的配置有下列三种形式，如图 2-2 所示。

图 2-2a 所示的配置形式能使主轴获得较大的径向和轴向刚度，可以满足机床强力切削的要求，普遍应用于各类数控机床的主轴，如数控车床、数控铣床和加工中心等。这种配置的后支承也可用圆柱滚子轴承，进一步提高后支承径向刚度。

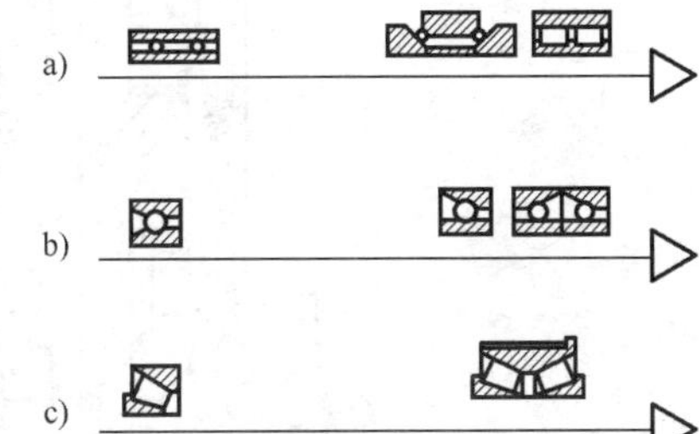

图 2-2　数控机床主轴轴承配置形式

图 2-2b 所示的配置没有图 2-2a 所示的主轴刚度大，但这种配置提高了主轴的转速，适合主轴要求在较高转速下工作的数控机床。目前，这种配置形式在立式、卧式加工中心上得到广泛应用，满足了这类机床转速范围大、最高转速高的要求。为提高这种形式配置的主轴刚度，前支承可以用四个或更多个的轴承相组配，后支承用两个轴承相组配。

图 2-2c 所示的配置形式能使主轴承受较重载荷（尤其是承受较强的动载荷），径向和轴向刚度高，安装和调整性好。但这种配置相对限制了主轴最高转速和精度，因此只适用于中等精度、低速重载的数控机床主轴。

液体静压轴承和动压轴承主要应用在主轴高转速、高回转精度的场合，如应用于精密、超精密数控机床主轴、数控磨床主轴。对于要求更高转速的主轴，可以采用空气静压轴承，这种轴承可达几万 r/min 的转速，并有非常高的回转精度。

（3）主轴轴承润滑方式　在数控机床上，主轴轴承润滑方式有油脂润滑、油液循环润滑、油雾润滑和油气润滑等。

1）油脂润滑。这是目前数控机床主轴轴承上最常用的润滑方式，特别是在前支承轴承上更是常用。主轴轴承油脂加入量通常为轴承空间容积的 10%，切忌随意填满。油脂过多会加剧主轴发热。

2）油液循环润滑。主轴转速在 6000～8000 r/min 之间的数控机床的主轴，一般采用油液循环润滑方式。这种润滑方式的降温效果很好。

3）油雾润滑。油雾润滑方式是将油液经高压气体雾化后从喷嘴成雾状喷到需要润滑的部位的润滑方式。由于雾状油液吸热性好，又无油液搅拌作用，所以常用于高速主轴（8000～13000 r/min）的润滑。但是，油雾容易吹出，污染环境。

4）油气润滑。油气润滑方式是针对高速主轴开发的新型润滑方式。它是用极微量的油（0.03 cm^3油/8～16 min）润滑轴承，以抑制轴承发热。

（4）自动换刀数控机床主轴内刀具的自动夹紧吹屑装置　在带有刀库并使用回转刀具的自动换刀数控机床中，为实现刀具在主轴上的自动装卸，主轴上必须有刀具的自动夹紧机构。图 2-3a 所示为自动换刀数控机床主轴夹紧机构。刀杆采用 7:24 的大锥度锥柄和主轴锥孔配合定心，保证了刀具回转中心每次装夹后与主轴回转中心同轴。大锥度的锥柄不仅有利于定心，也为松卡带来方便。标准的刀具卡头（拉钉 5）是拧紧在刀柄内的。当需要夹紧刀具时，活塞 1 的右端无油压，碟形弹簧 3 的弹簧力使活塞 1 向右移至图 2-3 所示位置。拉杆

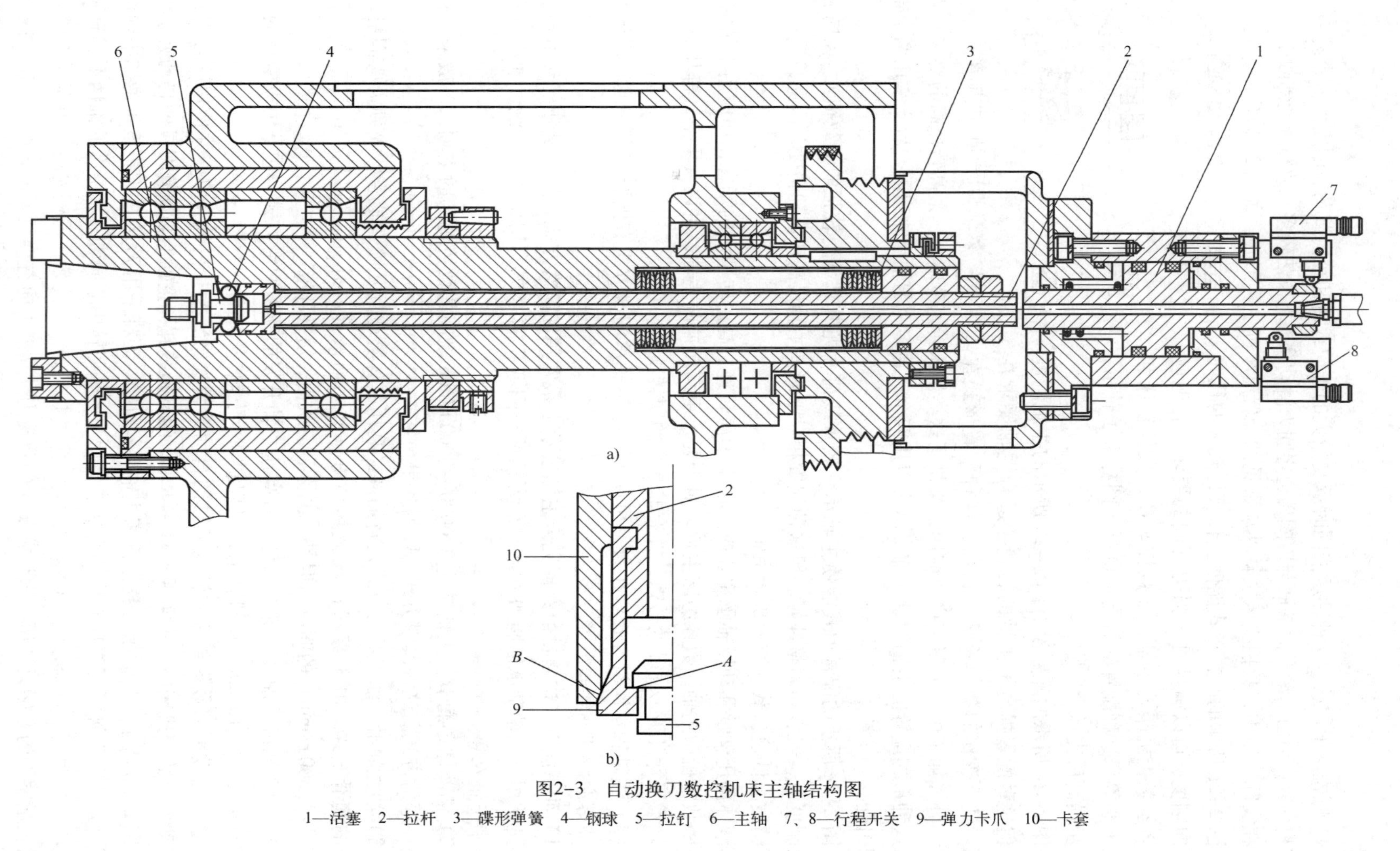

图2-3　自动换刀数控机床主轴结构图

1—活塞　2—拉杆　3—碟形弹簧　4—钢球　5—拉钉　6—主轴　7、8—行程开关　9—弹力卡爪　10—卡套

2 在碟形弹簧 3 的压力下向右移至图 2-3 所示位置，钢球 4 被迫收拢，卡紧在拉钉 5 的环槽中，把拉钉 5 向右拉紧，使刀杆锥柄的外锥面与主轴锥孔的内锥面相互压紧，这样，刀具就被夹紧在主轴上。放松刀具时，液压油进入活塞 1 的右端，油压使活塞 1 左移，推动拉杆 2 向左移动。此时，碟形弹簧 3 被压缩，钢球 4 随拉杆 2 一起向左移动，当钢球 4 移至主轴孔径较大处，便松开拉钉 5，刀具连同拉钉 5 可被机械手取下。当机械手将新刀装入后，活塞 1 右端液压油卸压，重复刀具夹紧过程。刀杆夹紧机构使用弹簧夹紧，液压放松，可保证在工作中，如果突然停电，刀杆不会自行松脱。

行程开关 7 和 8 用于发出夹紧和放松刀杆的信号。

用钢球 4 拉紧刀杆尾部的拉钉 5，这种拉紧方式的缺点是接触应力太大，易将主轴孔和拉钉压出坑来。新式的拉紧方式已改用弹力卡爪 9，其由两瓣组成，装在拉杆 2 的左端，如图 2-3b 所示。卡套 10 与主轴是固定在一起的。夹紧刀具时，拉杆 2 带动弹力卡爪 9 上移，弹力卡爪 9 下端的外面是锥面 *B*，与卡套 10 的锥孔配合，锥面 *B* 使弹力卡爪 9 收拢，夹紧刀杆尾部的拉钉 5。放松刀具时，拉杆 2 带动弹力卡爪 9 下移，锥面 *B* 使弹力卡爪 9 放松，使拉钉 5 可以从弹力卡爪 9 中退出。这种弹力卡爪 9 与刀杆的结合面 *A* 与拉力垂直，故夹紧力较大；弹力卡爪 9 与刀杆为面接触，接触应力较小，不易压溃刀杆。目前，采用这种刀杆拉紧机构的加工中心机床逐渐增多。

自动清除主轴孔中的切屑和灰尘是换刀操作中一个不容忽视的问题。如果主轴锥孔中掉进了切屑或其他污物，在拉紧刀杆时，主轴锥孔表面和刀杆的锥柄就会被划伤，并使刀杆发生偏斜。为此，在活塞杆孔的右端接有压缩空气，当刀具从主轴中拔出后，压缩空气通过活塞杆和拉杆的中心孔把主轴孔吹净，使刀杆锥面和主轴锥孔紧密贴合，保证刀具的正确定位。

（5）主轴准停装置　主轴准停功能又称为主轴定位功能（Spindle Specified Position Stop），即当主轴停止时，控制其停于固定的位置，这是自动换刀所必需的功能。在自动换刀的数控镗铣加工中心上，切削转矩通常是通过刀杆的端面键来传递的，这就要求主轴具有准确定位于圆周上特定角度的功能。此外，在通过前壁小孔镗内壁的同轴大孔或进行反倒角等加工时，要求主轴实现准停，使刀尖停在一个固定的方位上（或在 *X* 轴方向上，或在 *Y* 轴方向上），以便主轴偏移一定尺寸后切削刃能通过前壁小孔进入箱体内对大孔进行镗削。

目前准停装置很多，主要分为机械方式和电气方式两种。

机械准停装置中较典型的 V 形槽轮定位盘准停机构，如图 2-4 所示。它的工作过程如下。带有 V 形槽的定位盘与主轴端面保持一定的位置关系，以实现定位。当执行准停控制指令 M19 时，首先使主轴降速至某一可以设定的低速，然后当无触点开关有效信号被检测到后，立即使主轴电动机停转并断开主轴传动链，此时主轴电动机与主传动件依惯性继续空转，同时准停液压缸定位销伸出并压向定位盘。当定位盘 V 形槽与定位销对正时，由于液压缸的压力，定位销插入 V 形槽，准停到位，检测开关

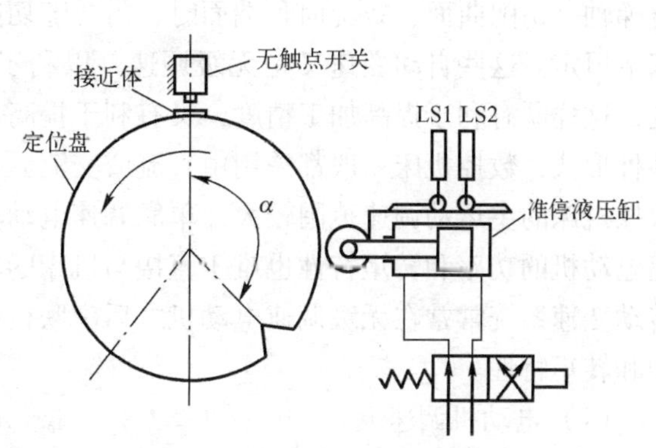

图 2-4　V 形槽轮定位盘准停机构

LS2 信号有效，表明准停动作完成。这里 LS1 为准停释放信号。采用这种准停方式时，必须有一定的逻辑互锁，即当 LS2 有效后，才能进行下面的诸如换刀等动作；而只有当 LS1 有效时，才能起动主轴电动机正常运转。上述准停控制通常可由数控系统所配的可编程序控制器完成。

机械准停还有其他方式，如端面螺旋凸轮准停等，但其基本原理类同。

电气准停装置主要有磁传感器方式、编码型方式和数控方式。其中数控方式要求主轴驱动控制器具有闭环伺服控制功能，因此对大功率的主轴驱动系统就较难适用。一般用得较多的是磁传感器主轴准停装置，如图 2-5 所示。它的工作过程如下。

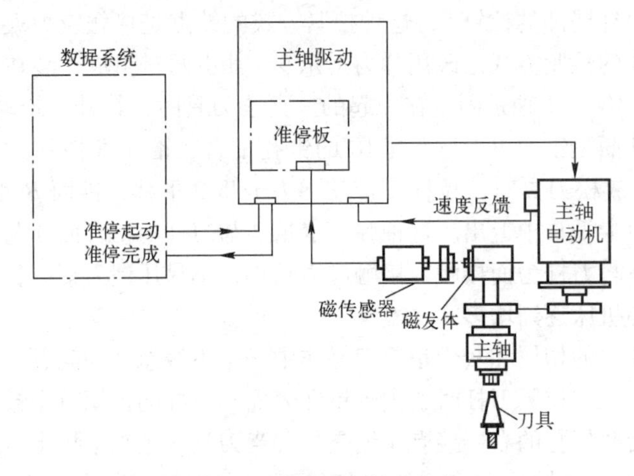

图 2-5　磁传感器主轴准停装置

当主轴转动需要准停时，接收到数控系统发来的准停开关量信号，主轴立即减速至某一准停速度（可在主轴驱动装置中设定）。主轴到达准停速度且准停位置到达时（即磁发体与磁传感器对准），主轴即减速至某一爬行速度（可在主轴驱动装置中设定）。然后当磁传感器信号出现时，主轴驱动立即进入磁传感器作为反馈元件的位置闭环控制，目标位置即为准停位置。准停完成后，主轴驱动装置输出准停完成信号给数控系统，从而可进行自动换刀或其他动作。

3. 主传动的调速方法

普通机床一般采用机械有级变速传动，而数控机床需要自动换刀，且在切削不同直径的阶梯轴，切削曲面、螺旋面和端面时，需要随切削直径的变化而自动变速，以维持切削速度基本恒定。这些自动变速又是无级调速，以利于在一定的调速范围内选择到理想的切削速度，这样既有利于提高加工精度，又有利于提高切削效率。无级调速有机械、液压和电气等多种形式，数控机床一般都采用由直流或交流调速电动机作为驱动源的电气无级调速。由于数控机床的主运动调速范围较大，单靠调速电动机无法满足这么大的调速范围，另一方面调速电动机的功率和转矩特性也难于直接与机床的功率和转矩要求相匹配。因此，数控机床主传动变速系统常常在无级调速电动机之后串联机械有级变速传动，以满足机床要求的调速范围和转矩特性。

（1）电动机调速

1）直流电动机主轴调速。由于主轴电动机往往要求输出较大的功率，所以直流主轴电动机在结构上不适合做成永磁式，一般做成他励式。为了缩小电动机体积，改善冷却效果，避免电动机过热，常采用轴向强迫通风或热冷却技术。

通常在数控机床里，为了扩大调速范围，对直流主轴电动机的调速，同时采用调压和调磁两种方法。典型的直流主轴电动机特性曲线如图 2-6 所示。从其特性曲线可知，它在基本速度 n_0 以下属于恒转矩调速，即采用改变电枢（降压降速）来实现。在基本速度 n_0 以上属于恒功率调速，通过改变励磁电流（弱磁升速）来实现。

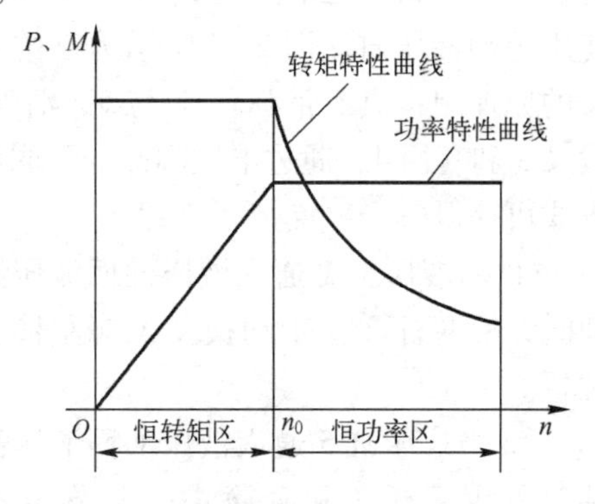

图 2-6　典型的直流主轴电动机特性曲线

2）交流电动机主轴调速。大多数交流进给伺服电动机采用永磁式同步电动机，但交流主轴电动机均采用笼型异步电动机，这是因为受永磁体的限制，永磁式同步电动机的容量不容许做得太大，而且其成本也很高。加之数控机床主轴驱动系统不必像进给伺服驱动那样，需要如此高的动态性能和调速范围，采用笼型异步电动机配上矢量变换控制的主轴驱动装置，就完全可以满足数控机床主轴的要求，因此目前数控机床主轴驱动中均采用笼型异步电动机。

笼型异步电动机在总体结构上是由有三相绕组的定子和有笼条的转子构成的。虽然也有直接采用普通异步电动机当作数控机床的主轴电动机的，但一般来说，交流主轴电动机是专门设计的，各有自己的特色。如为了提高输出功率，缩小电动机的体积，都采用定子铁心在空气中直接冷却的办法，没有机壳，而且在定子铁心上有轴向孔，以利通风等，为此，电动机外形是呈多边形而不是圆形。转子结构多为带斜槽的铸铝结构，与一般笼型异步电动机相同。在这类电动机轴的尾部都同轴安装有检测用脉冲发生器与脉冲编码器。在电动机安装方式上，一般有法兰式和底脚式两种，可根据不同需要选用。

交流主轴电动机的驱动目前广泛采用矢量控制变频调速的方法，并为适应载荷特性的要求，对交流主轴电动机供电的变频器，应同时有调频兼调压功能。

另外，在低档的经济型数控机床中为降低成本，也有采用变极双速电动机和下述机械齿轮换档相结合的方法，来改变主轴转速。

（2）机械齿轮变速　在数控机床主传动系统内，由于采用了电动机无级调速，使传统的主轴齿轮箱结构大大简化。但由于主轴电动机与驱动电源的限制，往往在其低速段为恒转矩输出。为了尽可能使主轴在整个速度范围内提供主轴电动机的最大输出功率，并满足数控机床低速强力切削的需要，常采用 1 ~4 档齿轮变速与无级调速相结合的方法，即所谓分段无级变速。采用机械齿轮减速，放大了输出转矩，同时通过齿轮自动换档又进一步扩大调速范围。

数控机床在切削加工时，主轴是按零件加工程序中主轴速度指令所指定的转速来自动运行的。因此，数控系统中必须有两类主轴速度指令信号，即用模拟量或数字量信号（程序上用 S 代码）来控制主轴电动机的驱动调速电路，同时采用开关量信号（程序上用 M41 ~ M44 代码）来控制机械齿轮变速自动换档执行机构。自动换档执行机构是一种电 - 机转换装置，常用的有液压拨叉和电磁离合器。

1）液压拨叉换档。液压拨叉换档是一种用一只或几只液压缸带动齿轮移动的变速机构。最简单的是两位液压缸实现双联齿轮变速。对于三联或三联以上的齿轮换档则必须使用差动液压缸。图 2-7 所示为三位液压拨叉的原理图，具有液压缸 1 与 5、活塞杆 2、拨叉 3 和套筒 4，通过电磁阀改变不同的通油方式可获得三个位置。

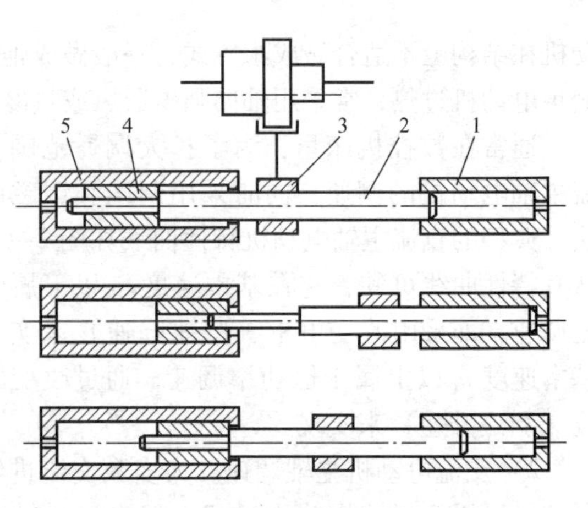

图 2-7　三位液压拨叉的原理图

1、5—液压缸　2—活塞杆　3—拨叉　4—套筒

① 当液压缸 1 通入液压油而液压缸 5 卸油时，活塞杆 2 便带动拨叉 3 向左移至极限位置。

② 当液压缸 5 通入液压油而液压缸 1 卸油时，活塞杆 2 和套筒 4 一起移至右极限位置。

③ 当左右缸同时通入液压油时，由于活塞杆 2 两端直径不同使其向左移动，而由于套筒 4 和活塞杆 2 的截面直径不同，使套筒 4 向右的推力大于活塞杆 2 向左的推力，因此套筒 4 压向液压缸 5 的右端，而活塞杆 2 则紧靠套筒 4 的右面，拨叉处于中间位置。

要注意的是每个齿轮的到位需要有到位检测元件（如感应开关）检测，该信号有效说明变档已经结束。对采用主轴驱动无级变速的场合，可采用数控系统控制主轴电动机慢速转动或抖动来解决液压拨叉在换档进行齿轮啮合过程中可能产生的顶齿问题。对于纯有级变速的恒速交流电动机驱动场合，通常还需要在传动链上安置一个微电动机的离合器，来配合实现齿轮换档啮合，因此结构较复杂，通常都采用下述电磁离合器换档的方法。液压拨叉换档需附加一套液压装置，将电信号转换为电磁阀动作，再将液压油分至相应液压缸，因而增加了复杂性。

2）电磁离合器换档。电磁离合器是应用电磁效应接通或切断运行的元件。它便于实现自动化操作。但它的缺点是体积大，磁通易使机械件磁化。在数控机床主传动中，使用电磁离合器能简化变速机构，通过安装在各传动轴上离合器的吸合与分离，形成不同的运动组合传动路线，实现主轴变速。

在数控机床中常使用无集电环摩擦片式电磁离合器和牙嵌式电磁离合器。由于摩擦片式电磁离合器采用摩擦片传递转矩，所以允许不停车变速。但如果速度过高，会由于滑差运动产生大量的摩擦热。牙嵌式电磁离合器由于在摩擦面上做成一定的齿形，提高了传递转矩，减小了离合器的径向、轴向尺寸，使主轴结构更加紧凑，摩擦热减小了。但牙嵌式电磁合器必须在低速时变速。

2.1.2　数控机床进给传动的机械结构

数控机床进给传动系统主要包括引导和支承执行部件的导轨、滚珠丝杠螺母副、齿轮齿条副、蜗杆副及其支承部件等。由于这些部件与普通机床的结构大同小异，这里主要强调用于数控机床时，在要求和特点上的不同。

1. 数控机床对进给传动的要求

1）传动精度、定位精度高。

2）调速范围宽，目前快进速度通常为 10 ~ 12 m/min，快进速度可达 24 m/min（已用于生产中）。

3）响应速度快（加速度大），其直接影响机床的加工精度和生产率。

4）进给速度均匀，在低速时无爬行现象。

5）稳定性好，寿命长。

6）使用维护方便。

2. 进给传动的机械结构

为了满足上述数控机床对机械进给传动系统的要求，主要在齿轮传动、丝杠传动、机床导轨这三大部分采取相应的改进措施。下面就分别对这三部分进行阐述。

（1）齿轮传动副　齿轮传动装置主要由齿轮传动副组成，其任务是传递伺服电动机输出的转矩和转速。常见的消除齿轮间隙结构形式如下。

1）直齿圆柱齿轮传动副。

① 偏心套调整式。图 2-8 所示为偏心套消隙结构。电动机 1 通过偏心套 2 安装到机床壳体上，转动偏心套 2 就可以调整两齿轮的中心距，从而消除齿侧间隙。

② 锥齿轮调整式。图 2-9 所示为带有锥度的齿轮消隙结构。在加工齿轮 1 和 2 时，将假想的分度圆柱面改成带有小锥度的圆锥面，使其齿厚在齿轮的轴向稍有变化。调整时，只要改变垫片 3 的厚度就能调整两个齿轮的轴向相对位置，从而消除齿侧间隙。

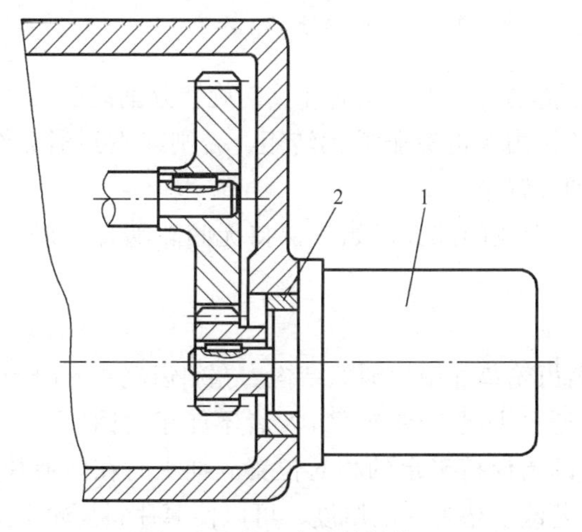

图 2-8　偏心套消隙结构

1—电动机　2—偏心套

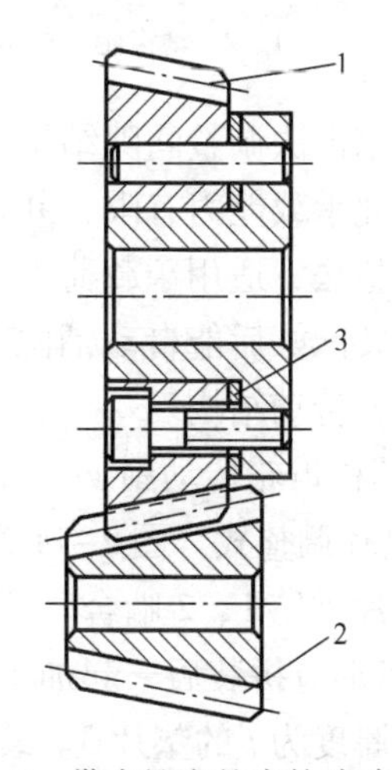

图 2-9　带有锥度的齿轮消隙结构

1、2—锥度齿轮　3—垫片

以上两种调整方法的特点是结构简单，能传递较大转矩，传动刚度较好，但齿侧间隙调整后不能自动补偿，故又称为刚性调整法。

③ 双片齿轮错齿调整式。如图 2-10a 所示，两个相同齿数的薄齿轮 1、2 与另一个宽齿轮啮合，两薄齿轮可相对回转。在两个薄齿轮 1、2 的端面上均匀分布着四个螺孔，用于安装凸耳 3、8。齿轮 1 的端面还有另外四个通孔，凸耳 8 可以在其中穿过，弹簧 4 的两端分别钩在凸耳 3 和螺钉 7 上。通过螺母 5 调节弹簧 4 的拉力，调节完毕用螺母 6 锁紧。弹簧的拉力使薄齿轮错位，即两个薄齿轮的左右齿面分别贴在宽齿轮槽的左右齿面上，从而消除了齿侧间隙。

图 2-10b 所示为另一种双片齿轮错齿消隙结构，两个薄齿轮 1、2 套装在一起，每

个齿轮各开有两条周向通槽，齿轮的端面上装有短柱3，用来安装弹簧4。装配时为使弹簧4具有足够的拉力，两个薄齿轮的左右面分别与宽齿轮的左右面贴紧，以消除齿侧间隙。

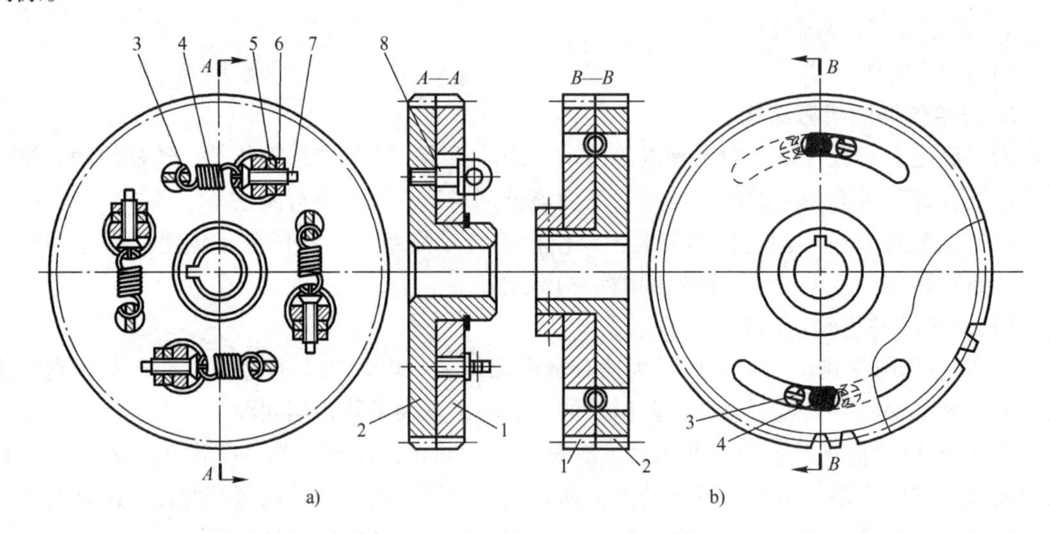

图2-10　双片齿轮错齿消隙结构

1、2—薄齿轮　3、8—凸耳或短柱　4—弹簧　5、6—螺母　7—螺钉

双片齿轮错齿法调整间隙结构，在齿轮传动时，由于正向和反向旋转分别只有一个齿轮承受转矩，因此承载能力有限，并且弹簧的拉力要能克服最大转矩，否则起不到消隙作用，故称为柔性调整法，适用于载荷不大的传动装置中。

这种结构装配好后能自动消除（补偿）齿侧间隙，可始终保持无间隙啮合，是一种常见的无间隙齿轮传动结构。

2）斜齿圆柱齿轮传动副。

① 轴向垫片调整式。图2-11所示为斜齿轮垫片错齿消隙结构。宽斜齿轮4同时与两个相同齿数的薄片齿轮1、2啮合，薄片齿轮通过平键与轴连接，两者不能相对回转。薄片斜齿轮1、2的齿形应拼装后一起加工，并与键槽保持确定的相对位置。加工时在两薄片齿轮之间装入已知厚度为t的垫片3。装配时，若改变垫片3的厚度，可以使薄片斜齿轮1、2的螺旋线发生错位，其左右两面分别与宽斜齿轮4的齿贴紧，消除间隙。这种结构的齿轮承载能力较小，且不能自动补偿、消除间隙。

② 轴向压簧调整式。图2-12所示为斜齿轮轴向压簧错齿消隙结构。该结构消隙原理与轴向垫片调整式相似，所不同的是薄片斜齿轮2右面的弹簧压力使两个薄片斜齿轮的左右齿面分别与宽斜齿轮的左右齿面贴紧，以消除齿侧间隙。

弹簧3的压力可通过螺母4来调整，压力的大小要调整合适，压力过大会加快齿轮磨损，压力过小达不到消隙的作用。这种结构能自动消除齿轮间隙，使齿轮始终保持无间隙啮合，但它只适用于载荷较小的场合，并且结构的轴向尺寸较大。

（2）滚珠丝杠螺母副　滚珠丝杠螺母副是在丝杠和螺母之间以滚珠作为滚动体的螺旋传动元件。它可将旋转运动转变为直线运动或将直线运动转变为旋转运动。因此，滚珠丝杠螺母副既是传动元件，也是直线运动与旋转运动的相互转换元件。

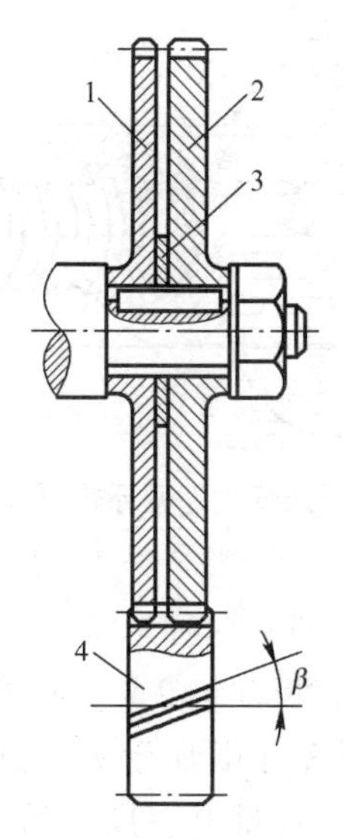

图 2-11　斜齿轮垫片错齿消隙结构

1、2—薄片斜齿轮　3—垫片　4—宽斜齿轮

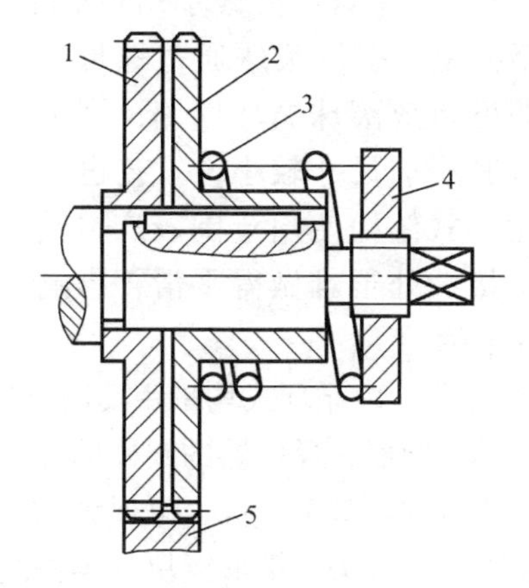

图 2-12　斜齿轮轴向压簧错齿消隙结构

1、2—薄片斜齿轮　3—弹簧　4—螺母　5—宽斜齿轮

1）滚珠丝杠螺母副的工作原理、特点及类型。滚珠丝杠螺母副的工作原理示意图如图 2-13 所示，丝杠和螺母上都有半圆弧形的螺旋槽，它们套装在一起时形成滚珠的螺旋滚道。螺母上有滚珠回路管道，将几圈螺旋滚道的两端连接起来构成封闭的循环滚道，滚道内装满滚珠。当丝杠旋转时，滚珠在滚道内既自转又沿滚道循环转动，从而迫使螺母（或丝杠）轴向移动。

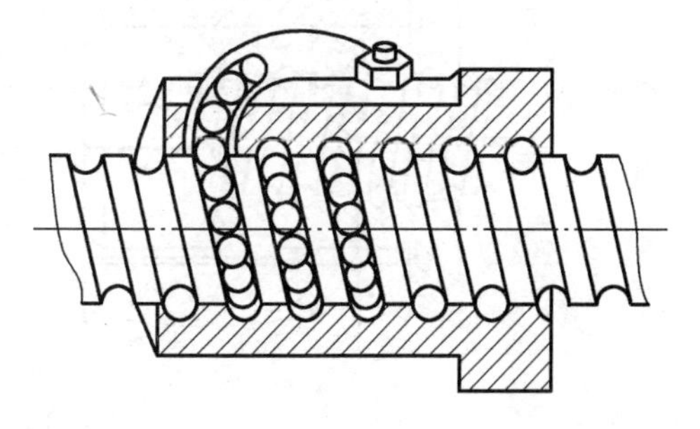

图 2-13　滚珠丝杠螺母副的工作原理示意图

滚珠丝杠螺母副的特点如下。

① 摩擦损失小、传动效率高。

② 丝杠螺母预紧后，可以完全消除间隙，传动精度高、刚度好。

③ 不易产生低速爬行现象，保证了运动的平稳性。

④ 磨损小，寿命长，精度保持性好。

⑤ 不能自锁，有可逆性，既能将旋转运动转换为直线运动，也能将直线运动转换为旋转运动，可满足一些特殊要求的传动场合。当它立式使用时，应增加平衡或制动装置。

滚珠丝杠螺母副通常可根据其多种方法进行分类，如按制造方法的不同分为普通滚珠丝杠螺母副和滚轧滚珠丝杠螺母副；按螺母形式可分为单侧法兰盘双螺母型、单侧法兰盘单螺母型、双法兰盘双螺母型、圆柱双螺母型、圆柱单螺母型和简易螺母型等；按螺旋滚道型面分为单圆弧面和双圆弧面；按滚珠的循环方式可分为外循环式和内循环式。

2）滚珠丝杠螺母副的结构。目前，国内外生产的滚珠丝杠螺母副，尽管结构各种各样，但其主要区别体现在螺旋滚道型面的形状、滚珠的循环方式、轴向间隙的调整及预加载荷的方法等方面。

① 外循环式。外循环式多用螺旋槽式和插管式。图 2-14 所示为常用的插管式外循环式原理图。被压板 1 压住的弯管 2 的两端插入螺母 3 上与螺旋滚道相切的两个孔内，引导滚珠

4 构成循环回路。它的特点是结构简单、制造方便，但径向尺寸较大，弯管端部容易磨损。若不用弯管，在螺母3的两个孔内装上反向器，引导滚珠通过螺母外表的螺旋凹槽形成滚珠循环回路，则为螺旋槽式，其径向尺寸较小，工艺也较简单。外循环式结构使用范围较广，其缺点是滚道接缝处很难做得平滑，影响滚珠滚动的平稳性。

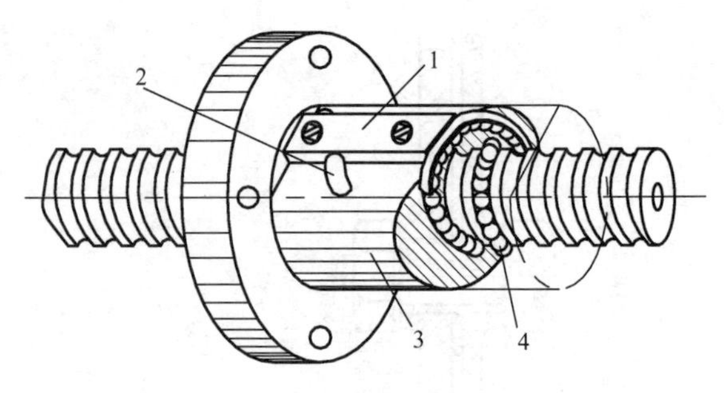

图 2-14　常用的插管式外循环式原理图

1—压板　2—弯管（回珠管）　3—螺母　4—滚珠

② 内循环式。内循环式均采用反向器实现滚珠循环。反向器有两种形式。图 2-15a 所示为圆柱凸键反向器，反向器的圆柱部分嵌入螺母内，端部开有反向槽 2，反向槽 2 靠圆柱外圆面及其上端的凸键 1 定位，以保证对准螺旋滚道方向。图 2-15b 所示为扁圆镶块反向器，反向器为一半圆头平键形镶块，镶块嵌入螺母的切槽中，其端部开有反向槽 3，用镶块的外廓定位。比较两种反向器，后者尺寸较小，从而减小了螺母上的切槽尺寸精度的要求。

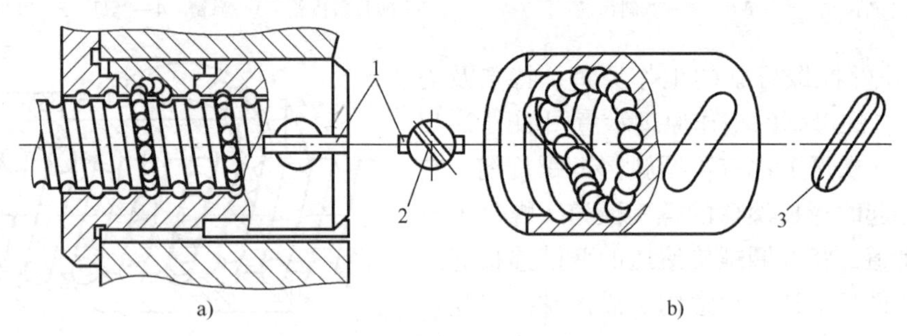

图 2-15　内循环式原理图

a）圆柱凸键反向器　b）扁圆镶块反向器

1—凸键　2、3—反向槽

内循环反向器和外循环反向器相比，其结构紧凑、定位可靠、刚性好且不易磨损、返回滚道短、不易发生滚珠堵塞、摩擦损失也小。它的缺点是反向器结构复杂、制造困难且不能用于多线螺纹传动。

3）滚珠丝杠螺母副轴向间隙的调整和预紧方法。滚珠丝杠螺母副轴向间隙是指有载荷时滚珠与滚道型面接触的弹性变形所引起的螺母位移量和螺母原有间隙总和。滚珠丝杠螺母副轴向间隙直接影响其传动刚度和传动精度，尤其是反向传动精度。因此，滚珠丝杠螺母副除了对本身单一方向的进给运动精度有要求外，对轴向间隙也有严格的要求。滚珠丝杠螺母副轴向间隙的调整和预紧，通常采用双螺母预紧方式，其结构形式有三种。它的基本原理是使两个螺母间产生轴向位移，以达到消除间隙、产生预紧力的目的。

① 垫片调隙式。如图 2-16 所示，通过改变垫片的厚度，使螺母产生轴向位移。这种结构简单可靠、刚性好，但调整费时，而且不能在工作中随意调整。

② 螺母调隙式。图 2-17 所示为利用螺母实现预紧的结构，两个螺母以平键与外套相连，平键可限制螺母在外套内移动，其中右边的一个螺母外伸部分有螺纹。用两个锁紧螺母 1、2 能使螺母相对丝杠做轴向移动。这种结构紧凑，工作可靠，调整也方便，故应用较广。

但调整位移量不易精确控制，因此，预紧力也不能准确控制。

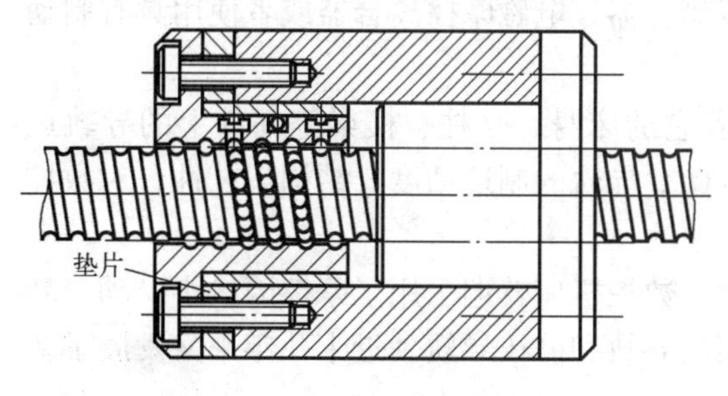

图 2-16　垫片调隙式结构图

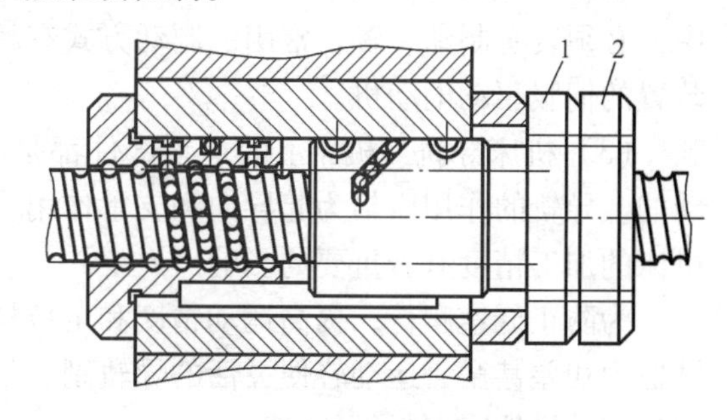

图 2-17　螺母调隙式结构图

1、2—锁紧螺母

③ 齿差调隙式。图 2-18 所示为齿差调隙式结构图。在两个螺母的凸缘上分别有齿数为 z_1、z_2 的齿轮（齿数差为 1），且与相应内齿轮啮合。内齿轮紧固在螺母座上。预紧时脱开内齿轮，使两个螺母同向转过相同齿数，然后再合上内齿轮。两螺母的轴向相对位置发生变化，从而实现间隙的调整并施加预紧力。

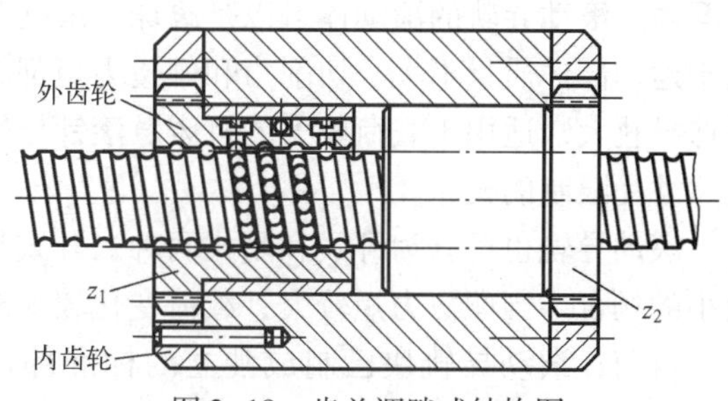

图 2-18　齿差调隙式结构图

4）滚珠丝杠螺母副的支承形式和制动方式。为了提高传动刚度，不仅应合理确定滚珠丝杠螺母副的参数，而且螺母座的结构、丝杠两端的支承形式以及它们与机床的连接刚度也有很大影响。常见的支承形式有以下几种。

① 一端装推力轴承。如图 2-19a 所示，这种支承形式的承载能力小，轴向刚度低，仅适合于短丝杠，如数控机床的调整环节或升降台式数控铣床的垂直坐标中。

② 一端装推力轴承，另一端装深沟球轴承。如图 2-19c 所示，滚珠丝杠较长时，一端装推力轴承固定，另一自由端装深沟球轴承。为了减小丝杠热变形的影响，推力轴承的安装位置应远离热源（如伺服电动机）及丝杠上的常用段。

③ 两端装推力轴承。如图 2-19b 所示，将推力轴承装在滚珠丝杠的两端，并施加预紧拉力，有助于提高传动刚度。但这种安装方式对热伸长较为敏感。

④ 两端装推力轴承及向心球轴承。如图 2-19d 所示，为了提高刚度，丝杠两端采用双重支承，并施加预紧力。这种支承形式可使丝杠的热变形转化为推力轴承的预紧力，但设计时要注意提高推力轴承的承载能力和支架刚度。

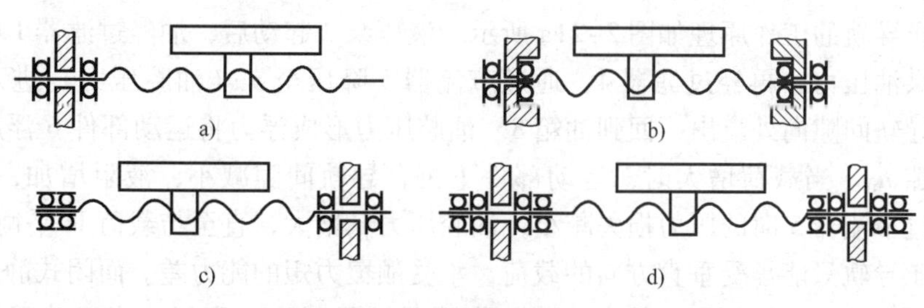

图 2-19　滚珠丝杠的支承形式

滚珠丝杠的传动效率很高，但不能自锁，当用在垂直传动或水平放置的高速大惯量传动中，必须装有制动装置。常用的制动方式有超越离合器、电磁摩擦离合器或者使用具有制动装置的伺服驱动电动机。

（3）机床导轨　机床上的运动部件都是沿着它的床身、立柱、横梁等部件上的导轨运动的。导轨的作用概括为起导向和支承作用。因此，导轨的制造精度、结构工艺性，对数控机床的加工精度有着重要的影响。

为防止低速爬行，提高运动精度和定位精度，数控机床普遍采用了摩擦因数小，动、静摩擦力相差甚微，运动轻便灵活的导轨副，如滚动导轨和静压导轨。近十几年来又发展了新型的滚动导轨和塑料导轨。

1）滚动导轨。滚动导轨就是在导轨工作面之间安排滚动体，使导轨面之间的摩擦为滚动摩擦。滚动导轨的滚动体可以是滚珠、滚柱和滚针。滚珠导轨的承载能力小，刚度低，适用于运动部件质量不大、切削力和颠覆力矩都较小的机床。滚柱导轨的承载能力和刚度都比滚珠导轨大，适用于载荷较大的机床。滚针导轨的特点是滚针尺寸小，结构紧凑，适用于导轨尺寸受限制的机床。

滚动导轨也可分为开式和闭式两种。开式导轨用于加工过程中载荷变化较小、颠覆力矩较小的场合。当颠覆力矩较大、载荷变化较大时可用闭式导轨。

目前，滚动导轨块已制成独立的标准部件，具有刚度高、承载能力大、便于拆装等优点，可直接装在任意行程长度的运动部件上，其结构形式如图 2-20 所示。图 2-20 中件 1 为防护板，端盖 2 与导向片 4 引导滚动体返回，件 5 为保持架。当运动部件移动时，滚柱 3 在支承部件的导轨面与本体 6 之间滚动，同时又绕本体 6 循环滚动，滚柱 3 与运动部件的导轨面并不接触，因而该导轨面不需淬硬磨光。

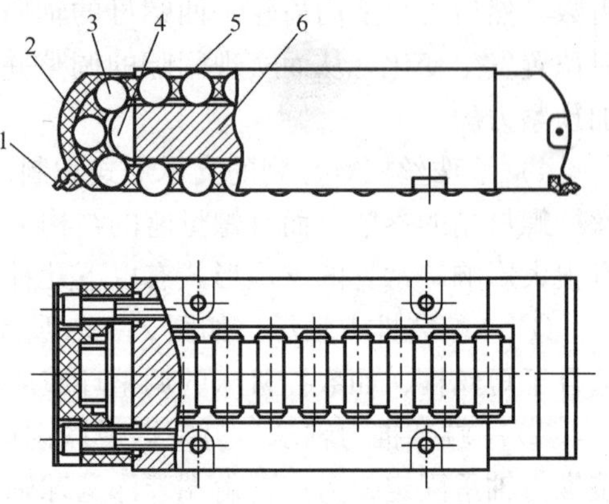

图 2-20　滚动导轨块的结构形式

1—防护板　2—端盖　3—滚柱　4—导向片　5—保持架　6—本体

2）静压导轨。静压导轨的滑动面之间开有油腔，将有一定压力的油通过节流器输入油腔，形成压力油膜，浮起运动部件，使导轨工作面处于纯液体摩擦，不产生磨损，精度保持性好，同时摩擦因数也极低（0.0005，滚动摩擦因数为 0.0025～0.005），使驱动功率大为降低。它的运动不受速度和载荷的限制，低速无爬行，承载能力好，刚度好，油液有吸振作用，抗振性好，导轨摩擦发热也小。它的缺点是结构复杂，要有供油系统，油的清洁度要求高，多用于重型机床。

开式静压导轨的工作原理如图 2-21a 所示。液压泵 2 起动后，油经过滤器 1 吸人，用溢流阀 3 调节供油压力，再经过滤器 4，通过节流器 5 降压至 p_r（油腔压力）进入导轨的油腔，并通过导轨间隙向外流出，回到油箱 8。油腔压力形成浮力将运动部件 6 浮起，形成一定的导轨间隙 h_0。当载荷增大时，运动部件下沉，导轨间隙减小，液阻增加，流量减小，从而使油经过节流器 5 时的压力损失减小，油腔压力 p_r增大，直至与载荷 W 平衡。

开式静压导轨只能承受垂直方向的载荷，承受颠覆力矩的能力差。而闭式静压导轨能承受较大的颠覆力矩，导轨刚度也较高，其工作原理如图 2-21b 所示。当运动部件 6 受到颠

覆力矩 M 后，油腔3、4 的间隙增大，油腔1、6 的间隙减小。由于各相应节流器 5 的作用，使油腔3、4 的压力减小，油腔1、6 的压力增大，从而产生一个与颠覆力矩相反的力矩，使运动部件保持平衡。在承受载荷 W 时，油腔1、4 间隙减小，压力增大；油腔3、6 间隙增大，压力减小，从而产生一个向上的力，以平衡载荷 W。

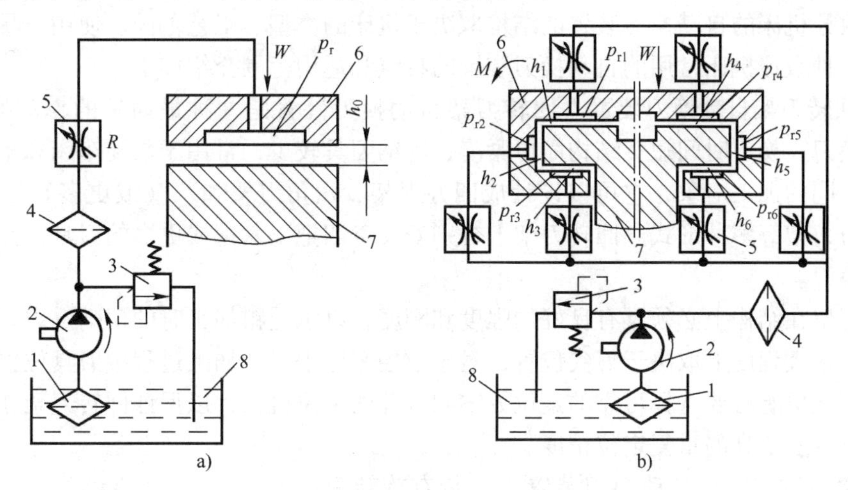

图 2-21　静压导轨的工作原理

1、4—过滤器　2—液压泵　3—溢流阀　5—节流器　6—运动部件　7—固定部件　8—油箱

3）塑料导轨。塑料导轨已广泛用于数控机床，其摩擦因数小，且动、静摩擦因数差很小，能防止低速爬行；耐磨性好；加工性和化学稳定性好，工艺简单，成本低，并有良好的自润滑性和抗振性。塑料导轨多与铸铁导轨或淬硬钢导轨配合使用。

近年来已有数十种塑料基体的复合材料用于机床导轨，其中比较引人注目的为应用较广的填充 PTEE（聚四氟乙烯）软带材料。塑料导轨与其他导轨相比，有以下特点。

① 摩擦因数低而稳定。

② 动、静摩擦因数相近。

③ 吸收振动。

④ 耐磨性好。

⑤ 化学稳定性好。

⑥ 维护修理方便。

⑦ 经济性好。

2.2　数控机床的辅助装置

数控机床的辅助装置是指数控机床的一些必要（或选配）的配套部件，用以保证数控机床的运行，如冷却、排屑、润滑、照明等。它主要包括自动换刀装置、回转工作台、液压系统、润滑系统、冷却系统、排屑装置和过载与限位保护等部分。

2.2.1　刀库与自动换刀装置

为进一步提高数控机床的加工效率，数控机床向着工件在一台机床一次装夹即可完成多道工序或全部工序加工的方向发展，出现了各种类型的加工中心机床，如车削加工中心、镗铣加工中心和钻削加工中心等。这类多工序加工的数控机床加工中使用多种刀具，因此必须有自动换刀装置，以便选用不同刀具，完成不同工序的加工。自动换刀装置应当具备换刀时间短，刀具重复定位精度高，足够的刀具储备量，占地面积小和安全可靠等特性。

各类数控机床的自动换刀装置的结构取决于机床的类型、工艺范围、使用刀具种类和数量。现将几种数控机床常用的自动换刀装置的特点和适用范围介绍如下。

(1) 回转刀架自动换刀装置　回转刀架自动换刀装置是一种最简单的自动换刀装置，多为顺序换刀，换刀时间短、结构简单紧凑、容纳刀具较少，常用于数控车床和车削加工中心。根据不同的加工对象，它可以设计成四方刀架、六角刀架和八（或更多）工位的圆盘式轴向装刀刀架等多种形式。回转刀架上分别安装着四把、六把或更多的刀具，并按数控系统的指令换刀。

回转刀架在结构上必须具有良好的强度和刚度，以承受粗加工时的切削抗力。由于车削加工精度在很大程度上取决于刀尖位置，对于数控车床来说，加工过程中刀具位置不进行人工调整，因此更有必要选择可靠的定位方案和合理的定位机构，以保证回转刀架在每次转位之后，具有尽可能高的重复定位精度。

(2) 多主轴转塔头自动换刀装置　在带有旋转刀具的数控镗铣床中，部分采用了多主轴转塔头自动换刀装置。

通过多主轴转塔头的转位来换刀是一种比较简单的换刀方式。这种机床的主轴转塔头就是一个转塔刀库，转塔头有卧式和立式两种。图 2–22 所示为数控转塔式镗铣床的外观图，八方形转塔头上装有八根主轴，每根主轴上装有一把刀具。根据工序的要求按顺序自动地将装有所需刀具的主轴转到工作位置，实现自动换刀，同时接通主传动。不处在工作位置的主轴便与主传动脱开。转塔头的转位（即换刀）由槽轮机构来实现。

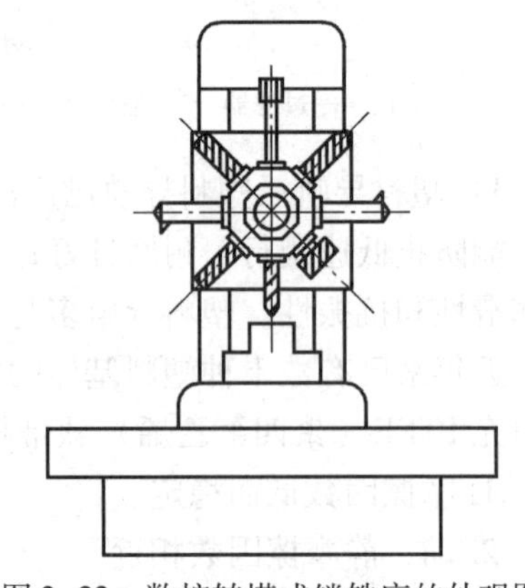

图 2–22　数控转塔式镗铣床的外观图

这种自动换刀装置存储刀具的数量少，适用于加工较简单的工件，其优点在于省去了自动松、夹，卸刀、装刀以及刀具搬运等一系列的复杂操作，从而缩短了换刀时间，并提高了换刀的可靠性。但是由于空间位置的限制，使主轴部件结构不能设计得十分坚实，因而影响了主轴系统的刚度。为了保证主轴的刚度，必须限制主轴数目，否则将使结构尺寸大大增加。因此，这种自动换刀装置通常只适应于工序较少，精度要求不太高的机床，如数控钻床、镗床和铣床等。

(3) 带刀库的自动换刀装置　带刀库的自动换刀装置是由刀库和刀具交换装置组成。目前它是多工序数控机床上应用最广泛的换刀方法。概括地说，它的工作过程就是：首先把加工过程中所需要使用的全部刀具分别安装在标准的、统一的刀柄上，在机外预调整刀具尺寸，按一定方式放入刀库；换刀时先在刀库中选刀，而后由刀具交换装置从刀库和主轴（或刀架）取出刀具并进行交换，把用过的旧刀放回刀库，将新刀装入主轴（或刀架）。当刀库离主轴（或刀架）较远时，还要有搬运装置运送刀具。

1) 刀库。刀库是用来存储加工刀具及辅助工具的地方。由于多数加工中心的换刀位置都是在刀库中的某一固定刀位，因此刀库还需要有使刀具运动及定位的机构来保证换刀的可靠。它的动力可采用液动机或电动机，如果需要的话还要有减速机构。刀具的定位机构是用来保证要更换的每一把刀具或刀套都能准确地停在换刀位置上。它的控制部分可以采用简易位置控制器或类似半闭环进给系统的伺服位置控制，也可以采用电气和机械相结合的销定位方式，一般要求综合定位精度达到 0.1 ~ 0.5 mm 即可。

刀库的形式有多种，目前在加工中心上用得较普遍的有盘式刀库和链式刀库。密集型的鼓轮式刀库或格子式刀库虽然占地面积小，可是由于结构的限制，很少用于单机加工中心。密集型的固定刀库目前多用于柔性制造系统（Flexible Manufacture System，FMS）中的集中供刀系统。

① 盘式刀库（图 2-23）。此刀库结构简单，应用较多，但由于刀具环形排列，空间利用率低，因此出现了将刀具在盘中采用双环或多环排列，以增加空间利用率。但这样一来使刀库的外径过大，转动惯量也很大，选刀时间也较长。因此，盘式刀库一般用于刀具容量较少的刀库。

② 链式刀库（图 2-24）。它结构紧凑，刀库容量较大，链环的形状可以根据机床的布局配置成各种形状，也可将换刀位置突出以利换刀。当链式刀库需增加刀具容量时，只需增加链条的长度，在一定范围内，无须变更线速度及惯量。这种条件为系列刀库的设计和制造带来了很大的方便，可以满足不同使用条件。一般刀具数量在 30 ~ 120 把时，多采用链式刀库。

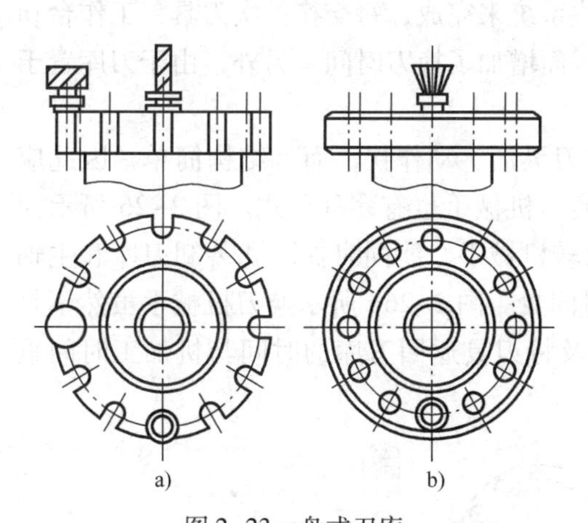

图 2-23　盘式刀库

a）径向取刀形式　b）轴向取刀形式

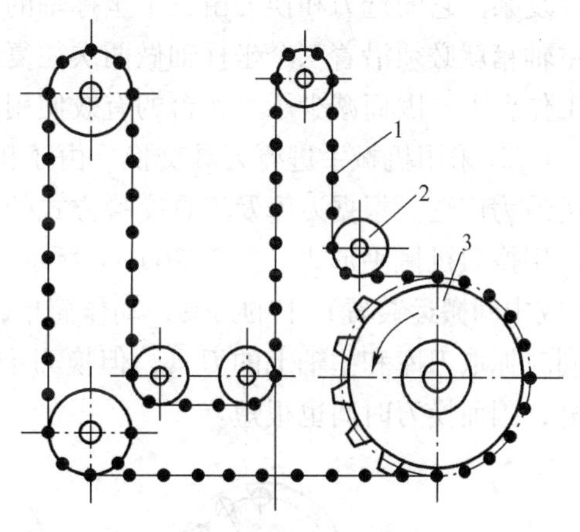

图 2-24　链式刀库

1—刀链　2—滚轮　3—主动链轮

刀库的选刀方式有顺序选刀方式和任意选刀方式两种。顺序选刀方式是按照加工工序依次将所用的刀具放入刀库刀座内，顺序不能搞错，否则将造成事故，并且改变加工工件时，必须重新排列刀库的刀具，因而操作机床较费事。它与任意选刀方式比较，刀库中刀具的利用率相对较低，但它不需要刀具识别装置，刀库的驱动、控制也比较简单。任意选刀方式对每一把刀具要求有刀具识别装置，其方法分别有刀座编码方式、刀具编码方式和计算机记忆方式。如刀具编码方式是直接在刀具上编码，由编码识别装置来识别刀具进行选刀，刀具可放入刀库中任何一个刀座，没有插入刀具失误问题，操作较方便，但增加了系统结构的复杂性。

2）刀具交换装置。它是用来实现刀库与机床主轴（或刀架）之间的传递和装卸刀具的装置。

① 利用刀库与机床主轴的相对运动实现刀具交换。用这种形式交换刀具时，首先必须将用过的刀具送回刀库，然后从刀库中取出新刀具，这两个动作不可能同时进行，因此换刀时间较长。图 2-25 所示的数控立式镗铣床就是采用这类刀具交换方式的实例。它的刀库安放在机床工作台的一端，当某一把刀具加工完毕从工件上退出后，即开始换刀。其刀具交换过程如下。

按照指令，机床工作台快速向右移动，将工件从主轴下面移开，同时将刀库移到主轴下面，使刀库的某个空刀座恰好对准主轴。

主轴箱下降，将主轴上用过的刀具放回刀库的空刀座中。

主轴箱上升，接着刀库回转，将下一工步需用的刀具对准主轴。

主轴箱下降，将下一工步所需的刀具插入机床主轴。

主轴箱及主轴带着刀具上升。

机床工作台快速向左返回，将刀库从主轴下面移开，同时将工件移至主轴下面，使主轴上的刀具对准工件的加工面。

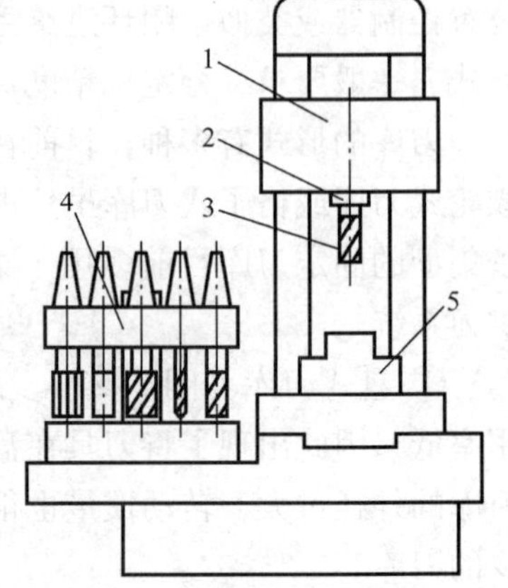

图 2-25　数控立式镗铣床

1—主轴箱　2—主轴　3—刀具
4—刀库　5—工件

这种自动换刀装置只有一个刀库，不需要其他装置，结构极为简单，然而换刀过程却较为复杂。它的选刀和换刀由三个坐标轴的数控定位系统来完成，每交换一次刀具，工作台和主轴箱就必须沿着三个坐标轴做两次往复运动，因而增加了换刀时间。另外，由于刀库置于工作台上，因而减少了工作台的有效使用面积。

② 采用机械手进行刀具交换。由于机械手换刀灵活、动作快，而且结构简单，因此应用最为广泛。根据刀库及刀具交换方式的不同，换刀机械手也有多种形式。图 2-26 所示为常用换刀机械手形式。图 2-26a ~ c 所示为双臂回转机械手，能同时抓取和装卸刀库和主轴（或中间搬运装置）上的刀具，动作简单，换刀时间少。图 2-26d 所示换刀机械手虽然不是同时抓取刀库和主轴上的刀具，但换刀准备时间及将刀具返回刀库的时间与机加工时间重复，因而换刀时间也很短。

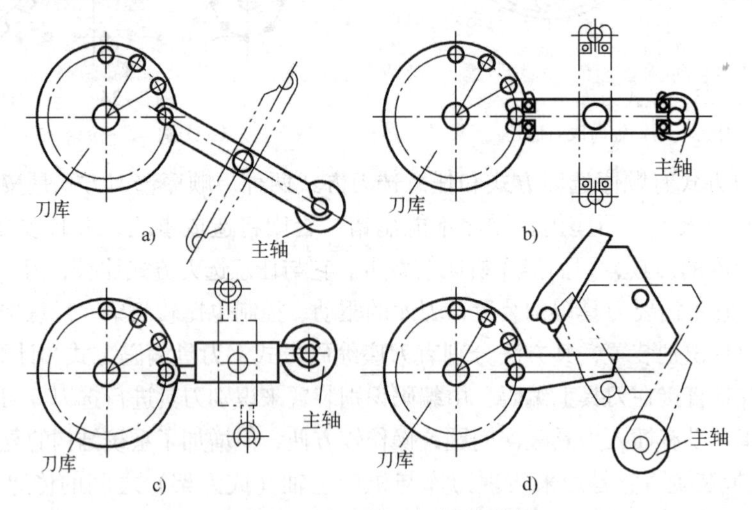

图 2-26　常用换刀机械手形式

抓刀运动可以是旋转运动，也可以是直线运动。图 2-26a 中为钩手，抓刀运动为旋转运动；图 2-26b 中为抱手，抓刀运动为两个手指旋转；图 2-26c、d 中为叉手，抓刀运动为直线运动。由于抓刀运动的轨迹不同，各种机械手的应用场合也不同。抓刀运动为直线时，在抓刀过程中可以避免与相邻的刀具碰撞，所以当刀库中刀具排列较密时，常用叉手。钩手和抱手抓刀运动的轨迹为圆弧，容易和相邻的刀具碰撞，因而要适当增加刀库中刀具之间的距离，合理设计机械手的形状及其安装位置。

图 2-27 所示为钩刀机械手换刀过程。

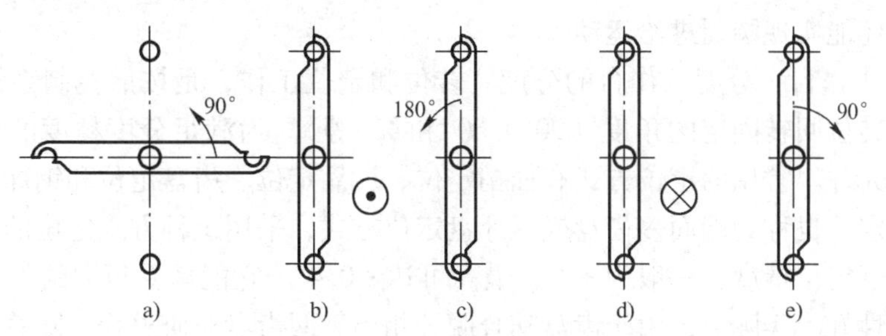

图 2-27　钩刀机械手换刀过程

a. 抓刀。手臂旋转 90°，同时抓住刀库和主轴上的刀具。

b. 拔刀。主轴夹头松开刀具，机械手同时将刀库和主轴上的刀具拔出。

c. 换刀。手臂旋转 180°，新旧刀具交换。

d. 插刀。机械手同时将新旧刀具分别插入主轴和刀库，然后主轴夹头夹紧刀具。

e. 复位。转动手臂，回到原始位置。

各种类型的刀具必须装在统一标准刀柄上，以便能安装于主轴、刀库内或由机械手抓取。我国提出了 TSC 工具系统，并制定了刀柄标准（参见 TSC 系统标准），标准中有直柄及 7∶24 锥度的锥柄两类，分别用于圆柱形主轴孔及圆锥形主轴孔，其结构如图 2-28 所示。为了使机械手能可靠地抓取刀具，刀柄必须有合理的夹持部分。图 2-28 中 3 为刀柄定位部位，2 为机械手抓取部位，1 为键槽用于传递切削转矩，4 为螺孔用于安装可调节拉杆，供拉紧刀柄用。刀具的轴向尺寸和径向尺寸应先在调刀仪上调整好，才可装入刀库中。丝锥、铰刀要先装在浮动夹具内再装入标准刀柄内。直柄在使用时需在轴向和径向夹紧，因而主轴结构复杂，柱柄安装精度高，磨损后不能自动补偿。而锥柄稍有磨损也不会过分影响刀具的安装精度。在换刀过程中，由于机械手抓住刀柄要做快速回转，做拔、插刀具的动作，还要保证

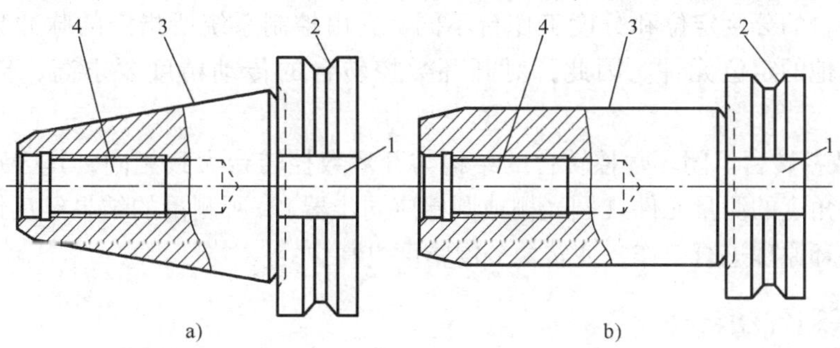

图 2-28　标准刀柄及夹持结构

1—键槽　2—机械手抓取部位　3—刀柄定位部位　4—螺孔

刀柄键槽的角度位置对准主轴上的驱动键，因此，机械手的夹持部分要十分可靠，并保证有适当的夹紧力，其活动爪要有锁紧装置，以防止刀具在换刀过程中转动或脱落。

2.2.2 回转工作台

数控机床中常用的回转工作台有分度工作台和数控回转工作台，它们的功用各不相同。分度工作台的功用只是将工件转位换面，和自动换刀装置配合使用，实现工件一次安装能完成几个面的多种工序加工，因此，大大提高了工作效率。而数控回转工作台除了分度和转位的功能之外，还能实现圆周进给运动。

(1) 分度工作台　分度工作台的分度、转位和定位工作，是按照控制系统的指令自动进行的，每次转位回转固定的角度（90°、60°和45°等）。为满足分度精度的要求，需要使用专门的定位元件。常用的定位方式有插销定位、反靠定位、齿盘定位和钢球定位等几种。

其中齿盘定位也称为端面多齿盘或鼠牙盘定位方式，采用这种方式定位的分度工作台能达到较高的分度定位精度，一般为±3″，最高可达±0.4″。它能承受很大的外载，定位刚度高，精度保持性好。实际上，由于齿盘啮合脱开相当于两齿盘对研过程，随着齿盘使用时间的延续，其定位精度还有不断提高的趋势。

钢球定位的分度工作台一般具有自动定心的作用。此外，它也有较高的分度精度，因此，其应用也越来越广泛。它具有齿盘定位的一些优点，自动定心和分度精度高，且制造简单，钢球可以外购，尺寸较小的高精度的分度工作台采用钢球定位也很理想。

(2) 数控回转工作台　为了扩大数控机床的加工性能，适应某些零件加工的需要，数控机床的进给运动，除 X、Y、Z 三个坐标轴的直线进给运动之外，还可以有绕 X、Y、Z 三个坐标轴的圆周进给运动，分别称为 A、B、C 轴。数控机床的圆周进给运动，一般由数控回转工作台（简称为数控转台）来实现。数控转台除了可以实现圆周进给运动之外，还可能完成分度运动，如加工分度盘的轴向孔，若采用间歇分度转位结构进行分度，由于它的分度数有限，因而带来极大不便，若采用数控转台进行加工就比较方便。

数控转台的外形和分度工作台没有多大区别，但在结构上则有一系列的特点。由于数控转台能实现进给运动，所以它在结构上和数控机床的进给驱动机构有许多共同之处。不同之处在于数控机床的进给驱动机构实现的是直线进给运动，而数控转台实现的是圆周进给运动。数控转台分为开环和闭环两种。

① 开环数控转台。开环数控转台和开环直线进给机构一样，都可以用步进电动机来驱动。数控转台的分度定位和分度工作台不同，它由控制系统所指定的脉冲数来决定转位角度，没有其他的定位元件。因此，对开环数控转台的传动精度要求高、传动间隙应尽量小。

② 闭环数控转台。闭环数控转台的结构与开环数控转台大致相同，其区别在于闭环数控转台有转动角度的测量元件（圆光栅或圆感应同步器）。所测量的结果经反馈与指令值进行比较，按闭环原理进行工作，使转台分度精度更高。

2.2.3 液压和气动系统

现代数控机床在实现整机的全自动化控制中，除电气控制外，还需要配备液压和气动系统来辅助实现整机的自动运动功能。所用的液压和气动系统应结构紧凑、工作可靠、易于控制和调节。它们的工作原理类似，但适用范围有所不同。

（1）液压系统　液压系统由于使用工作压力高的油性介质，因此系统输出力大，机械结构更紧凑、动作平稳可靠、易于调节并且噪声较小，但要配置液压泵和油箱，当液压油渗漏时易污染环境。一个完整的液压系统是由以下几部分组成的。

① 能源部分。它包括泵装置和蓄能器。它们能够输出液压油，把原动机的机械能转变为液体的压力能并存储起来。

② 执行机构部分。它包括液压缸和液动机等。它们用来带动工作部件，将液体的压力能转变成使工作部件运动的机械能。

③ 控制部分。它包括各种液压阀，用于控制液体的压力、流量和流动方向，从而控制执行部件的作用力、运动速度和运动方向，也可以用来卸载和实现过载保护等。

④ 辅件部分。它是系统中除上述三部分以外所有其他元件，如油箱、压力表、过滤器、管路、管接头、加热器和冷却器等。

在液压系统中，各种控制阀可采用分散布局、就近安装的原则，分别装在数控机床的有关零部件上。电磁阀上贴有磁铁号码，便于用户维修。为了减少液压系统的发热，液压泵采用变量泵。油箱内安装有过滤器，应定期用汽油或超声波振动清洗。

液压系统在数控机床中主要实现下述辅助功能。

① 自动换刀所需的动作。如机械手的伸、缩、回转和摆动及刀具的松开和夹紧动作，还有液压回转刀架的转换等。

② 工件、夹具的自动松开和夹紧，如数控车床的液压卡盘、顶尖的动作。

③ 工作台的松开夹紧、交换工作台的自动交换动作。

④ 机床运动部件的平衡。如机床主轴箱的重力平衡、刀库机械手的平衡等。

⑤ 机床运动部件的制动、离合器的控制和齿轮拨叉换档等。

⑥ 机床防护罩、板、门的自动开关。

（2）气动系统　气动系统的气源容易获得，机床可以不必再单独配置动力源，装置结构简单，工作介质不污染环境，工作速度快、动作频率高，适合于完成频繁起动的辅助工作。过载时比较安全，不易发生过载损坏机件等事故。气动系统在数控机床中主要用于对工件、刀具定位面（如主轴锥孔）和交换工作台的自动吹屑，清理定位基准面，安全防护门的开关以及刀具、工件的夹紧、放松等。气动系统中的分水滤气器应定期放水，分水滤气器和油雾器还应定期清洗。

2.2.4　润滑和冷却系统

数控机床的润滑系统主要用于对机床导轨、传动齿轮、滚珠丝杠及主轴箱等的润滑，其形式有电动间歇润滑泵和定量式集中润滑泵等。其中电动间歇润滑泵用得较多，其自动润滑间歇时间和每次泵油量，可根据润滑要求进行调整或用参数设定。

润滑泵内的过滤器需定期清洗、更换，一般每年应更换一次。

数控机床的冷却系统主要用于在切削过程中冷却刀具与工件，同时也起冲屑作用。为了获得较好的冷却效果，冷却泵打出的切削液需通过刀架或主轴前的喷嘴喷出，直接冲向刀具与工件的切削发热处。冷却泵的开、停常由数控程序中辅助指令 M08、M09 来分别控制。

2.2.5 排屑装置

为了数控机床的自动加工顺利进行和减少数控机床的发热，数控机床应具有合适的排屑装置。在数控车床和磨床的切屑中往往混合着切削液，排屑装置应从其中分离出切屑，并将它们送入切屑收集箱（车）内；而切削液则被回收到切削液箱。数控铣床、加工中心和数控镗床的工件安排在工作台面上，切屑不能直接落入排屑装置，故往往需要大流量切削液冲刷，或利用压缩空气吹扫等方法，使切屑进入排屑装置，后再回收切削液并排出切屑。

排屑装置是一种具有独立功能的附件。数控机床排屑装置的结构和工作形式，应根据机床的种类、规格、加工工艺特点、工件的材质和使用的切削液种类等来选择。

常见的排屑装置主要有下述几种。

（1）平板链式排屑装置　该装置以滚动链轮牵引钢质平板链带在封闭箱中运转，切屑用链带带出机床。这种装置能排除各种形状的切屑，适应性强，各类机床都能采用。在车床上使用时要与机床冷却箱合为一体，以简化机床结构。

（2）刮板式排屑装置　该装置的传动原理与平板链式基本相同，只是链板不同，它带有刮板链板。这种装置常用于输送各种材料的短小切屑，排屑能力较强。因载荷大，故需采用较大功率的驱动电动机。

（3）螺旋式排屑装置　该装置是利用电动机以减速装置驱动安装在沟槽中的一根绞笼式螺旋杆进行工作的。螺旋杆工作时，沟槽中的切屑即由螺旋杆推动向前运动，最终排入切屑收集箱。螺旋杆有两种结构形式，一种是用扁形钢条卷成螺旋弹簧状；另一种是在轴上焊有螺旋形钢板。这种装置占据空间小，适于安装在机床与立柱间空隙狭小的位置上。螺旋式排屑装置结构简单、性能好，但只适合沿水平或小角度倾斜的直线方向排运切屑，不能大角度倾斜、提升和转向排屑。

排屑装置的安装位置一般尽可能靠近刀具切削区域，如车床的排屑装置在旋转工件下方，铣床和加工中心的排屑装置装在床身的回水槽上或工作台边侧位置，以利于简化机床和排屑装置结构、减小机床占地面积、提高排屑效率。排出的切屑一般都落入切屑收集箱或小车中，有的直接排入车间排屑系统。

2.3 计算机数控系统

计算机数控系统是数控机床的控制指挥中心。机床的各个执行部件在数控系统的统一指挥下，有条不紊地工作，自动按给定程序进行机械零件的加工。数控系统随着电子技术的发展而发展，先后经历了电子管、晶体管、集成电路、小型计算机、微处理器和基于工控计算机的通用型系统六代。其中前三代称为硬线连接数控，简称为 NC 系统，目前已被淘汰；后三代称为软件数控，也称为 CNC 系统。由于微电子技术的迅速发展，目前比较多的是采用微处理器数控系统，简称为 MNC 系统，但习惯上仍称为 CNC 系统。本节所介绍的 CNC 系统主要是指微处理器数控系统。

CNC 系统的核心是计算机，即由计算机通过执行其存储器内的程序，来实现部分或全部数控功能。也就是说 CNC 系统由硬件和软件两大部分组成，硬件是软件活动的舞台，也是其物理基础，而软件是整个系统的灵魂，整个 CNC 系统的活动均依靠系统软件来指挥。

软件和硬件各有不同的特点，软件设计灵活，适应性强，但处理速度慢；硬件处理速度快，但成本高。因此，在 CNC 系统中，数控功能的实现方法可依据其控制特性要求来合理确定软硬件的分配比例。由于采用了功能实施软件化，使得 CNC 系统的性能和可靠性大大提高。

2.3.1 CNC 系统功能及基本工作过程

1. CNC 系统的组成

CNC 系统主要由硬件和软件两大部分组成，其核心是计算机数字控制装置。它通过系统控制软件配合系统硬件，合理组织、管理数控系统的输入、数据处理、插补计算和信息输出，控制机床部件执行动作，实现数控机床的自动加工。CNC 系统采用了计算机作为控制部件，通常由内部的 CNC 系统软件实现数控机床的辅助动作管理及数字控制功能，从而对数控机床进行实时控制。

数控机床的 CNC 系统一般由以下几个部分组成，即计算机数字控制装置、可编程序控制器（PLC）、只读存储器（ROM）、随机存储器（RAM）、输入/输出设备（I/O）和显示/操作面板（CRT/MDI）等，如图 2-29 所示。

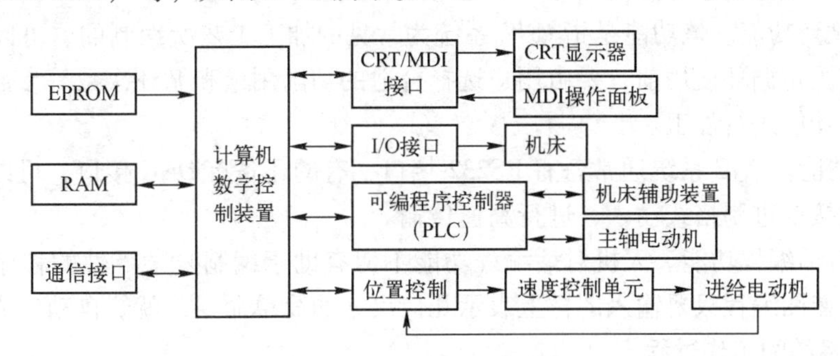

图 2-29　CNC 系统的组成框图

2. CNC 系统的功能

CNC 系统有多种系列，功能各异，选用时应根据数控机床的类型、用途和档次仔细考虑其功能。CNC 系统的功能通常包括基本功能和选择功能。基本功能是系统必备的数控功能，选择功能是可供用户根据机床特点和工作用途进行选择的功能。CNC 系统的功能主要反映在准备功能 G 代码和辅助功能 M 代码上。

（1）基本功能

1）控制轴功能。控制轴功能主要反映 CNC 系统能够控制的轴数以及能够同时控制（联动）的轴数。控制轴有移动轴和回转轴，有基本轴和附加轴。例如：数控车床一般为两轴联动（X、Z），数控铣床以及加工中心一般需要三根或三根以上的控制轴。控制轴数越多，特别是联动轴数越多，CNC 系统就越复杂。

2）准备功能。准备功能是指机床动作方式的功能，也称为 G 功能。它用字母 G 和后继的两位数字来表示，ISO 标准对准备功能从 G00 到 G99 的 100 个代码中，大部分进行了统一的标准定义，部分可由系统制造厂家根据 CNC 系统的需要来定义。

3）插补功能。插补功能是指 CNC 系统可以实现各种曲线轨迹插补加工的能力，如直线插补、圆弧插补等。插补运算要求实时性很强，即计算速度要同时满足机床坐标轴对进给速度和分辨率的要求。它可以通过硬件或软件两种方式来实现，当然用硬件方式插补的速度快，如日本FANUC公司就采用DDA硬件插补专用集成芯片。但目前由于微处理器位数和频率的提高，大部分系统还是采用了软件插补方式。

4）进给功能。它反映刀具进给速度，一般用F代码直接给定进给速度。

5）刀具功能。刀具功能包括选择的刀具数量和种类、刀具的编码方式和自动换刀的方式，用字母T和后继的2～4位数字来表示。

6）主轴功能。它是指定主轴转速的功能，用字母S和后继的数字表示。

7）辅助功能。辅助功能也称为M功能，用字母M和后继的两位数字表示，可有100种，ISO标准中统一定义了部分M功能，其他可由系统制造厂家根据CNC系统的需要来定义。

8）自诊断功能。CNC系统有各种诊断程序，可以防止故障的发生和扩大；在故障出现后便于迅速查明故障原因，尽快排除故障。

（2）选择功能

1）补偿功能。CNC系统可以备有补偿功能，对加工过程中由于刀具磨损或更换，以及机械传动中丝杠螺距误差和反向间隙所引起的加工误差予以补偿。

2）固定循环功能。该功能是指CNC系统为常见的加工工艺所编制的、可以多次循环加工的功能。该固定循环使用前，要由用户选择合适的切削用量和循环次数等参数，然后按固定循环约定的功能进行加工。

3）通信功能。CNC系统通常备有RS232接口，有的还备有DNC接口，可以按数控格式输入，也可以按二进制格式输入，进行高速传输。

4）人机对话编程功能。人机对话编程功能不但有助于编制复杂零件的程序，而且可以方便编程，如蓝图编程只要输入图样上表示几何尺寸的简单命令，就能自动生成加工程序。

3. CNC系统的工作过程

CNC系统的工作是在硬件的支持下执行软件的全过程。下面从输入、译码处理、数据处理、插补运算与位置控制、I/O处理、显示和诊断来说明CNC系统的工作过程。

（1）输入　输入CNC系统的有零件加工程序、控制参数和补偿数据。输入的方式有纸带阅读机输入、键盘手动输入、磁盘输入和通信接口输入（串行口）等。输入的信息全部都放在CNC系统的内部存储器中。

（2）译码处理　译码处理程序将零件程序以一个程序段为单位进行处理，每个程序段含有零件的轮廓信息（起点、终点、直线和圆弧等），加工速度信息（F代码）以及其他如换刀、换档、切削液开关辅助指令（M、S、T代码）等信息。计算机依靠译码处理程序识别这些代码信息，并按照一定的语言规则翻译成计算机能够识别的数据形式，并以一定的数据格式存放在指定的内存区间。

（3）数据处理　数据处理程序一般包括刀具半径补偿、速度计算以及辅助功能处理。刀具半径补偿是把零件轮廓轨迹转化为刀具中心轨迹，这是因为轮廓轨迹的出现是靠刀具的运动来实现的，从而大大减轻了编程员的工作量。速度计算是解决该加工程序段以什么样的速度运动的问题。编程所给的刀具移动速度是在各个坐标轴上合成的速度。速度处理首先是根据合成速度来计算各个方向的分速度。此外对机床允许的最低速度和最高速度的限制进行判断处理。辅助功能如换刀、主轴起停和切削液开关等，大部分都是些开关量。辅助功能处理的主要工作是识别标志，在程序执行时发出信号，让机床相应部件执行这些动作。

（4）插补运算与位置控制　插补运算与位置控制是 CNC 系统的实时控制软件。插补程序在每个插补周期运行一次，在每个插补周期中根据指令计算出一个微小的直线段数据。通常经过若干个插补周期加工完一个程序段，即从数据段的起点走到终点。计算机 CNC 系统是一边插补一边加工的。而在本次处理周期内，插补程序的作用是计算下一个处理周期的位置增量。位置控制可以由软件也可以由硬件来实现。它的主要任务是在每个采样周期内，将插补运算的理论位置与实际反馈位置相比较，用其差值去控制进给电动机，从而控制机床工作台（或刀具）的位移。这样，机床就能自动按照零件加工程序的要求进行切削加工。

（5）输入/输出（I/O）处理　输入/输出处理主要是处理 CNC 系统和机床之间的来往信号的输入、输出和控制。

（6）显示　CNC 系统显示主要是为操作者提供方便，通常应有零件程序显示、参数显示、刀具位置显示、机床状态显示和报警显示等。

（7）诊断　这里主要是指 CNC 系统利用内装诊断程序进行自诊断，主要有启动诊断和在线诊断。启动诊断是指 CNC 系统每次从通电到进入正常运行准备状态中，系统相应的内装诊断程序通过扫描自动检查系统硬件、软件及有关外设等是否都正常。只有当检查的每个项目都确认正确无误后，整个系统才能进入正常运行的准备状态。否则 CNC 系统将发出报警信息，系统不能投入运行。在线诊断是指在系统处于正常运行状态中，由系统相应的内装诊断程序，通过定时中断周期扫描检查 CNC 系统本身以及各外设。只要系统不停电，在线诊断就不会停止。

2.3.2　CNC 系统的硬件结构

CNC 系统按功能水平来分有高、中、低三档；按价格、功能和使用等综合指标考虑可分为经济型和标准型（全功能型）。CNC 系统按微处理器的个数可以分为单 CPU 和多 CPU 结构；按 CNC 系统硬件的制造方式可分为专用型和通用型。

1. 单 CPU 和多 CPU 结构

（1）单 CPU 结构的 CNC 系统　早期的 CNC 系统和现在的经济型 CNC 系统都采用单 CPU 结构。单 CPU 结构的 CNC 系统，由于只有一个微处理器，因此多采用集中控制、分时处理的方式完成数控的各项任务。单 CPU 结构的 CNC 系统的组成框图如图 2-30 所示。微处理器通过总线与存储器（RAM、EPROM）、位置控制器、可编程序控制器（PLC）及各种接口（如 I/O 接口、CRT/MDI 接口和通信接口等）连接。

1）微处理器。微处理器（CPU）是 CNC 系统的核心，由运算器及控制器两大部分组成。运算器对数据进行算术和逻辑运算；控制器则是将存储器中的程序指令进行译码，并向 CNC 系统各部分顺序发出执行操作的控制信号，并且接收执行部件的反馈信息，从而决定下一步的命令操作。也就是说，CPU 主要担负数控有关的数据处理和实时控制任务。数据处理包括译码、刀补和速度处理，实时控制包括插补运算和位置控制以及对各种辅助功能的控制。

CNC 系统中常用的微处理器有 8 位、16 位和 32 位，经济型 CNC 系统常用 8 位微处理器芯片或采用单片机芯片（8 位或 16 位）作为微处理器，一般 CNC 系统通常采用 16 位、32

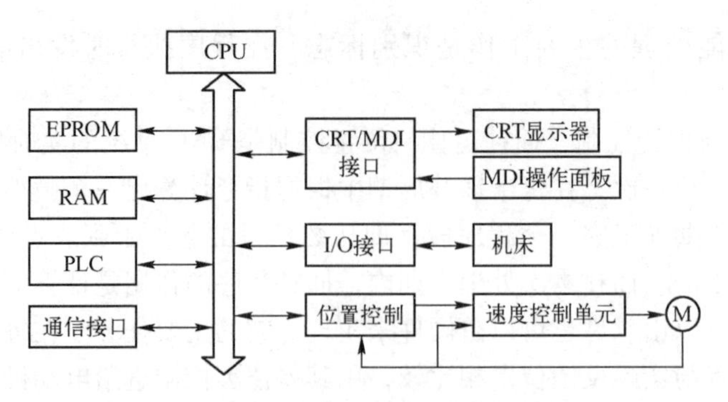

图 2-30　单 CPU 结构的 CNC 系统的组成框图

位乃至 64 位微处理器芯片。

2）存储器。CNC 系统的存储器包括只读存储器（ROM）和随机存储器（RAM）两种。系统程序存放在可擦可编程只读存储器（EPROM）中。零件加工程序、机床参数和刀具参数等存放在有后备电池的 CMOS RAM 中，这些信息在这种存储器中能被随机读出，还可以根据需要写入和修改。断电后，信息仍被保留。各种运算的中间结果，需显示的信息、数据，运行中的状态和标志信息等均放在随机存储器（RAM）中。它可以随时读出和写入，断电后，信息就消失。

3）位置控制器。它主要用来控制数控机床各进给轴的位移量，需要随时把插补运算得到的各坐标位移指令与实际检测的位置反馈信号进行比较，并结合有关补偿参数，适时地向各坐标伺服驱动控制单元发出位置进给指令，使控制单元驱动伺服电动机运转。位置控制是一种同时具有位置控制和速度控制两种功能的反馈控制系统。CPU 发出的位置指令值与位置检测值的差值就是位置误差，它反映实际位置总是滞后于指令位置。位置误差经过处理后作为速度控制量控制进给电动机的旋转，使实际位置总是跟随指令位置的变化而变化。所以，当指令位置以一定速度变化时，实际位置也以此速度变化，而且实际位置始终跟随指令位置，当指令位置停止变化时，实际位置等于指令位置。由此可见，位置控制既控制了位置又控制了速度。

4）可编程序控制器（PLC）。它是用来代替传统机床强电的继电器逻辑控制，在 CNC 系统中是介于 CNC 装置与机床之间的中间环节。利用 PLC 的逻辑运算功能实现各种开关量的控制。它有内装型和独立型之分。

内装型 PLC 从属于 CNC 系统，PLC 与 NC 之间的信号传送在 CNC 系统内部实现，它已经成为 CNC 系统的一个部件，数控机床中的 PLC 多采用内装型。独立型 PLC 又称为“通用型”PLC，它不属于 CNC 系统，可以独立使用。

5）CRT/MDI 接口。CRT 接口是在 CNC 软件配合下，在显示器上实现字符和图形显示。显示器多为电子阴极射线管（CRT）。近年来已开始出现平板式液晶显示器（LCD），使用这种显示器可大大缩小 CNC 系统的体积。MDI 接口即手动数据输入接口，数据通过操作面板上的键盘输入。

6）输入/输出（I/O）接口。CNC 系统与机床之间的来往信号通过 I/O 接口电路来传送。输入接口是接收机床操作面板上的各种开关、按钮以及机床上的各种行程开关和温度、压力、电压等检测信号。因此它分为开关量输入和模拟量输入两类接收电路。由接收电路对输入信号进行电平转换，变成 CNC 系统能够接收的电平信号。输出接口是将所检测的各种机床工作状态信息送到机床操作面板进行声光指示，将 CNC 系统发出的控制机床动作信号送到强电控制柜，以控制机床电气执行部件动作。根据电气控制要求，接口电路还必须进行电平转换和功率放大。为防止噪声干扰引起误动作，还需用光电耦合器或继电器将 CNC 系统和机床之间的信号在电气上加以隔离。

7）通信接口。该接口用来与外围设备进行信息传输，如上一级计算机和录音机等。

随着数控技术的发展，又出现了“PC 嵌入 NC”式结构系统，这种系统尽管具有一定的开放性，但它的 NC 部分仍然是传统的 CNC 系统，其体系结构还是不开放的。因此用户无法介入 CNC 系统的核心。如 FANUC 18i、16i 系统和 SIEMENS 840D 系统等。在“PC 嵌入 NC”式结构系统的基础上，又出现了“NC 嵌入 PC”式结构，它由开放体系结构运动控制卡和计算机构成。这种控制卡具有很强的运动控制和 PLC 控制能力。它本身就是一个数控系统，可以单独使用。

（2）多 CPU 结构的 CNC 系统　随着计算机技术的发展，多微处理器的计算机因其高超的运行速度得到了广泛的应用。为了满足数控机床更高速度和精度的要求，多 CPU 结构的 CNC 系统到了迅速发展，许多 CNC 系统都采用了这种结构，它代表了当今 CNC 系统的新水平，其主要特点有：采用模块化结构，具有较好的扩展性；提供多种可供选择的功能，配置了多种控制软件，以满足多种机床的控制需求；具有很强的通信能力，便于进入 FMS 和 CIMS。

多 CPU 结构的 CNC 系统中有两个或两个以上的 CPU，所以称为多 CPU 结构。多 CPU 结构的 CNC 系统一般采用两种结构形式，即紧耦合结构和松耦合结构。在前一种结构中，由各 CPU 构成处理部件，处理部件之间采取紧耦合方式，有集中的操作系统，共享资源。在后一种结构中，由各 CPU 构成功能模块，功能模块之间采取松耦合方式，有多重操作系统，可以有效地实行并行处理。

1）多 CPU 结构的 CNC 系统的功能模块。多 CPU 结构的 CNC 系统的结构都采用模块化技术，设计和制造了多种功能模块。CNC 系统根据各自的需求不同可选择不同的功能模块，一般包括以下几种功能模块。

① CNC 管理模块。管理和组织整个 CNC 系统的工作，主要包括初始化、中断管理、总线裁决、系统出错识别和处理及软件硬件诊断等功能。

② CNC 插补模块。完成零件程序的译码、刀具补偿计算、坐标位移量计算和速度处理等插补前的预处理。然后进行插补运算，为各坐标轴提供进给位置值。

③ PLC 模块。零件程序中的开关功能和由机床来的信号在这个模块中进行逻辑处理，实现各功能和操作方式之间的逻辑判断，机床电气设备的起停、刀具交换、工件计数和运行时间计时等。

④ 位置控制模块。插补运算后，各坐标轴进给位置的给定值与位置检测装置的实际测量值进行比较，以比较后的差值驱动进给电动机，使给定值与实际测量值之间的比较差值逐渐减小，直至达到误差允许状态。

⑤ 存储模块。为程序和数据的主存储器，或为各功能间进行数据传送的共享存储器。

⑥ CRT/MDI 模块。零件程序、参数、各种操作命令和数据的输入、输出、显示所需的各种接口电路。

2）多 CPU 结构的 CNC 系统的两种典型结构。多 CPU 结构的 CNC 系统的典型结构有两种，分别是共享总线结构和共享存储器结构。

① 共享总线结构。以系统总线为中心的多 CPU 结构的 CNC 系统，利用系统总线把各个功能模块有效连接在一起，按照标准协议交换各种数据和控制信息，构成完整的系统，实现各种预定的功能，如图 2–31 所示。

这种结构中只有主模块有权控制使用系统总线，由于有多个主模块，系统设有总线仲裁电路来裁决多个主模块同时请求使用系统总线而造成的冲突，以便实现某一时刻只能有一个主模块占用系统总线。这种结构中存在系统总线共享使用的“竞争”，致使信息传输效率降低，而且系统总线一旦出现故障，系统将全面“瘫痪”。但由于它的结构简单、系统配置灵活、实现容易、总线造价低等优点而被广泛采用。

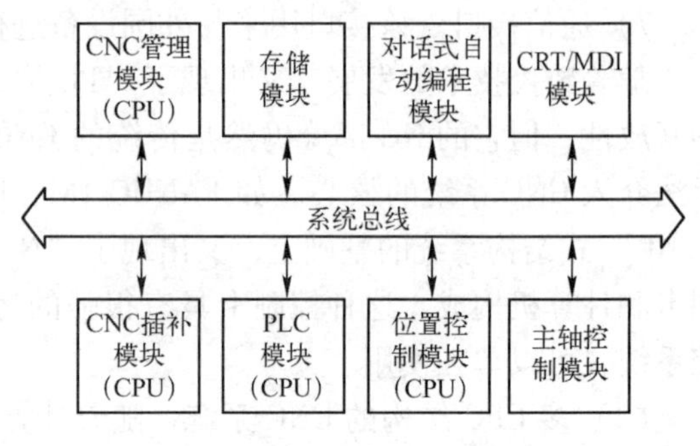

图 2–31　多 CPU 共享总线结构

② 共享存储器结构。在这种结构中，通常采用多端口存储器来实现各微处理器之间的连接与信息交换，由多端口控制逻辑电路解决访问冲突问题，如图 2–32 所示。

这种结构要求同一时刻只能有一个 CPU 对存储器进行读写，因此在多端口存储器中要配有多套（与端口数相同）数据与地址控制线，可供多个端口进行访问，并预先安排好优先级。由内部硬件的仲裁电路决定优先访问的端口。当 CPU 数量增加时，会因争用共享存储器而造成信息传输的阻塞，降低系统的效率，因此该结构扩展功能很困难。

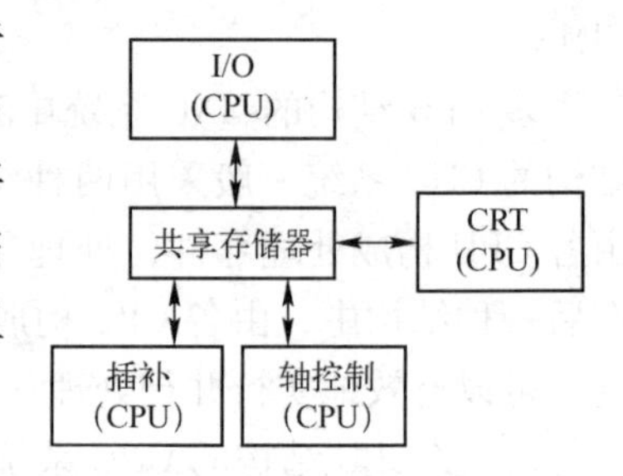

图 2–32　多 CPU 共享存储器结构

2. 专用型和通用型 CNC 系统

（1）专用型　专用型 CNC 系统，其硬件是由各制造厂商专门设计和制造的，其特点是专用性强，其硬件不能交换和互相替代，因此不具有通用性。例如：SIEMENS 数控系统、FANUC 数控系统，美国 A－B 系统等都属于专用型。

（2）通用型　通用型 CNC 系统是指采用工业标准计算机构成的 CNC 系统。只要装入不同的控制软件，便可构成不同类型的 CNC 系统，无须专门设计硬件。由于工业标准计算机大批量生产，成本很低，因而也降低了 CNC 系统的成本，同时工业标准计算机维护和更换均很容易。例如：美国 AI 公司和 ANILAM 公司生产的 CNC 系统均属于这种类型。

3. 开放式 CNC 系统

传统的 CNC 系统是一种专用封闭式系统，各个厂家的产品之间以及与通用计算机之间不兼容，维修、升级困难，维修费用高。针对这一情况，人们提出了开放式 CNC 系统的概念，国内外正在大力研究开发开放式 CNC 系统，有些系统已经进入实用阶段。

以个人计算机为基础的开放式 CNC 系统，利用带有 Windows 平台的个人计算机，使得开发工作量大大减少，而且很容易实现多轴、多通道控制，实时三维实体图形显示和自动编程等，可以实现 CNC 系统三种层次的开放。

（1）CNC 系统可以直接或通过网络运行各种应用软件 各种车间编程软件、刀具轨迹仿真校验软件、工厂管理软件、通信软件和多媒体软件等都可以在控制器上运行，这大大改善了 CNC 系统的图形显示、动态仿真、编程和诊断功能。

（2）用户操作界面的开放 使 CNC 系统的用户接口有自己的操作特点，而且更加友好，并具备特殊的诊断功能（如远程诊断）。

（3）CNC 内核系统的深层次开放 CNC 内核系统提供已定义的出口点，机床制造厂商或用户把自己的软件连接到这些出口点，通过编译循环，将其知识、经验、诀窍等专用工艺集成到 CNC 系统中去，形成独具特色的个性化 CNC 系统。

2.3.3 CNC 系统的软件结构

CNC 系统是由软件和硬件组成的，硬件为软件的运行提供了支持环境。硬件处理速度较快，专用性强，但造价较高，软件设计灵活，适应性强，但处理速度较慢。CNC 系统中很多功能既可采用软件来实现也可以通过硬件来实现，到底采用软件实现还是硬件实现由多种因素决定，这些因素主要是专用计算机的运算速度、所需求的控制精度、插补算法的运算时间以及性价比等。

1. 软件结构的特点

（1）多任务性 CNC 系统是一个多任务的实时控制系统，应能对信息做出快速处理和响应。在 CNC 系统中，数控功能由多个功能模块的执行来实现。在许多情况下，某些功能模块必须同时运行，这是由具体的加工控制要求所决定的。CNC 系统软件分为管理软件和控制软件两大部分，如图 2-33 所示。

这两大部分的某些工作，经常要求在并行处理的方式下同时进行。例如：当 CNC 系统工作在加工控制状态时，为了使操作者及时了解 CNC 系统的工作状态，显示任务必须与控制任务同时执行。在加工控制过程中，I/O 处理是必不可少的，因此控制任务需要与 I/O 处理任务同时执行。无论是输入、显示、I/O 处理，还是加工控制都应伴随有故障诊断，输入、显示、I/O 处理、加工控制等任务应与诊断任务同时执行。

（2）并行处理 在控制软件运行中，其本身的各项处理任务也需要同时执行。例如：为了保证加工的连续性，即各程序段间不停刀，译码、刀具补偿和速度控制任务需和插补运算任务同时执行，插补运算任务又需和位置控制任务同时进行。图 2-34 中给出各任务之间的并行处理关系，图中双向箭头表示两任务之间有并行处理关系。

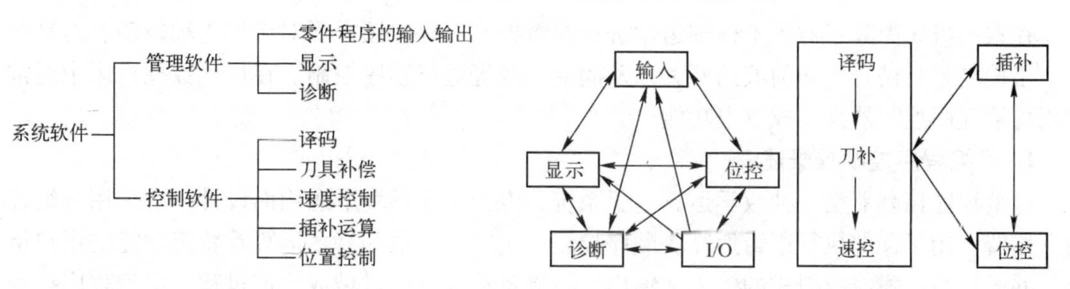

图 2-33 CNC 系统软件的组成

图 2-34 多任务并行处理关系图

（3）实时中断处理 CNC 系统软件结构的另一个特点是实时中断处理。CNC 系统程序以零件加工为对象，每个程序段中有许多功能字，它们按照预定的顺序反复执行，各个步骤之间关系十分密切，有许多程序的实时性很强，这就决定了中断成为整个系统不可缺少的重要组成部分。CNC 系统的中断管理主要由硬件完成，而系统的中断结构决定了软件结构。

2. 软件结构模式

CNC 系统的软件结构决定于系统采用的中断结构。在常规的 CNC 系统中，已有的软件结构模式有中断型软件结构和前后台型软件结构两种。

（1）中断型软件结构　中断型结构的系统软件除初始化程序之外，将 CNC 系统的各种功能模块分别安排在不同级别的中断服务程序中，无前后台程序之分。但中断服务程序的优先级别有所不同，级别高的中断服务程序可以打断级别低的中断服务程序。各中断服务程序的优先级别与所执行任务的重要程度密切相关。系统软件本身就是一个大的多重中断系统，通过各级中断服务程序之间的通信来进行管理，通过设置标志来实现各任务之间的同步和通信。并行处理中的信息交换，主要通过设立各种缓冲存储区来实现。各缓冲存储区的数据更新和变换是靠同步信号指针来实现同步的。

（2）前后台型软件结构　前后台型软件结构适合于采用集中控制的单微处理器 CNC 系统。在这种软件结构中，前台程序是一个实时中断服务程序，承担了几乎全部的实时功能，实现与机床动作直接相关的功能，如插补、位置控制、机床相关逻辑和监控等，就好像是前台表演的演员。后台程序是一个循环执行程序，一些实时性要求不高的功能，如输入译码、数据处理等插补准备工作和管理程序等均由后台程序承担，就好像配合演出的舞台背景，因此又称为背景程序。

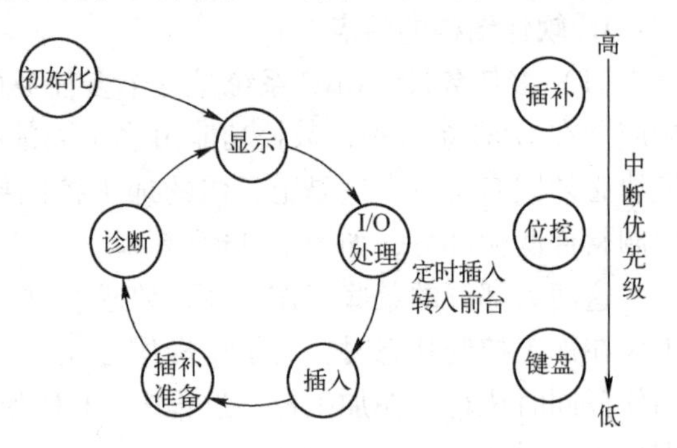

图 2-35　前后台型软件结构

在背景程序循环运行的过程中，前台的实时中断服务程序不断定时插入，两者密切配合，共同完成零件加工任务。如图 2-35 所示，程序一经启动，经过一段初始化程序后便进入背景程序循环。同时开放定时中断，每隔一定时间间隔发生一次中断，执行一次实时中断服务程序，执行完毕后返回背景程序，如此循环往复，共同完成数控的全部功能。

2.3.4　可编程序控制器

在数控机床中除了对各坐标轴运动进行位置控制以外，还需要对诸如主轴转动、刀具交换、工件夹紧与松开、切削液的开关以及润滑系统等进行顺序控制。在现代数控机床中通常采用可编程序控制器来完成以上功能。

1. 可编程序控制器概述

可编程序控制器是一种数学运算电子系统，专为工业环境下运用而设计。它采用可编程的存储器，用于存储执行逻辑运算、顺序控制、定时、计数和算术运算等特定功能的用户指令，并通过数字式或模拟式的输入和输出，控制各种类型的机械或生产过程。可编程序控制器简称为 PLC。

PLC 是专门为工业控制设计的控制器，实质上是专门服务于工业控制领域的计算机系统。它是一种通用的产品，具有以下特点。

（1）编程简单　PLC 的基本编程指令不多，其常用于编程的梯形图与传统的继电器控制图有许多相似之处，较容易掌握。可利用 PLC 的输入输出接口直接与继电器、接触器和电磁阀等连接，使用很简单。

（2）通用性好　同一台 PLC 只需要改变程序，就可以实现不同的控制要求。同时，PLC 已实现产品系列化，可以由各品种组合成不同的控制系统，以满足不同的控制要求。

（3）功能强，体积小，质量小，性价比高　PLC 的结构紧凑、坚固、体积小巧，容易装入机械设备内部，因而成为“机电一体化”理想的控制设备。

（4）可靠性高，抗干扰能力强　PLC 是专门为工业控制设计的控制器，能在恶劣的环境中可靠地工作，具有很强的抗干扰能力。

（5）减少了控制系统设计及施工的工作量　由于 PLC 采用软件编程来实现控制功能，而不同于继电器控制采用硬接线来达到控制功能，因而减少了设计及施工的工作量。

2. 可编程序控制器在数控机床上的应用

（1）机床操作面板控制　将操作面板上的控制信号直接送入 CNC 系统的接口信号区，以控制 CNC 系统的运行，其中包括 S、T、M 功能。

1）S 功能。主轴转速可以用 S 和两位代码或四位代码直接指定。在 PLC 中可以用四位代码直接指定转速。例如：某数控机床主轴转速为 5000～100r/min，CNC 系统送出四位代码至 PLC，此数值经 D/A 转换器，转换成 5000～100r/min 对应的输出电压，控制机床主轴按照指定速度转动。

2）T 功能。数控机床通过 PLC 进行刀具管理，处理的信息包括刀库选刀方式、刀具累积使用次数、刀具寿命和刀具刃磨次数等。

3）M 功能。根据不同的 M 代码，可控制主轴正转、反转及停止，主轴齿轮换档，切削液开、关，卡盘松开、夹紧，刀具松开、夹紧等动作。

（2）机床外部开关输入信号控制　将机床侧的开关信号输入 PLC，经逻辑运算后，输出给控制对象。这些开关信号包括各类控制开关、行程开关、接近开关、压力开关和温控开关等信号。

（3）输出信号控制　PLC 输出的信号经强电柜中的继电器、接触器，控制机床侧的液压或气动电磁阀，从而实现对机械手、刀库及回转工作台等装置的控制。

（4）伺服控制　通过驱动装置，驱动主轴电动机、伺服进给电动机和刀库电动机等。

（5）报警处理控制　PLC 收集强电柜、机床侧和伺服驱动装置的故障信号，将报警标志区中的相应报警标志位置位，数控系统便显示报警信号及报警文本以方便故障诊断。

（6）PLC 在数控机床上的应用举例　下面介绍 PLC 在数控机床主轴定向停止控制上的应用。

在数控机床进行加工时，自动交换刀具或精镗孔都需要主轴定向停止功能，其控制梯形图如图 2-36 所示。

图 2-36 中 M06 为换刀指令，M19 是主轴定向指令，这两个信号并联作为主轴定向停止控制的控制信号；AUTO 为自动工作状态信号，手动时为“0”，自动时为“1”；RST 为 CNC 系统的复位信号；ORCM 为主轴定向继电器；ORAR 为从机床侧输入的“定向到位”信号。

为了检测主轴定向是否在规定时间内完成，设置了定时器 TMR 功能。当在 4.5 s 内未完

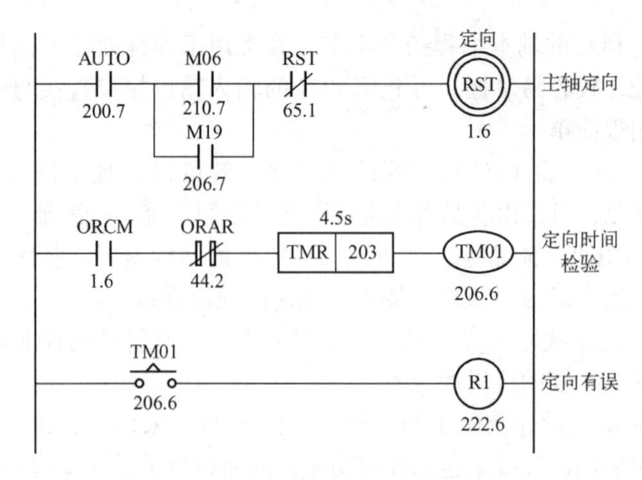

图 2-36　主轴定向停止控制梯形图

成定向停止控制时，将发出报警信号。R1 为报警继电器。这里还应用了功能指令 TMR 进行定时操作。

2.4　位置检测装置

位置检测装置是数控机床实现传动控制的重要组成部分，在闭环和半闭环伺服系统中均安装有位置检测装置。它的主要作用是检测位移量，并将检测的反馈信号和数控系统发出的指令信号相比较，若有偏差，经放大后控制执行部件，使其向着消除偏差的方向运动，直至偏差为零。

2.4.1　概述

计算机数控系统的位置控制是将插补运算的理论位置与实际反馈位置相比较，用其差值控制进给电动机。而实际反馈位置的采集，则是由一些位置检测装置来完成的。

位置检测装置是数控机床伺服系统的重要组成部分。它的作用是检测位移和速度，发送反馈信号，构成闭环或半闭环控制。数控机床的加工精度主要由位置检测装置的精度决定。

1. 位置检测装置的要求

（1）高可靠性和高抗干扰性

（2）满足精度和速度要求

（3）易于安装，维护方便

（4）对所检测信号处理方便

（5）成本低

2. 位置检测的分类

（1）按检测对象不同分

1）直线位移检测。它是将位置检测装置直接安装在机床拖板上，直接测量机床坐标的直线位移量，作为全闭环伺服系统的位置反馈用。它的缺点是位置检测装置要和工作台行程等长，因此在大型数控机床上应用受到一定的限制。

2）转动角度检测。它是将位置检测装置安装在驱动电动机轴上或滚珠丝杠上，通过检测角位移来间接测量机床坐标的直线位移量，作为半闭环伺服系统的位置反馈用。它的优点是检测方便可靠、无长度限制，但缺点是检测信号中增加了由回转运动转变为直线运动的传动链误差，从而影响其检测精度。

（2）按检测信号的选取分

1）数字式检测。它是将被测位移量转换为脉冲个数，即数字形式来表示，具有信号处理简单，抗干扰性强等优点。

2）模拟式检测。它是将被测位移量转换为连续变化的模拟电量来表示，如电压幅值变化、相位变化等。因此，它对信号处理的方法相对来说比较复杂，并且需增加滤波器等，来提高抗干扰性。

（3）按检测的相对值不同分

1）增量式检测。它只检测相对位移量，其特点是位置检测装置较简单，对任何一个终点都可作为检测的起点，而移动的距离是由信号计数累加所得，一旦计数有误，以后检测所得结果则完全错误。因此，在增量式检测系统中基点特别重要。此外，由于某种事故（停电、刀具损坏）而停机，当事故排除后不能再找到事故前的正确位置。这是由于这种位置检测装置没有一个特定的零点标记，必须将执行部件移至起点重新计数才能找到事故前的正确位置。

2）绝对式检测。绝对位置检测装置对于被检测的任意一点位置均有固定的零点标记，每一个被检点都有一个相应的确定检测值。装置的结构较增量式复杂，如编码盘中，对应于编码盘的每一个角度位置都有一组二进制数。显然，分辨精度要求越高，量程越大，则所要求的二进制位数也越多，结构也就越复杂。

综合上述分类方法，位置检测装置见表 2–1。

表 2–1　位置检测装置

	数字式		模拟式	
	增量式	绝对式	增量式	绝对式
回转型	圆光栅、光电盘	编码盘	旋转变压器、圆形磁尺、圆感应同步器	多极旋转变压器、三速圆感应同步器
直线型	光栅、激光干涉仪	编码尺、多通道透射光栅	感应同步器、磁尺	三速感应同步器、绝对式磁尺

2.4.2　典型位置检测装置介绍

1. 脉冲编码器

脉冲编码器是一种旋转式脉冲发生器。它把机械转角变成电脉冲，是一种常用的角位移传感器。脉冲编码器分为光电式、接触式和电磁感应式三种。就精度与可靠性来讲，光电式脉冲编码器优于其他两种。数控机床上大都使用光电式脉冲编码器。光电式脉冲编码器又可分为增量式脉冲编码器和绝对式脉冲编码器。

（1）增量式脉冲编码器

1）结构。增量式脉冲编码器最初的结构就是一种光电盘。它由光源、透镜、光电盘、检测窄缝、光电元件、模 – 数转换线路及数字显示装置组成，如图 2–37 所示。

光电盘可用玻璃抛光制成。玻璃表面在真空中镀一层不透明的铬，然后用照相腐蚀法在上面刻出窄缝作为透光用，光电盘与工作轴一起旋转。此外还有一个固定不动的检测窄缝与光电盘平行放置，主要用来判别转向。

2）工作原理。光电盘装在工作轴上，如图 2-37 所示。当光电盘随着工作轴一起转动时，每转过一个缝隙就会发生一次光线的明暗变化。经光电元件变成一次电信号的强弱变化，对它进行整形、放大和微分处理后，得到脉冲输出信号。脉冲数就等于转过的窄缝数。如将上述脉冲输出信号送到计数器中计数，则计数码就反映了圆盘转过的角度，通过测定脉冲的频率即可测出工作轴的转速。

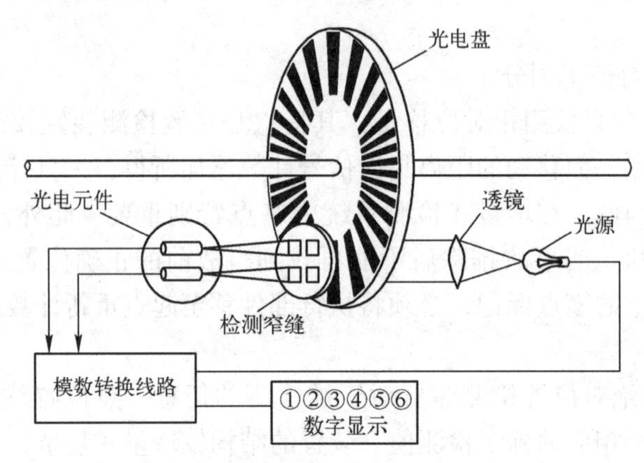

图 2-37　增量式脉冲编码器

（2）绝对式脉冲编码器　它是一种直接编码式测量元件。它把被测转角转换成相应的代码指示绝对位置，没有积累误差。为叙述简单起见，以接触式四位二进制绝对编码盘为例来说明其工作原理。

图 2-38 所示为四位二进制编码盘，涂黑部分是导电的，其余部分是绝缘的。编码盘的外四圈按导电为“1”、绝缘为“0”组成二进制编码。通常把组成编码的各圈称为码道。对应于四个码道并排装有四个电刷，电刷经电阻接到电源正极。编码盘最里圈是公用的，接电源的负极。编码盘的转轴与被测对象（如电动机转轴）连在一起。编码盘的电刷装在一个不随被测对象一起运动的部件（如电动机端盖）上。当被测对象带动编码盘一起转动时，每转一个角度对应输出一个二进制数，有 0000 ~ 1111 共十六个二进制数，因此通过输出的二进制数就可以检测出实际的角位移。

2. 光栅

光栅是一种在基体上刻有等间距均匀分布条纹的光学元件。它是闭环系统中另一种应用较多的位置检测装置，用来检测高精度直线位移和角位移，测量精度可达几微米。

（1）光栅的种类

1）直线光栅（即长光栅）。

① 玻璃透射光栅。它是在玻璃表面感光材料的涂层上或者在金属镀膜上制作的光栅条纹，也有用刻蜡、腐蚀和涂黑工艺制作的。

玻璃透射光栅的特点如下。

光源可以采用垂直入射，光电元件可以直接接受光信号，因此信号幅度大，读数头结构

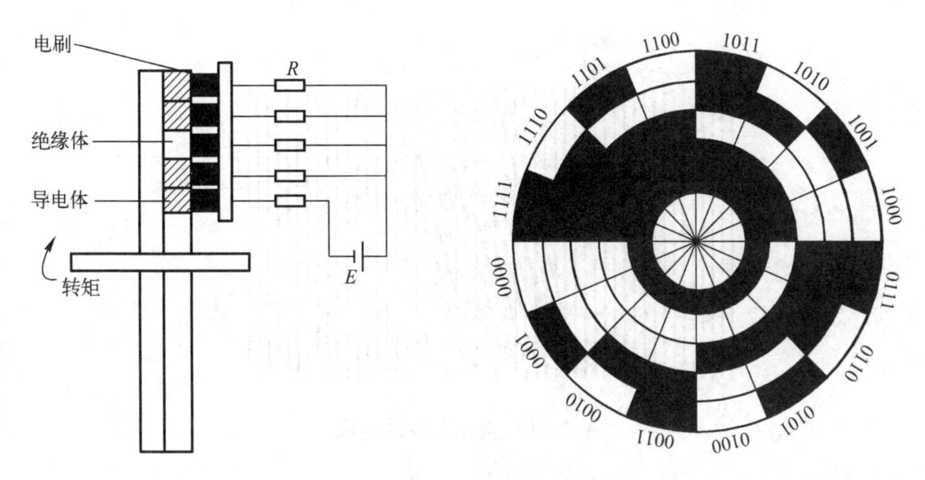

图 2-38　四位二进制编码盘

比较简单；条纹密度大，一般常用的黑白光栅可以做到 100 条/mm，再经过电路细分，可做到微米级的分辨率。

② 金属反射光栅。它是在钢尺或不锈钢带的镜面上用照相腐蚀工艺制作的光栅条纹或用钻石刀直接刻画制作的光栅条纹。

金属反射光栅的特点如下。

标尺光栅的线膨胀系数很容易做到与机床材料一致；标尺光栅的安装和调整比较方便；易于接长或制成整根的钢带长光栅；不易碎。

2）圆光栅。圆光栅用来测量角位移。圆光栅是在玻璃圆盘的外环端面上制作的黑白间隔呈辐射状的光栅条纹。根据不同的使用要求，圆周内条纹数也不同。圆光栅一般有如下三种形式。

① 六十进制，如 10800、21600、32400 和 64800 等。

② 十进制，如 1000、2500 和 5000 等。

③ 二进制，如 512、1024 和 2048 等。

（2）直线透射光栅的工作原理

1）光栅位置检测装置的组成。光栅位置检测装置由光源、长光栅（标尺光栅）、短光栅（指示光栅）和光电元件等组成，如图 2-39 所示。长光栅若固定在机床不动部件上，长度相当于工作台的移动行程。短光栅则固定在机床移动部件上。长、短光栅保持一定的间隙平行放置，并在自身的平面内转一个很小的角度 θ，如图 2-40 所示。

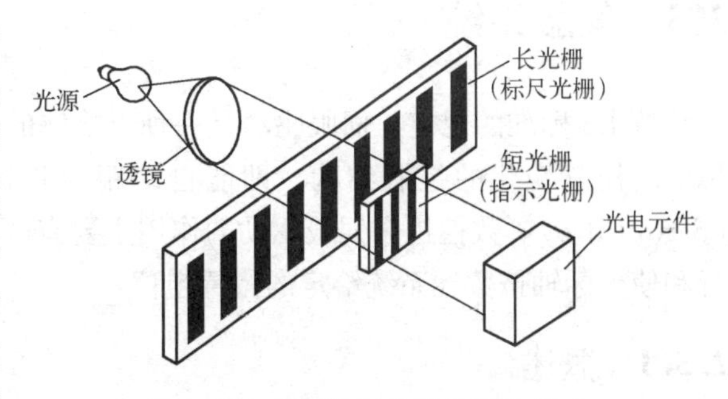

图 2-39　光栅位置检测装置的组成

2）莫尔条纹的产生和特点。若光源以平行光照射光栅时，由于挡光效应和光的衍射，则在与条纹垂直的方向上，会出现明暗交替、间隔相等的粗大条纹，称为“莫尔干涉条纹”，简称为莫尔条纹。

莫尔条纹有如下特点。

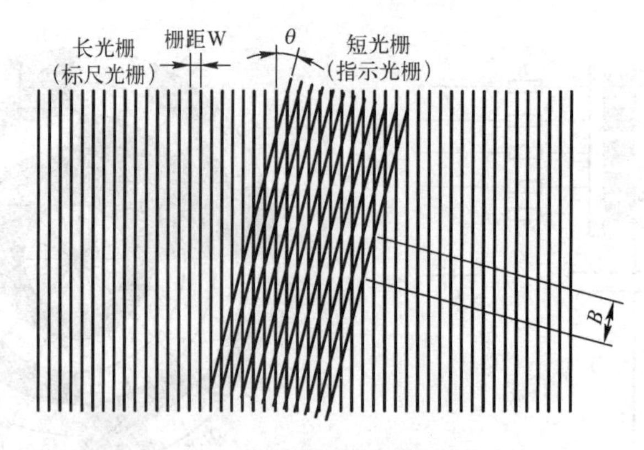

图2-40　莫尔条纹的形成

① 放大作用。用 W（mm）表示栅距，B（mm）表示莫尔条纹宽，θ（rad）表示长光栅（标尺光栅）与短光栅（指示光栅）之间的夹角，则

$$B=\frac{W}{\sin\theta}\approx\frac{W}{\theta}$$

减小 θ 可增大 B 即增加莫尔条纹宽，起到放大作用。它使得根据莫尔条纹读数比按栅距读数方便得多。例如：$W=0.01\,\text{mm}$、$\theta=0.001$，则 $B=0.01\,\text{mm}/0.001=10\,\text{mm}$，相当于把栅距放大1000倍。这就是说，利用光的干涉现象，无须复杂的光学系统，就能把光栅的栅距进行放大，因而大大提高了光栅位置检测装置的分辨率。

② 均化误差作用。莫尔条纹是由光栅的大量条纹共同形成的，若 $W=0.01\,\text{mm}$，则10 mm长（短光栅长度）的一根莫尔条纹就由1000根条纹组成。这样一来，栅距之间的固有相邻误差就平均化了。短光栅的工作长度越长，均化误差的作用越显著。

③ 莫尔条纹移动与栅距之间移动的对应关系。当光栅移动一个栅距时，莫尔条纹也相应地移动一个莫尔条纹间距，其光强变化近似于正弦波形；若移动方向相反，则莫尔条纹移动方向也相反。

2.5　伺服系统

按JIS标准的规定，伺服驱动是一种以物体的位置、方向和状态等作为控制量，追求目标值的任意变化的控制结构，即能自动跟随目标位置等物理量的控制装置，简写为SV（Servo Drive）。数控机床伺服驱动的作用主要有两个，即使坐标轴按数控系统给定的速度运行和使坐标轴按数控系统给定的位置定位。

2.5.1　概述

伺服系统是指以机械位置或角度作为控制对象的自动控制系统。在数控机床中，伺服系统主要是指各坐标轴进给驱动的位置控制系统。伺服系统接受来自数控系统的进给脉冲，经变换和放大，来驱动各加工坐标轴按指令脉冲运动。这些轴有的带动工作台，有的带动刀架，通过几个坐标轴的综合联动，使刀具相对于工件产生各种复杂的机械运动，加工出所要求的复杂形状工件。

数控机床伺服系统的一般结构如图2-41所示。它是一个双闭环系统，内环是速度环，外环是位置环。速度环中用作速度反馈的检测装置为测速发电机、脉冲编码器等。速度控制单元是一个独立的单元部件，它由速度调节器、电流调节器及功率驱动放大器等部分组成。位置环是由数控系统中的位置控制模块、速度控制模块、位置检测及反馈控制等部分组成。位置控制主要是对机床运动坐标轴进行控制。轴控制是要求很高的位置控制，不仅对单个轴的运动速度和位置精度的控制有严格要求，而且在多轴联动时，还要求各移动轴有很好的动态配合，才能保证加工效率、加工精度和表面粗糙度。

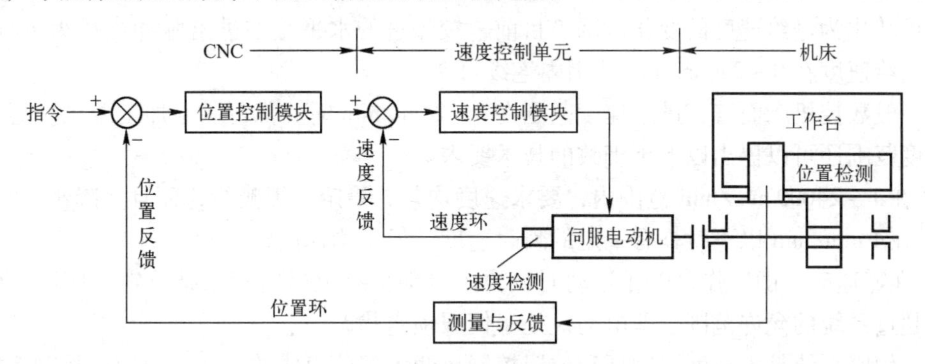

图2-41　伺服系统的一般结构

伺服系统是数控系统和机床机械传动部件间的联系环节，是数控机床的重要组成部分。它包含机械、电子、电机、液压等各种部件，并涉及强电与弱电控制，是一个比较复杂的控制系统。要使它成为一个既能使各部件互相配合工作，又能满足相当高的技术性能指标的控制系统，的确是一个相当复杂的任务。在现有技术条件下，数控系统的性能已相当优异，并正在向更高水平发展，而数控机床的最高运动速度、跟踪及定位精度、加工表面质量、生产率及工作可靠性等技术指标，往往又主要决定于伺服系统的动态和静态性能。数控机床的故障也主要出现在伺服系统上。可见提高伺服系统的技术性能和可靠性，对于数控机床具有重大意义。研究与开发高性能的伺服系统一直是现代数控机床的关键技术之一。

一般主轴驱动系统只要满足主轴调速及正反转功能即可，但当要求机床有螺纹加工、准停和恒线速加工等功能时，就对主轴提出了相应的位置控制要求。此时，主轴驱动系统可称为主轴伺服系统，只不过控制较为简单。

位置控制系统通常分为开环和闭环控制两种。开环控制不需要位置检测与反馈环节；闭环控制需要有位置检测与反馈环节，它是基于反馈控制原理工作的。

1. 数控机床对伺服系统的要求

数控机床集中了传统的自动机床、精密机床和万能机床三者的优点，将高效率、高精度和高柔性集中于一体。而数控机床技术水平的提高首先得益于进给和主轴驱动特性的改善以及功能的扩大，为此数控机床对伺服系统的位置控制、速度控制、伺服电动机和机械传动等方面都有很高的要求。本节主要叙述前三者。

由于各种数控机床所完成的加工任务不同，它们对伺服系统的要求也不尽相同，但通常可概括为以下几方面。

（1）可逆运行　可逆运行要求能灵活地正反向运行。在加工过程中，机床工作台处于随机状态，根据加工轨迹的要求，随时都可能实现正向或反向运动。同时要求在方向变化时，不应有反向间隙和运动的损失。从能量角度看，应该实现能量的可逆转换，即在加工运行时，电动机从电网吸收能量变为机械能；在制动时应把电动机机械惯性能量变为电能回馈给电网，以实现快速制动。

（2）速度范围宽　为适应不同的加工条件，如所加工零件的材料、类型、尺寸、部位以及刀具的种类和冷却方式等的不同，要求数控机床进给能在很宽的范围内无级变化。这就要求伺服电动机有很宽的调速范围和优异的调速特性。经过机械传动后，电动机转速的变化范围即可转化为进给速度的变化范围。目前，较先进的水平是在进给脉冲当量为 1 μm 的情况下，进给速度在 0 ~ 240 m/min 范围内连续可调。

对一般数控机床而言，进给速度范围在 0 ~ 24 m/min 时，都可满足加工要求。通常在这样的速度范围还可以提出以下更细致的技术要求。

1）在 1 ~ 24000 mm/min 范围内，要求速度均匀、稳定、无爬行，而且速降小。

2）在 1 mm/min 以下时具有一定的瞬时速度，但平均速度很低。

3）在零速时，即工作台停止运动时，要求电动机有电磁转矩以维持定位精度，使定位误差不超过系统的允许范围，即电动机处于伺服锁定状态。

由于伺服系统是由速度控制环和位置控制环两大部分组成的，如果对速度控制系统也过分地追求像位置控制系统那么大的调速范围而又要可靠稳定地工作，那么速度控制系统将会变得相当复杂，既提高了成本又降低了可靠性。

一般来说，对于进给速度范围为 1:20000 的位置控制系统，在总的开环位置增益为 20(1/s)时，只要保证速度控制系统具有 1:1000 的调速范围就可以满足需要，这样可使速度控制系统线路既简单又可靠。当然，代表当今世界先进水平的实验系统，速度控制系统调速范围已达 1:100000。

（3）具有足够的传动刚性和高的速度稳定性　这就要求伺服系统具有优良的静态与动态载荷特性，即伺服系统在不同的载荷情况下或切削条件发生变化时，应使进给速度保持恒定。刚性良好的系统，速度受载荷力矩变化影响很小。通常要求随额定力矩变化时，静态速降应小于 5%，动态速降应小于 10%。

（4）快速响应并无超调　为了保证轮廓切削形状精度和低的加工表面粗糙度，对伺服系统除了要求有较高的定位精度外，还要求良好的快速响应特性，即要求跟踪指令信号的响应要快。这就对伺服系统的动态性能提出两方面的要求：一方面在伺服系统处于频繁地起动、制动、加速和减速等动态过程中，为了提高生产率和保证加工质量，则要求加、减速度足够大，以缩短过渡过程时间，一般电动机速度由 0 到最大，或从最大减小到 0，时间控制在 200 ms 以下，甚至少于几十毫秒，而且速度变化时不应有超调；另一方面是当载荷突变时，过渡过程前沿要陡，恢复时间要短，而且无振荡。这样才能得到光滑的加工表面。

（5）高精度　为了满足数控加工精度的要求，关键是保证数控机床的定位精度和进给跟踪精度。这也是伺服系统静态特性与动态特性指标是否优良的具体表现。伺服系统的定位精度一般要求能达到 1 μm 甚至 0.1 μm，高的可达到 0.01 ~ 0.005 μm。

相应地，对伺服系统的分辨率也提出了要求。当伺服系统接受数控系统送来的一个脉冲时，工作台相应移动的单位距离称为分辨率。系统分辨率取决于系统稳定工作性能和所使用的位置检测元件。目前的闭环伺服系统都能达到 1 μm 的分辨率。数控检测装置的分辨率可达0.1 μm。高精度数控机床也可达到0.1 μm的分辨率，甚至更小。

（6）低速大转矩　机床的加工特点，大多是低速时进行切削，即在低速时进给驱动要有大的转矩输出。

（7）伺服系统对伺服电动机的要求　数控机床上使用的伺服电动机，大多是专用的直流伺服电动机，如改进型直流电动机、小惯量直流电动机、永磁式直流伺服电动机和无刷直流电动机等。自20世纪80年代中期以来，以交流异步电动机和永磁同步电动机为基础的交流进给驱动得到了迅速的发展，它是机床进给驱动发展的一个方向。

由于数控机床对伺服系统提出了如上的严格技术要求，伺服系统也对其自身的执行机构（电动机）提出了严格的要求。

1）从最低速到最高速都能平稳运转，转矩波动要小，尤其在低速（如0.1 r/min）或更低速时，仍有平稳的速度而无爬行现象。

2）电动机应具有大的较长时间的过载能力，以满足低速大转矩的要求。一般直流伺服电动机要求在数分钟内过载4 ~6倍而不损坏。

3）为了满足快速响应的要求，电动机应有较小的转动惯量和大的堵转转矩，并具有尽可能小的时间常数和起动电压。电动机应具有耐受4000 rad/s^2以上角加速度的能力，才能保证电动机可在0.2 s以内从静止起动到额定转速。

4）电动机应能承受频繁起动、制动和反转。

2. 伺服系统的分类

（1）按调节理论分类

1）开环伺服系统。开环伺服系统（图2-42）即无位置反馈的系统，其驱动元件主要是步进电动机或电液脉冲马达。这两种驱动元件不用位置检测元件实现定位，而是靠驱动装置本身，转过的角度正比于指令脉冲的个数；运动速度由指令脉冲的频率控制。

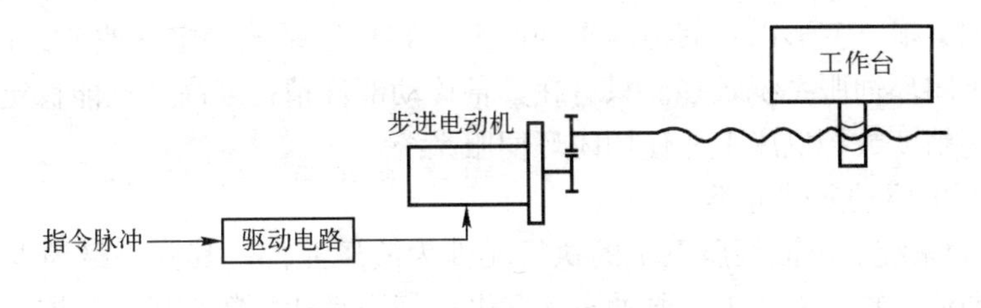

图2-42　开环伺服系统

开环伺服系统结构简单，易于控制，但精度差，低速不平稳，高速转矩小，一般用于轻载或载荷变化不大或经济型数控机床上。

2）闭环伺服系统。闭环伺服系统（图2-43）是误差控制伺服系统。数控机床伺服系统的误差，是数控系统输出的位置指令和机床工作台（或刀架）实际位置的差值。闭环伺服系统运动执行元件不能反映运动的位置，因此需要有位置检测装置。该装置测出实际位移量或者实际所处位置，并将检测值反馈给数控系统，与指令进行比较，求得误差，依此构成闭环位置控制。

由于闭环伺服系统是反馈控制，反馈检测装置精度很高，所以系统传动连的误差、环内各元件的误差以及运动中造成的误差都可以得到补偿，从而大大提高了定位精度。

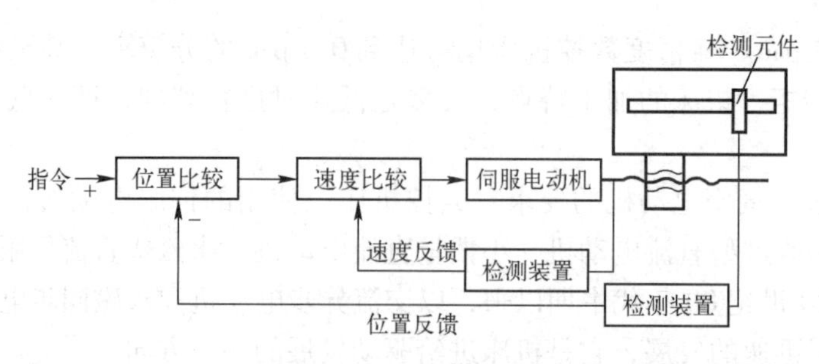

图2-43　闭环伺服系统

3）半闭环伺服系统。位置检测元件不直接安装在进给坐标的最终运动部件上（图2-44），而是中间经过机械传动部件的位置转换，称为间接测量。也就是说坐标运动的传动链有一部分在位置闭环以外，在环外的传动误差没有得到系统的补偿，因而这种伺服系统的精度低于闭环伺服系统。

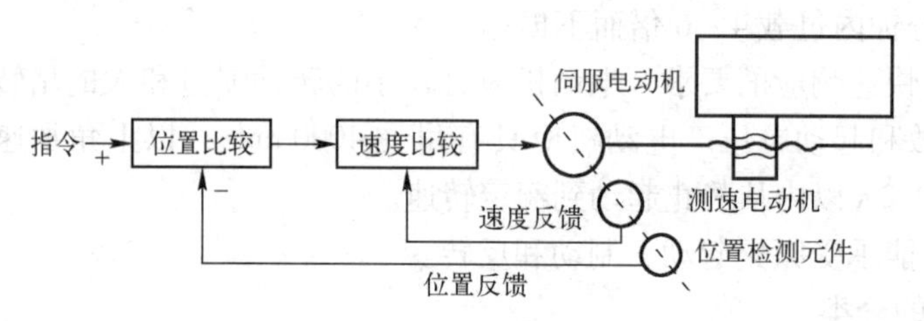

图2-44　半闭环伺服系统

半闭环和闭环伺服系统的控制结构是一致的，不同点只是闭环伺服系统环内包括较多的机械传动部件，传动误差均可被补偿。理论上精度可以达到很高。但由于受机械变形、温度变化、振动以及其他因素的影响，系统稳定性难以调整。此外，机床运行一段时间后，由于机械传动部件的磨损、变形以及其他因素的改变，容易使系统稳定性改变，精度发生变化。因此目前使用半闭环伺服系统较多。只有在具备传动部件精密度高、性能稳定、使用过程温差变化不大的高精度数控机床上才使用闭环伺服系统。

（2）按使用的驱动元件分类

1）电液伺服系统。电液伺服系统的执行元件为液压元件，其前一级为电气元件。驱动元件为液动机和液压缸，常用电液脉冲马达和电液伺服马达。数控机床发展的初期，大多采用电液伺服系统。电液伺服系统具有在低速下可以得到很高的输出力矩以及刚性好、反应快和速度平稳等优点。然而，电液伺服系统需要油箱、油管等供油系统，体积大。此外，它还有噪声、漏油等问题，故从20世纪70年代起逐渐被电气伺服系统代替。现在只有在有特殊要求时，才采用电液伺服系统。

2）电气伺服系统。电气伺服系统全部采用电子器件和电机部件，操作维护方便，可靠性高。电气伺服系统中的驱动元件主要有步进电动机、直流伺服电动机和交流伺服电动机。它们没有电液伺服系统中的噪声、污染和维修费用高等问题，但反应速度和低速力矩不如电液伺服系统高。现在电动机的驱动线路、电动机本身的结构都得到很大的改善，性能大大提高，因此电气伺服系统已经在更大范围上取代电液伺服系统。

（3）按使用直流伺服电动机和交流伺服电动机分类

1）直流伺服系统。直流伺服系统常用的电动机有小惯量直流伺服电动机和永磁直流伺服电动机。小惯量伺服电动机最大限度地减少了电枢的转动惯量，所以能获得最好的快速性。它在早期的数控机床上应用较多，现在也有应用。小惯量伺服电动机一般都设计成有高的额定转速和低的惯量，所以应用时，要经过中间机械传动（如齿轮副）才能与丝杠相连。

永磁直流伺服电动机能在较大过载转矩下长时间工作，电动机的转子惯量较大，能直接与丝杠相连而不需中间传动装置。此外，它还有一个特点是可在低速下运转，如能在1 r/min甚至在0.1 r/min下平稳运转。因此，这种直流伺服系统在数控机床上得到了广泛的应用。20世纪70年代至80年代中期，它在数控机床上的应用占绝对统治地位，至今，许多数控机床仍然采用。永磁直流伺服电动机的缺点是有电刷，限制了转速的提高，一般额定转速为1000～1500 r/min，而且结构复杂，价格较贵。

2）交流伺服系统。交流伺服系统使用交流异步伺服电动机（一般用于主轴伺服电动机）和永磁同步伺服电动机（一般用于进给伺服电动机）。由于直流伺服电动机存在着一些固有的缺点（如上述），使其应用环境受到限制。交流伺服电动机没有这些缺点，而且转子惯量较直流伺服电动机小，因此动态响应好。另外在同样体积下，交流伺服电动机的输出功率可比直流伺服电动机提高10%～70%。还有交流伺服电动机的容量可以比直流伺服电动机大得多，可达到更高的电压和转速。因此，交流伺服系统得到了迅速发展，已经形成潮流。从20世纪80年代后期开始，大量使用交流伺服系统，到今天，有些国家已经全部使用交流伺服系统。

（4）按进给驱动和主轴驱动分类

1）进给伺服系统。进给伺服系统是指一般概念的伺服系统，包括速度控制环和位置控制环。进给伺服系统完成各坐标轴的进给运动，具有定位和轮廓跟踪功能，是数控机床中要求最高的伺服控制。

2）主轴伺服系统。严格来说，一般的主轴控制只是一个速度控制系统，主要实现主轴的旋转运动，提供切削过程中的转矩和功率，而且保证任意转速的调节，完成在转速范围内无级变速。具有 C 轴控制的主轴与进给伺服系统一样，为一般概念的位置控制系统。

此外，刀库的位置控制是为了在刀库的不同位置选择刀具，与进给坐标轴的位置控制相比，性能要低得多，故称为简易位置控制系统。

2.5.2 步进伺服系统

步进伺服系统也称为开环伺服系统，其驱动元件为步进电动机。步进电动机盛行于20世纪70年代，而且控制系统的结构最简单，控制最容易，维修最方便，控制为全数字化（即数字化的输入指令脉冲对应着数字化的位置输出），这完全符合数字化控制技术的要求，数控系统与步进电动机的驱动控制电路结为一体。

随着计算机技术的发展，除功率驱动电路以外，其他硬件电路均可由软件实现，从而简化了系统结构，降低了成本，提高了系统的可靠性。步进电动机的耗能太大，速度也不高。目前的步进电动机在脉冲当量为1 μm时，最高移动速度仅为2 mm/min，而且功率越大，移动速度越低，故主要用于速度与精度要求不高的经济型数控机床及旧设备改造中。

1. 步进电动机工作原理

图2-45所示为三相反应式步进电动机结构简图，定子上有六个磁极，即为A、B、C三对磁极，在对应磁极上分别绕有A、B、C三相控制绕组。当某相绕组通电励磁时，所产生

的磁场力将使转子发生转动，使得转子的齿与定子磁极上的齿对齐。如果依次对 A、B、C 三相绕组通电，则 A、B、C 三对磁极就依次产生磁场吸引转子转动。

为进一步说明其工作原理，以图 2-46 为例来说明步进电动机的整个循环过程。为叙述简单，假设转子上只有四个齿。

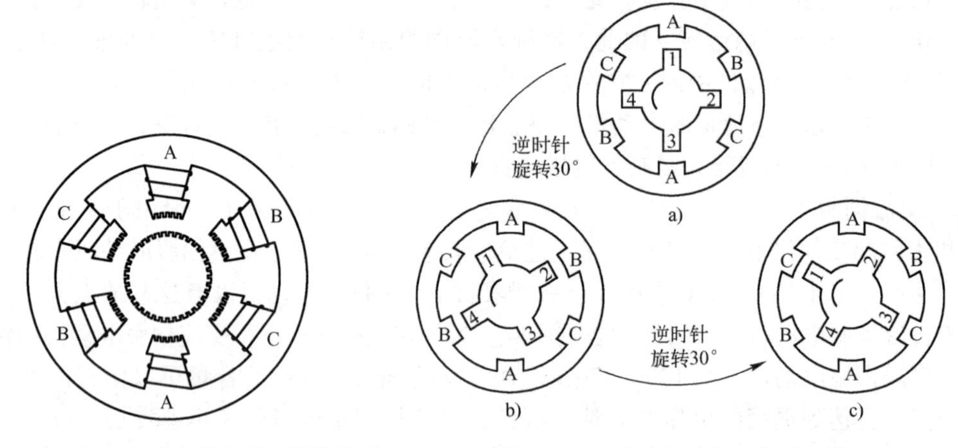

图 2-45　三相反应式步进电动机结构简图

图 2-46　步进电动机工作原理图
a）A 相通电　b）B 相通电　c）C 相通电

最简单的三相单三拍通电方式的工作过程如下。

1）当 A 相通电时，以 A—A 为轴线的磁场对 1、3 两齿产生磁场力，使转子 1、3 两齿与定子 A 相磁极（A—A 轴线）对齐。

2）A 相断电，B 相通电时，产生以 B—B 为轴线的磁场力，将使离 B 相磁极最近的 2、4 两齿与定子 B 相磁极（B—B 轴线）对齐，使转子逆时针旋转 30°。

3）当 B 相断电、C 相通电时，将产生以 C—C 为轴线的磁场力，使转子 1、3 两齿与定子 C 相磁极（C—C 轴线）对齐，使转子逆时针旋转 30°。

如此按 A→B→C→A 的顺序通电，转子就会不断地按逆时针方向旋转。绕组通电顺序决定了旋转方向。若按 A→C→B→A 的顺序通电，电动机就会顺时针方向旋转。

输入一个脉冲信号，转子所转过的角度称为步距角 θ_S。由上面的分析可以看到，每切换一次，转子转过的角度为 1/3 齿距角（相邻两齿间的角度称为齿距角），经过一个循环，转子走了三步，才转过一个齿距角。由此得出步距角为

$$\theta_S = 360°/NK$$

式中　N——转子齿数；

K——步进电动机工作拍数。

在上述三相单三拍通电方式中，由于每次只有一相绕组通电，并且在绕组通电切换的瞬间，电动机将失去自锁转矩，因而稳定性差，因此实际应用中常采用下述两种通电方式。

三相双三拍通电顺序为：AB→BC→CA→AB。

三相六拍通电顺序为：A→AB→B→BC→C→CA→A。

所以同一种步进电动机采用不同的通电方式，其步距角也不同，三相六拍步距角为三相三拍步距角的一半，即脉冲当量也缩小一半，为提高分辨率，一般都采用三相六拍

通电方式。另外根据步进电动机相数不同，还常用四相八拍、五相十拍和六相十二拍等通电方式。

2. 步进电动机的控制与驱动

（1）步进电动机的控制方法　由步进电动机的工作原理知道，要使步进电动机正常运行，控制脉冲必须按一定的顺序分别供给步进电动机各相，如三相单三拍通电方式，供给脉冲的顺序为 A→B→C→A 或 A→C→B→A，称为环形脉冲分配。脉冲分配有两种方式：一种是硬件脉冲分配（或称为脉冲分配器）；另一种是软件脉冲分配，是由计算机的软件完成的。

1）脉冲分配器。脉冲分配器可以用门电路及逻辑电路构成，提供符合步进电动机控制指令所需的顺序脉冲。按其电路结构不同，可分为 TTL 集成电路和 CMOS 集成电路。

这两种脉冲分配器的工作方法基本相同，当各个引脚连接好之后，主要通过一个脉冲输入端控制步进的速度；一个脉冲输入端控制电动机的转向；并由与步进电动机相数相同的输出端分别控制步进电动机的各相。这种脉冲分配器通常都包含在步进电动机驱动控制电源内。数控系统内通过插补运算，得出每个坐标轴的位移信号，通过输出接口，向步进电动机驱动控制电源定时发出位移脉冲信号和正反转信号。

2）软件脉冲分配。在计算机控制的步进电动机驱动系统中，可以采用软件的方法实现环形脉冲分配。图 2-47所示为 8031 单片机与步进电动机驱动电路接口连接的框图。P1 口的三个引脚经过光电隔离、功率放大之后，分别与电动机的 A、B、C 三相连接。

采用软件进行脉冲分配虽然增加了软件编程的复杂程度，但它省去了脉冲分配器，系统减少了器件，降低了成本，也提高了系统的可靠性。

（2）步进电动机的驱动电源　脉冲分配器输出的电流很小（毫安级），必须经过功率放大。过去采用单电压驱动电路，后来常用高低压驱动电路，现在则多采用恒流斩波和调频调压等形式的驱动电路。下面介绍一下单电压驱动电路的简单原理和特点。

单电压驱动电路的工作原理如图 2-48 所示。图 2-48 中 L 为步进电动机励磁绕组的电感，R_a为绕阻电阻，R_c为外接电阻，电阻 R_c并联一电容 C（可以提高载荷瞬间电流的上升率)，从而提高电动机的快速响应能力和起动性能。续流二极管 VD 和阻容吸收回路 RC，是功率管 VT 的保护电路。

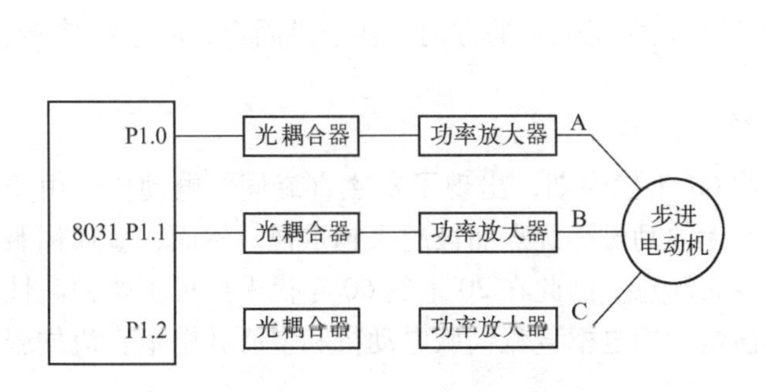

图 2-47　8031 单片机与步进电动机驱动电路接口连接的框图

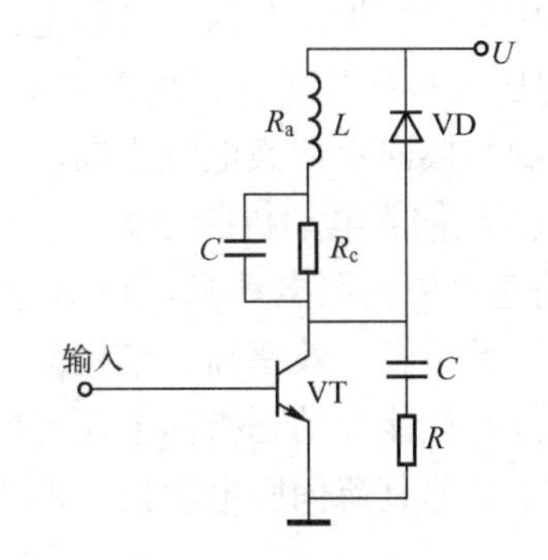

图 2-48　单电压驱动电路的工作原理

单电压驱动电路的优点是线路简单，缺点是电流上升不够快，高频时带载荷能力低。

（3）步进电动机的细分驱动技术　在实际应用中，为了提高进给运动的分辨率，要求对步距角进一步细分。在不改变步进电动机结构的前提下，为了达到这一目的，将额定电流以阶梯波的方式输入。此时，电流分成很多个台阶，则转子就以同样的步数转过一个电动机固有的步距角。这样将一个步距角细分成若干步的驱动方法称为细分驱动。

细分驱动的优点是使步距角减小，运行平稳，提高匀速性，并能减弱或消除振荡。

2.5.3 直流伺服系统

（1）直流伺服电动机的基本结构　直流伺服电动机具有良好的起动、制动和调速特性，可以很方便地在宽范围内实现平滑的无级调速，故多采用在对伺服电动机的调速性能要求较高的设备中。

直流伺服电动机的结构（图 2-49）主要包括三大部分。

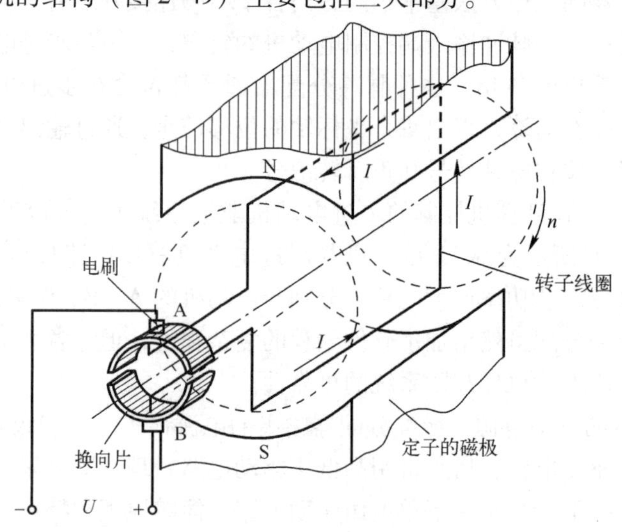

图 2-49　直流伺服电动机

1）定子。定子磁场由定子的磁极产生。

2）转子。又称为电枢，由硅钢片叠压而成，表面绕有线圈，当有电流通过时，在定子磁场的作用下产生带动载荷旋转的电磁转矩。

3）电刷与换向片。为使所产生的电磁转矩保持恒定的方向，转子沿固定方向连续旋转，要通过电刷与换向片切换电流方向。

（2）直流伺服电动机的分类

1）高速直流伺服电动机。在 20 世纪 60 年代中期，出现了永磁直流伺服电动机，由于其尺寸小、重量轻、效率高、结构简单、无须励磁等优点而被越来越重视。然而，普通伺服电动机在低速性能和动态指标上还不能令人满意。因此在 20 世纪 60 年代末出现了两种高性能的小惯量高速直流伺服电动机，即小惯量无槽电枢直流伺服电动机和空心杯电枢直流伺服电动机。

2）低速大转矩宽调速电动机。低速大转矩宽调速电动机是在过去军用低速力矩电动机经验的基础上发展起来的一种新型电动机。近年来，它在高精度数控机床和工业机器人伺服系统中获得了越来越广泛的应用。尤其是北京机床研究所按日本 FANUC 公司的许可证制造的 FANUC－BESK 系列直流伺服电动机应用最为广泛。

（3）直流伺服电动机的驱动　直流伺服电动机常用的功率驱动元件是晶闸管和功率晶体管，速度调节主要用调节加在电枢上的电压大小的方法来实现，电动机换向可通过改变电枢电流的方向或励磁电流的方向来实现。由于励磁回路的时间常数很大，若采用改变励磁电流方向的方法实现换向，必然使控制系统的响应变差。因此，这种换向方式在机床伺服系统中很少采用。

直流伺服系统一般有晶闸管调速系统和大功率晶体管脉宽调制（PWM）调速系统两种。由于晶体管的开关响应特性远比晶闸管好，后者的伺服驱动特性要比前者好得多。随着大功率晶体管制造工艺的成熟，目前已多采用 PWM 调速系统。

脉宽调速是利用大功率晶体管的开关特性来调制固定电压的直流电源，按一个固定的频率来接通和断开，并根据需要改变一个周期内“接通”与“断开”时间的长短，通过改变直流伺服电动机电枢上电压的“占空比”来改变平均电压的大小，从而达到调节电动机转速的目的。

2.5.4　交流伺服系统

（1）交流伺服电动机的分类

1）异步型交流伺服电动机（IM）。异步型交流伺服电动机是指交流感应电动机。它有三相和单相之分，也有笼型和线绕式之分，通常多用笼型三相交流感应电动机。它的结构简单，与同容量的直流电动机相比，重量约轻 1/2，价格仅为直流电动机的 1/3。它的缺点是不能经济实现范围较广的平滑调速，必须从电网吸收滞后的励磁电流，因而令电网功率因数变坏。

2）同步型交流伺服电动机（SM）。同步型交流伺服电动机虽较交流感应电动机复杂，但比直流电动机简单。它的定子与交流感应电动机一样，都在定子上装有对称三相绕组。而转子却不相同，按不同的转子结构它又分电磁式及非电磁式两大类。非电磁式又分磁滞式、永磁式和反应式多种。在数控机床中多用永磁式同步电动机。与电磁式相比，永磁式的优点是结构简单、运行可靠、效率较高；缺点是体积大、起动特性欠佳。但永磁式同步电动机采用高剩磁感应、高矫顽力的稀土类磁铁后，可比直流电动机体积减小约 1/2，重量减轻 60%，转子惯量减到直流电动机的 1/5。它与异步电动机相比，由于采用了永磁铁励磁，消除了励磁损耗及有关的杂散损耗，所以效率高。

（2）交流伺服电动机工作原理　如图 2-50 所示，交流电动机由外圈的定子和中心的转子构成，当定子上缠绕的绕组通上交流电后，由于交流电的特性，定子绕组就会产生一个旋转磁场。转子上的绕组是一个闭合导体，它处在定子的旋转磁场中就相当于在不停地切割定子的磁感应线。根据法拉第定律，闭合导体的一部分在磁场里做切割磁感应线的运动时，导体中就会产生电流，而这个电流又会形成一个磁场。这样，在电动机中就有了两个磁场：一个是接通外部交流电后而产生的定子磁场；另一个是因切割定子磁感应线而产生电流后形成的转子磁场。根据楞次定律，感应电流的磁场总要反抗引起感应电流的原因（转子绕组切割定子磁场的磁感应线），也就是尽力使转子上的导体不再切割定子磁场的磁感应线，这样的结果就是：转子上的导体会“追赶”定子的旋转磁场，也就是使转子跟着定子旋转磁场旋转，最终使电动机开始旋转。

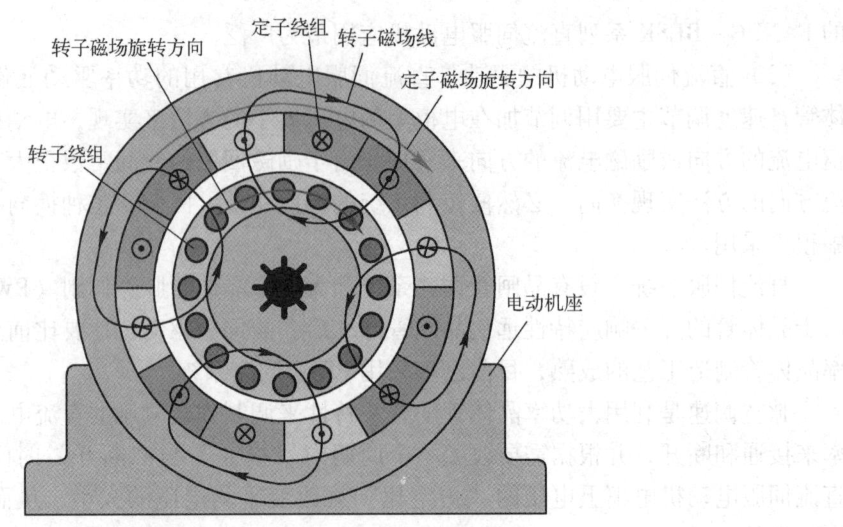

图 2-50　交流伺服电动机工作原理

（3）变频调速技术　在当今数控机床中大多采用变频器对交流伺服电动机进行变频调速。变频器可分为“交－交”型和“交－直－交”型两大类。前者又称为直接式变频器，后者又称为带直流环节的间接式变频器。

1）交－交变频器。它没有明显的中间滤波环节，电网交流电被直接变成可调频调压的交流电。由于变频器输出波形是由电源波形整流后得到的，所以输出频率不可能高于电网频率，故一般用于低频大容量调速。

2）交－直－交变频器。它由顺变器、中间环节和逆变器三部分组成。顺变器的作用是将交流电转换为直流电，作为逆变器的直流供电电源。因中间环节的不同，变频器分为斩波器方式变频器、电压型变频器和电流型变频器等。而逆变器是将直流电变为调频调压的交流电，采用脉宽调制（PWM）逆变器来完成。逆变器有晶闸管和晶体管之分，目前，数控机床上的交流伺服系统多采用晶体管逆变器。

2.5.5　位置控制原理

位置控制和速度控制环是紧密相连的。位置控制环的输入数据来自轮廓插补运算，在每一个插补周期内插补运算输出一组数据给位置控制环，位置控制环根据速度指令的要求及各环的放大倍数（称为增益）对位置数据进行处理，再把处理的结果送给速度环，作为速度环的给定值。

早期的位置控制环是把位置数据经 D－A 转换变成模拟量后送给速度环。现代的全数字伺服系统，不进行 D－A 转换，全由计算机软件进行数字处理，输出结果也是数字量。在全数字系统中，各种增益常数可根据外界条件的变化而自动更改，保证在各种条件下都是最优值，因而控制精度高、稳定性好。

现以 FANUC 7M 系统为例加以说明，如图 2-51 所示。

7M 系统是日本 FANUC 公司和德国 SIEMENS 公司联合设计，于 1976 年研制成功，主要用于数控铣床和加工中心。

由图 2-51 可知，该系统由位置控制、速度控制和位置检测三部分组成。位置控制部分

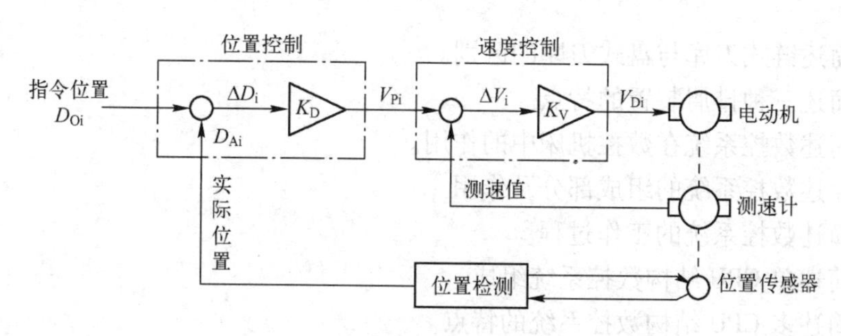

图 2-51　位置控制原理

的作用是将插补运算得出的瞬时指令位置值 D_{Oi} 和检测出的实际位置值 D_{Ai} 相比，产生位置偏移量 ΔD_i，再把 ΔD_i 变换为瞬时速度指令电压 V_{Pi}；速度控制部分的作用是将瞬时速度指令电压 V_{Pi} 和检测的速度电压比较后放大为驱动直流伺服电动机的电枢电压 V_{Di}；位置检测部分的作用是把位置检测元件检测到的信号转换为与指令位置量级相同的数字量 D_{Ai}，供它们比较。指令位置是由计算机插补运算得到的，7M 系统的插补周期为 8 ms，根据加工程序给出的速度指令和插补计算公式，计算机计算出在每个插补周期内各坐标的位置增量 ΔD_{Oi} 并计算出各坐标方向上的指令位置 D_{Oi}。当电动机起动时，先输入第一个指令位置值 D_{O1}，若按相对坐标计算，$D_{O1}=0+\Delta D_{O1}$，由于此时电动机还未转动，因而检测值 $D_{A1}=0$，位置控制部分先进行 $\Delta D_1=D_{O1}-D_{A1}$ 计算，再将得到的 ΔD_1 进行模数转换和放大，经速度控制部分控制电动机转动。由于 $D_{A1}=0$，因而 $\Delta D_1=D_{O1}$。经过一个插补时间后，计算机送来第二个指令位置值 D_{O2}，$D_{O2}=D_{O1}+\Delta D_{O2}$，位置检测部分也把检测到的实际位置值 D_{A2} 送来，位置控制部分再进行 $\Delta D_2=D_{O2}-D_{A2}$ 计算。若坐标移动没有误差，则实际位置值 D_{A2} 应等于 ΔD_1，$\Delta D_2=\Delta D_{O2}$，但误差一定存在，因而 $\Delta D_2\neq\Delta D_{O2}$。若 $D_{A2}<\Delta D_1$，则 $\Delta D_2>\Delta D_{O2}$，因而使坐标移动量增加，来弥补前一次的不足。若 $D_{A2}>\Delta D_1$，则 $\Delta D_2<\Delta D_{O2}$，使本次坐标移动量减少，缩小上一次移动误差。每经过一个插补时，计算机都要计算出一个瞬时指令位置值 D_{Oi}，位置检测部分也必须送来一个位置反馈值 D_{Ai}，位置控制部分完成一次 $\Delta D_i=D_{Oi}-D_{Ai}$ 计算。直到 $\Delta D_i=0$ 时，电动机的输入电压为 0，电动机停止转动。

复习思考题

2-1　简述数控机床对主传动的要求。

2-2　简述数控机床主轴轴承常见的配置形式。

2-3　说明主轴轴承常见的润滑方式。

2-4　在自动松夹刀具的加工中心中，夹紧刀具和松开刀具各依靠什么机构实现?

2-5　说明主传动常用的调速方法。

2-6　简述数控机床对进给传动系统的要求。

2-7　简述滚珠丝杠副的特点。

2-8　说明滚珠丝杠副预紧的作用及预紧方法。

2-9　简述滚动导轨的特点。

2-10　简述静压导轨的特点。

2-11　简述塑料导轨的特点。

2-12 简述链式刀库与盘式刀库的区别。

2-13 简述三种排屑装置的特点。

2-14 简述数控系统在数控机床中的作用。

2-15 简述数控系统的组成部分及作用。

2-16 简述数控系统的工作过程。

2-17 简述单 CPU 结构数控系统组成。

2-18 简述多 CPU 结构数控系统的特点。

2-19 简述 PLC 的特点。

2-20 简述位置检测装置的作用及要求。

2-21 简述莫尔条纹的产生及特点。

2-22 简述增量式脉冲编码器的工作原理。

2-23 简述绝对式编码盘的工作原理。

2-24 简述在数控机床中伺服系统的作用。

2-25 说明数控机床对伺服系统的要求。

2-26 说明伺服系统按照调节理论分类的特点。

2-27 说明步进电动机在数控机床上的应用范围。

2-28 对比直流伺服电动机与交流伺服电动机，分析其特点及应用范围。

第3章 数控机床的加工工艺基础

数控加工工艺是采用数控机床加工零件时所运用的各种方法和技术手段的总和，应用于整个数控加工工艺过程中。数控加工工艺是伴随着数控机床的产生、发展而逐步完善起来的，是人们对大量数控加工实践的总结。由于数控加工采用了计算机控制系统和数控机床，使得数控加工具有加工自动化程度高、精度高、质量稳定、生产率高、周期短和设备使用费用高等特点，因此数控加工工艺与普通加工工艺有一定的差异。

3.1 数控加工的工艺特点

（1）数控加工工艺的基本特点　在普通机床上加工零件时，是用工艺规程或工艺卡来规定每道工序的操作程序，操作者按规定的“程序”加工零件。而在数控机床上加工零件时，要把被加工的全部工艺过程、工艺参数和位移数据编制成程序，并以数字信息的形式记录在控制介质（如穿孔纸带、磁盘等）上，用它控制机床加工。由此可见，数控机床加工工艺与普通机床加工工艺在原则上基本相同，但数控加工的整个过程是自动进行的，因而又有其特点。

1）数控加工的工序内容比普通机床加工的工序内容复杂。由于数控机床比普通机床价格贵，若只加工简单工序在经济上不合算，所以在数控机床上通常安排较复杂的工序，甚至在普通机床上难以加工的工序。

2）数控机床加工程序的编制比普通机床工艺规程的编制复杂。这是因为在普通机床的加工工艺中不必考虑的问题，如工序内工步的安排和对刀点、换刀点及走刀路线的确定等问题，在编制数控机床加工程序时不能忽略。

（2）数控加工工艺的基本内容　实践证明，数控加工工艺主要包括以下几方面。

1）选择适合在数控机床上加工的零件，确定工序内容。

2）分析被加工零件图样，明确加工内容及技术要求，在此基础上确定零件的加工方案，制订数控加工工艺路线，如工序的划分、加工顺序的安排和与传统加工工序的衔接等。

3）设计数控加工工序，如加工步的划分、零件的定位与夹具的选择、刀具的选择和切削用量的确定等。

4）调整数控加工工序的程序，如对刀点和换刀点的选择、加工路线的确定以及刀具的补偿等。

5）分配数控加工的公差。

6）处理数控机床上部分工艺指令。

3.1.1 数控加工零件的工艺性分析

对数控加工零件的工艺性分析，主要包括零件图分析和零件结构工艺性分析两部分。

（1）零件图分析

1）零件图上尺寸标注方法应适应数控加工的特点。如图 3-1a 所示，在数控加工零件图上，应以同一基准标注尺寸或直接给出坐标尺寸。这种标注方法既便于编程，也便于尺寸之间的相互协调，又有利于设计基准、工艺基准、测量基准和编程原点的统一。零件设计人员在标注尺寸时，一般总是较多地考虑装配等使用特性，因而常采用图 3-1b 所示的局部分散的标注方法，这样就给工序安排和数控加工带来诸多不便。由于数控加工精度和重复定位精度都很高，不会因产生较大的累积误差而破坏零件的使用特性，因此，可将局部分散的标注方法改为同一基准标注或直接给出坐标尺寸。

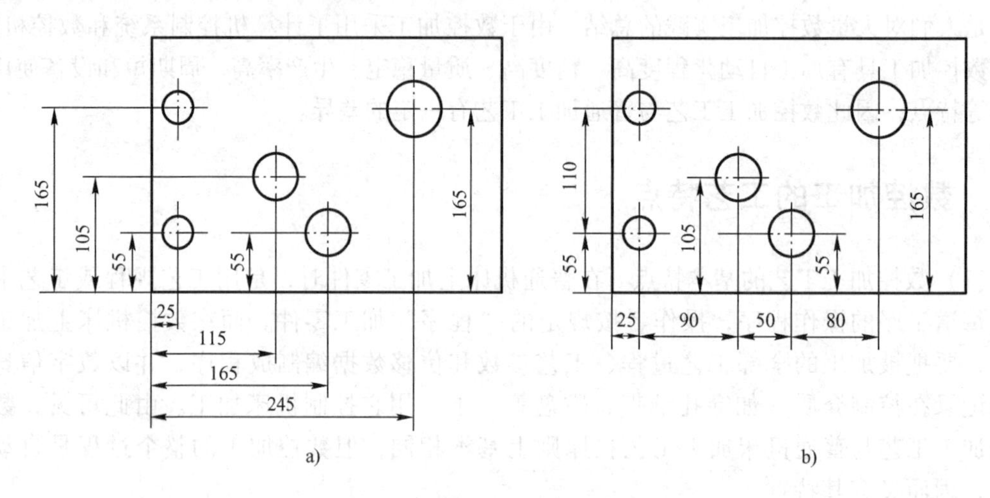

图 3-1　零件图尺寸标注分析

a）同一基准标注　b）分散标注

2）分析加工零件的设计图样，根据标注的尺寸公差和几何公差等相关信息，将加工表面区分为重要表面和次要表面，并找出其设计基准，进而遵循基准选择的原则，确定加工零件的定位基准，分析零件的毛坯是否便于定位和装夹，夹紧方式和夹紧点的选取是否会有碍刀具的运动，夹紧变形是否对加工质量有影响等。为零件定位、安装和夹具设计提供依据。

3）构成零件轮廓的几何元素（点、线、面）的条件（如相切、相交、垂直和平行等），是数控编程的重要依据。手工编程时，要依据这些条件计算每一个节点的坐标；自动编程时，则要根据这些条件对构成零件的所有几何元素进行定义，无论哪一个条件不明确，都会导致编程无法进行。因此，在分析零件图时，务必分析几何元素的给定条件是否充分，发现问题及时与设计人员协商解决。

（2）零件结构工艺性分析

1）零件的内腔与外形应尽量采用统一的几何类型和尺寸，这样可以减少刀具规格和换刀次数，方便编程，提高生产效益。

2）内槽圆角的大小决定着刀具直径的大小，所以内槽圆角半径不应太小。对于图 3-2 所示零件，其结构工艺性的好坏与被加工轮廓的高低、内槽圆角半径的大小等因素有关。图 3-2b 与图 3-2a 相比，内槽圆角半径 R 大，可以采用直径较大的立铣刀来加工；加工平面时，进给次数也相应减少，表面加工质量也会好一些，因而工艺性较好。反之，工艺性较差。通常 $R<0.2H$（H 为加工零件轮廓面的最大高度）时，可以判定零件该部位的工艺性不好。

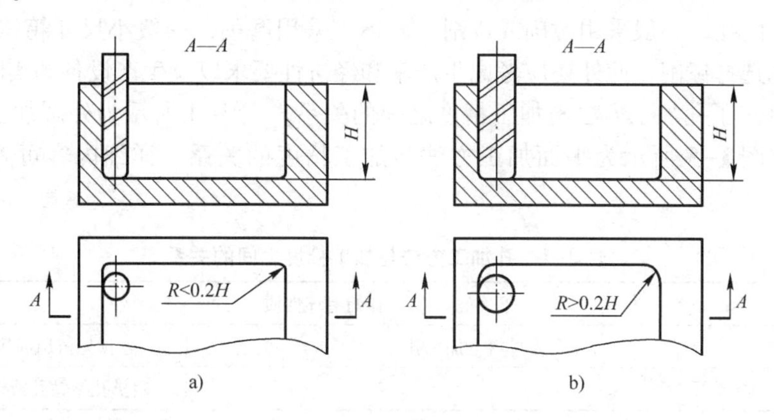

图 3-2　内槽结构工艺性

3）零件铣槽底平面时，槽底圆角半径 r 不要过大。如图 3-3 所示，铣刀端面刃与铣削平面的最大接触直径 $d=D-2r$（D 为铣刀直径），当 D 一定时，r 越大，铣刀端面刃与铣削平面的接触面积越小，加工平面的能力就越差，效率越低，工艺性也越差。当 r 大到一定程度时，甚至必须用球头铣刀加工，这是应该尽量避免的。

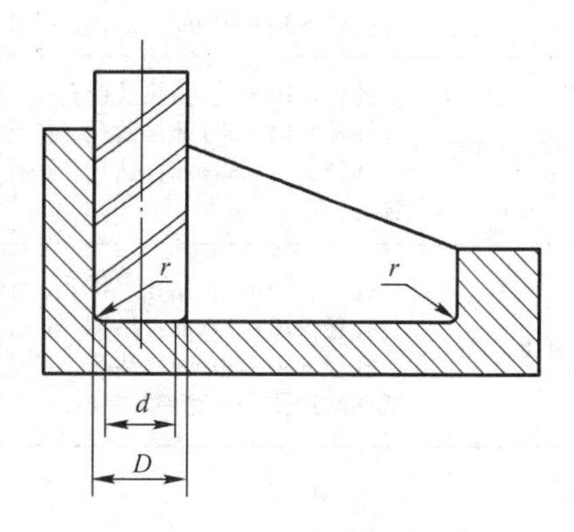

图 3-3　零件槽底圆角半径对工艺性的影响

4）应尽可能在一次装夹中完成所有能加工表面的加工，为此要选择便于各个表面都能加工的定位方式；若需要二次装夹，应采用统一的定位基准。在数控加工中若没有统一的定位基准，会因零件重新安装产生定位误差，从而使加工后的两个面上的轮廓位置及尺寸不协调，因此，为保证二次装夹加工后其相对位置的准确性，应采用统一的定位基准。

5）为提高工艺效率，采用数控加工必须注意零件设计的合理性。必要时，还应在基本不改变零件性能的前提下，从以下几方面着手，对零件的结构形式与尺寸进行修改。

① 尽量使工序集中，以充分发挥数控机床的特点，提高精度与效率。

② 有利于采用标准刀具，减少刀具规格与种类。

③ 简化程序，减少编程工作量。

④ 减少机床调整，缩短辅助时间。

⑤ 保证定位刚度与刀具刚度，以提高加工精度。

3.1.2　加工方法与加工方案的确定

1. 数控加工方法的确定

数控加工方法的确定应以满足加工精度和表面粗糙度的要求为原则。由于获得同一级加工精度及表面粗糙度的加工方法一般有许多，在实际确定时，要结合零件的形状、尺寸和热处理要求等全面考虑。

例如：加工 IT7 级的孔，采用镗削、铰削和磨削等加工方法均可达到精度要求，如果加工箱体类零件的孔，一般采用镗削或铰削，而不宜采用磨削；一般小尺寸箱体孔选择铰削，大尺寸箱体孔选择镗削。此外还应考虑生产率和经济性要求以及生产设备的实际情况。

表 3-1 列出了孔加工方法与加工精度之间的关系。图 3-4 所示为外圆加工方法与加工精度的关系。图 3-5 所示为平面加工方法与加工精度的关系。详细内容可查阅有关工艺手册。

表 3-1　孔加工方法与加工精度之间的关系

加工精度	孔的毛坯性质	
	在实体材料上加工孔	预先铸出或热冲出的孔
IT13、IT12	一次钻孔	用扩孔钻钻孔或镗刀镗孔
IT11	孔径≤10 mm：一次钻孔 孔径 >10～30 mm：钻孔及扩孔 孔径 >30～80 mm：钻孔、扩孔或钻孔、扩孔、镗孔	孔径≤80 mm：粗扩、精扩；或用镗刀粗镗、精镗；或根据余量一次镗孔或扩孔
IT10、IT9	孔径≤10 mm：钻孔及铰孔 孔径 >10～30 mm：钻孔、扩孔及铰孔 孔径 >30～80 mm：钻孔、扩孔、铰孔或钻孔、镗孔、铰孔（或镗孔）。	孔径≤80 mm：粗镗（一次或二次，根据余量而定）、铰孔（或精镗）。
IT8、IT7	孔径 <10 mm：钻孔、扩孔、铰孔 孔径 >10～30 mm：钻孔、扩孔及一次或两次铰孔 孔径 >30～80 mm：钻孔、扩孔（或用镗刀分几次粗镗）及一次或两次铰孔（或精镗）	孔径≤80 mm：粗镗（一次或二次，根据余量而定）及半精镗、精镗或精铰

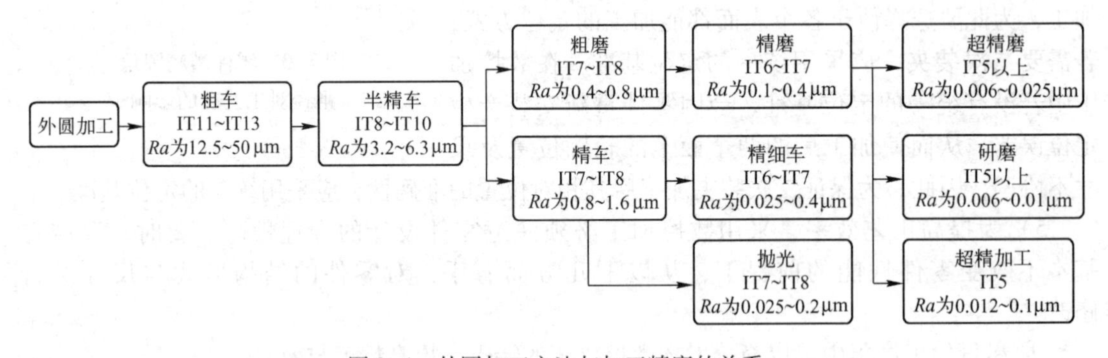

图 3-4　外圆加工方法与加工精度的关系

2. 数控加工方案的确定

零件上比较精密的尺寸及表面的加工，常常是通过粗加工、半精加工和精加工逐步达到的。对这些加工部位仅仅根据质量要求选择相应的加工方法是不够的，还应正确地确定从毛坯到最终成形的加工方案。

确定加工方案时，首先应根据主要的精度和表面粗糙度要求，初步确定为达到这些要求所需要的加工方法。例如：对于孔径不大的 IT7 级的孔，最终的加工方法选择铰孔，则精铰孔前通常要经过钻孔、扩孔和粗铰孔等。

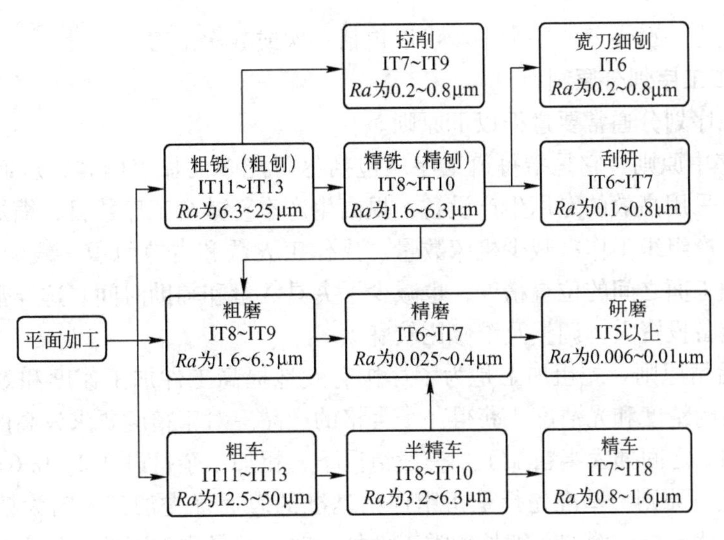

图3-5　平面加工方法与加工精度的关系

3.1.3　数控加工工序划分

1. 基本概念

数控加工工艺过程是利用切削工具在数控机床上直接改变加工对象的形状、尺寸和表面状态等，使其成为成品或半成品的过程。需要说明的是：数控加工工艺过程往往不是从毛坯到成品的整个工艺过程，而仅仅是几道数控加工工序工艺过程的具体描述。

数控加工工艺过程是由一个或若干个顺序排列的工序组成的，而工序又可分为安装、工位、工步和走刀。

1）工序。工序是指一个或一组工人，在一个工作地对同一个或同时对几个工件所连续完成的那一部分工艺过程。划分工序的主要依据是工作地是否变动和工作是否连续。工序是工艺过程的基本单元，也是制订劳动定额、配备设备、安排工人、制订生产计划和进行成本核算的基本单元。

2）安装。安装是指工件经一次装夹后所完成的那一部分工序。在一道工序中，工件可能被装夹一次或多次，才能完成加工。工件在加工中，应尽量减少装夹次数，因为多一次装夹，就会增加装夹时间，还会增加装夹误差。

3）工位。工位是指为了完成一定的工序部分，一次装夹工件后，工件与夹具或设备的可动部分一起相对刀具或设备的固定部分所占据的每一个位置。为了减少工件的装夹次数，常采用各种回转工作台、回转夹具或移动夹具，使工件在一次装夹中，先后处于几个不同的位置进行加工。

4）工步。工步是指在加工表面和加工工具不变的情况下，所连续完成的那一部分工序内容。划分工步的依据是加工表面和加工工具是否变化。为简化工艺文件，对在一次装夹中连续进行若干个相同的工步，通常都看作一个工步。在数控加工中，有时将在一次装夹中用一把刀具连续切削零件上的多个表面划分为一个工步。一道工序可以包括几个工步，也可以只有一个工步。

5）走刀。走刀是指在一个工步内，若加工表面需切去的金属层很厚，就可分几次切削，每切削一次为一次走刀。一个工步可以包括一次或数次走刀。

2. 数控加工工序划分原则

数控加工工序划分通常要遵循以下原则。

（1）工序集中原则　它是指每道工序应包括尽可能多的加工内容，从而使工序总数减少。这样有利于采用高效的专用生产设备，提高生产率；减少工序数目，缩短工艺路线，简化生产计划和生产组织工作；减少机床数量、操作工人数和占地面积；减少工件装夹次数，不仅保证了各加工面之间的位置精度，也减少了夹具数量和辅助时间。这样带来的缺点是专用设备和工艺装备投资大，调整及维修比较麻烦。

（2）先粗后精原则　先粗加工是为了尽快有效地提高工件加工速度和效率；后精加工是为了提高产品的精度和光洁度，获得一个合格的产品。对于精度要求较高的加工表面，可在粗加工与精加工之间插入半精加工。一般情况下，粗加工余量以 0.2 ~0.6 mm 为宜。

（3）基准先行原则　基准先行是指用作精基准的表面优先加工，因为精基准的表面越精确，装夹误差就越小。例如：细长轴类零件加工时，总是先加工两端的中心孔，再以中心孔为精基准加工外圆表面和端面。

（4）先面后孔原则　在零件上有较大的平面可以用来作为定位基准时，总是先加工这个平面，再以平面定位加工孔，保证孔和面之间的位置精度。这样定位比较稳定，装夹也方便。同时若在未加工的毛坯表面上钻孔，钻头容易引偏，所以从保证孔的精度出发，也应该先加工平面后加工平面上的孔。

3. 数控加工工序划分方法

具体划分数控加工工序时可以按照以下几种方法划分。

（1）按加工设备划分　根据所用数控加工设备的种类和加工内容的不同划分工序，有利于在数控加工中根据加工内容的不同，合理选择数控加工设备，提高数控加工设备的利用率和生产率；可减少装夹次数，减少不必要的定位误差，缩短加工时间。

（2）按粗、精加工方式划分　根据零件的加工精度、刚度和变形等因素，对于需要进行粗加工、半精加工和精加工的零件，先全部进行粗加工、半精加工，最后再进行精加工，即可划分为粗加工工序、半精加工工序和精加工工序。考虑到粗加工时零件受到装夹力和切削热等因素影响产生的变形较大，需要一段时间来恢复，因此在粗加工工序后一般不能直接安排精加工工序，而是先加工其他的加工面，最后再安排一个精加工工序。

（3）按所用刀具划分　为了减少换刀次数，缩短空行程时间，减少不必要的定位误差，可按使用相同刀具来集中工序的方法加工零件，即在一次装夹中，尽可能用同一把刀具加工出尽可能多的部位，然后再换另一把刀具加工其他部位。

3.2　数控加工刀具

先进的数控加工设备需要高性能的刀具相配合，才能充分发挥其应有的效能，取得良好的经济效益。随着刀具材料的迅速发展，出现了各种新型刀具，其物理、力学性能和切削加工性能都得到了很大的提高，应用范围也不断扩大。

刀具的选择是数控加工工艺中重要的内容之一，不仅影响机床的加工效率，而且直接影响零件的加工质量。由于数控机床的主轴转速范围远远高于普通机床，而且主轴的输出功率较大，因此与传统的加工方法相比，对数控加工刀具提出了更高的要求，包括精度高、强度大、刚性好、耐用度高，并且要求尺寸稳定性好，安装调整方便。

3.2.1 数控加工刀具的特点

数控加工刀具的特点是标准化、系列化、规格化、模块化和通用化。为了达到高效、多能、快换、经济的目的，对数控加工刀具有如下要求。

1）具有较高的强度、较好的刚度和抗振性。

2）高精度、高可靠性和较强的适应性。

3）能够满足高切削速度和大进给量的要求。

4）刀具耐磨性好及刀具的使用寿命长。

5）刀片与刀杆要通用化、规格化、系列化、标准化，相对主轴要有较高的位置精度，转位、拆装时要求重复定位精度高，安装调整方便。

3.2.2 数控加工刀具材料

（1）高速钢　高速钢又称为锋钢、白钢。它是含有 W、Mo、Cr、V 和 Co 等元素的合金钢，分为 W、Mo 两大系列，是传统的刀具材料。它的常温硬度为 62 ~ 65HRC，热硬性可提高到 500 ~ 600℃。

（2）硬质合金　硬质合金是由硬度和熔点都很高的碳化物（WC、TiC、TaC、NbC 等），利用 Co、Mo、Ni 黏合剂制成的粉末冶金产品。它的常温硬度为 74 ~ 82HRC，热硬性可提高到 800 ~ 1000℃。

（3）涂层硬质合金　涂层硬质合金是在硬质合金上涂覆一层或多层耐磨性好的 TiN、TiCN、TiAlN 和 Al_2O_3等，涂层厚度为 2 ~ 18 μm。

（4）陶瓷　陶瓷具有耐磨性好、化学稳定性好、高硬度（91 ~ 95HRA）、高强度（抗弯强度为 750 ~ 1000 MPa）、良好的抗黏合性、摩擦因数低且价格低廉等特点。常用的有氧化铝基陶瓷、氮化硅基陶瓷和金属陶瓷等。

（5）立方氮化硼　立方氮化硼（CBN）是人工合成的高硬度材料，其硬度可达 7300 ~ 9000HV，硬度和耐磨性仅次于金刚石，有极好的高温硬度。与陶瓷相比，其耐热性和化学稳定性稍差，但冲击韧度和抗破碎性较好。它广泛应用于淬硬钢（50HRC 以上）、珠光体灰铸铁、冷硬铸铁和高温合金等材料的切削。

（6）聚晶金刚石　聚晶金刚石（PCD）是最硬的刀具材料，其硬度可达 10000HV，具有最好的耐磨性。它能够以高切削速度（1000 m/min）和高精度加工软的有色金属材料，但其对冲击敏感，容易碎裂，而且对黑色金属中铁的亲和力强，易引起化学反应，一般情况下只能用于加工非铁材料，如有色金属及合金、玻璃纤维、工程陶瓷和硬质合金等材料。

3.3 数控加工工序的设计

数控加工工序设计的主要任务是拟订具体加工内容、切削用量、定位及夹紧方式、刀具、夹具、量具等，为编制加工程序做好充分的准备。以下为在工序设计中应着重注意的几个方面。

3.3.1 走刀路线的确定

走刀路线是指数控机床在加工过程中刀具相对于加工零件的运动轨迹与方向。合理安排走刀路线，对于提高加工质量和保证零件的技术要求是非常重要的。走刀路线不仅包括加工时的走刀路线，还包括刀具定位、对刀、退刀和换刀等一系列过程的刀具运动路线。

走刀路线是刀具在整个加工过程中相对于加工零件的运动轨迹与方向，包括了工序的内容，反映工序的顺序，是编写程序的依据之一。在确定走刀路线时，主要考虑以下几点。

（1）保证零件的加工精度和表面粗糙度　在铣削加工零件轮廓时，因刀具的运动轨迹与方向不同，可分为顺铣或逆铣，如图3-6所示。选择不同的铣削方式所得到的零件表面质量就不同。数控机床一般采用滚珠丝杠传动，其运动间隙很小，顺铣优于逆铣，所以在精加工时，为了改善零件表面质量，应采用顺铣的走刀路线。

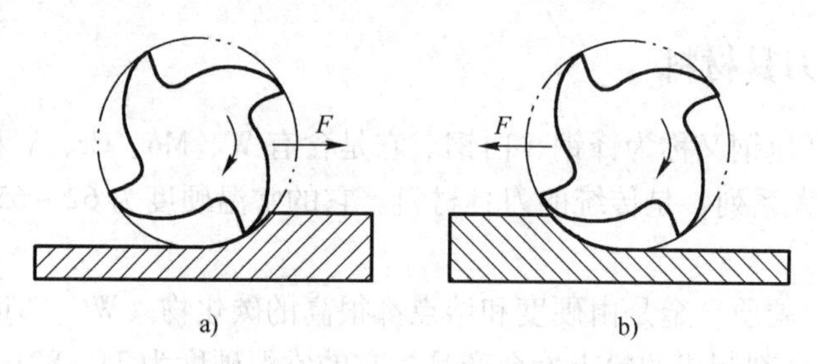

图3-6　顺铣、逆铣铣削方式示意图

a）顺铣　b）逆铣

对于镁铝合金、钛合金和耐热合金等材料，建议采用顺铣加工。对于材料为黑色金属的锻件或铸件，表皮硬而且加工余量较大，这时粗加工宜采用逆铣走刀路线。

（2）寻求最短走刀路线，减少空行程，提高生产率　图3-7a所示为孔加工零件图，按照一般习惯，总是根据孔的排列规律，先加工同一圆周上的孔后，再加工另一圆周上的孔，如图3-7b所示。这种走刀路线不是最短的，若改用图3-7c所示的走刀路线，可减少刀具的空行程，节省加工时间，提高生产率。

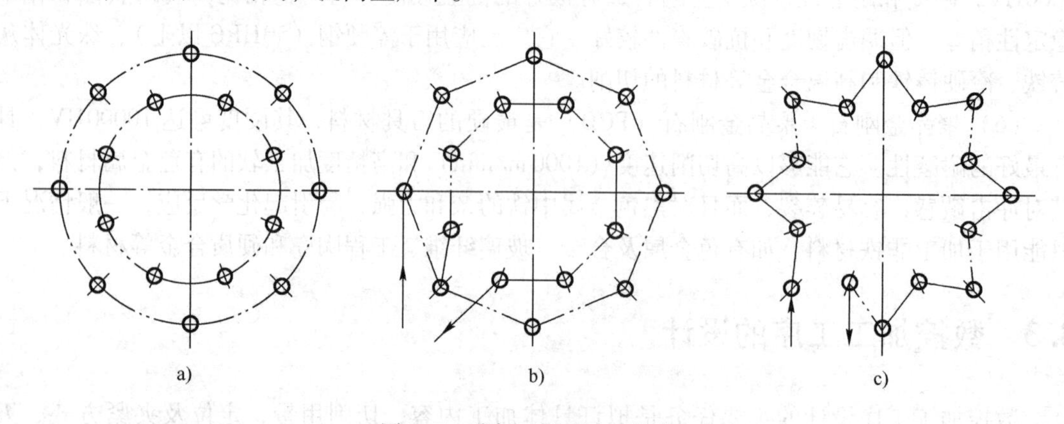

图3-7　孔加工最短走刀路线

a）零件图　b）路线1　c）路线2

（3）最终轮廓一次连续走刀完成　在铣削加工中，对于需要进行内腔加工的零件，常采用图3-8a所示平行往复切削的走刀路线。这种走刀路线切削效率较高，但其在内腔侧壁上为断续切削方式，会留下断续的接刀痕迹，影响内腔侧壁的加工质量。而采用图3-8b所示的走刀路线，先用平行往复的路线进行加工，再沿着内腔轮廓切削一周，使轮廓表面光整，这种走刀路线，兼顾了效率与质量，因此为最佳方案。

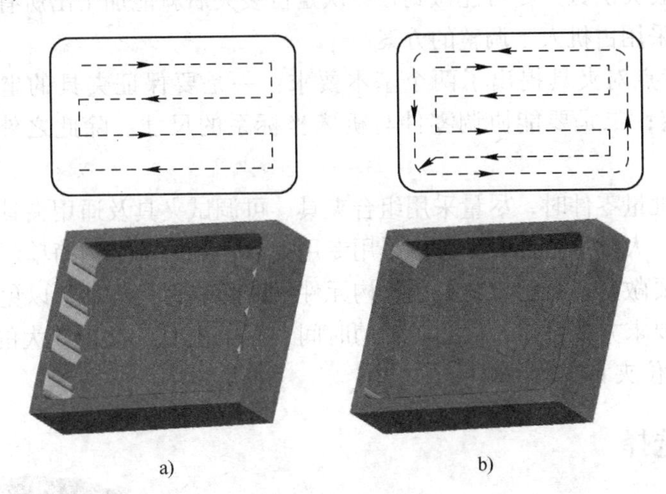

图3-8　内腔切削走刀路线

a）平行往复走刀　b）平行往复走刀+轮廓走刀

（4）选择切入、切出方式　确定刀具运动轨迹时，要考虑进刀和退刀方式的选择。尤其是在加工零件内、外轮廓时，一般是采用立铣刀侧刃切削，为了避免在切入零件处产生刀具的刻痕，保证零件曲线平滑过渡，通常使刀具沿轮廓曲线的切线方向切入、切出。为实现切线方向切入、切出，一般有外延式、圆弧式切入、切出的方式。

如图3-9a所示，当零件轮廓上有非圆弧拐点时，可以采用外延式切入、切出零件，即将轮廓线在拐点处沿切线方向延长，沿着该延长线切入、切出零件轮廓。如图3-9b所示，当零件轮廓上为连续相切的封闭曲线时，可以采用圆弧式切入、切出零件，即在一开阔区域建立一段与轮廓相切的圆弧，刀具沿着圆弧切入零件轮廓，完成轮廓切削后，再沿着一个圆弧切出零件。

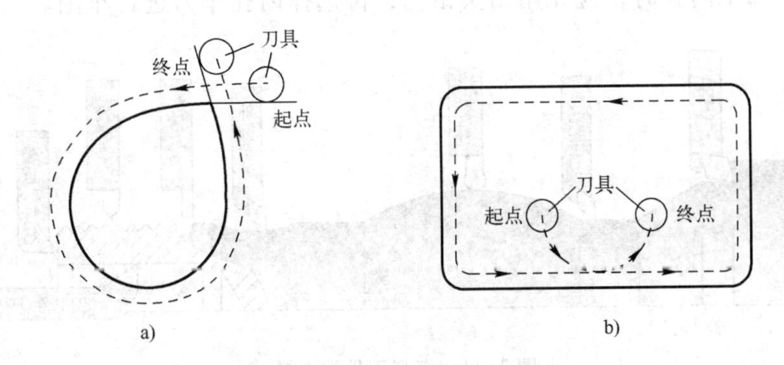

图3-9　零件轮廓的切入、切出方式

a）外延式切入、切出方式　b）圆弧式切入、切出方式

3.3.2 定位基准与夹紧方案的确定及夹具的选择

在确定定位基准与夹紧方案时，应注意以下几点。

1）力求设计基准、工艺基准与编程基准的统一。

2）尽量减少装夹次数，尽可能做到在一次定位装夹后就能加工出所有待加工表面。

3）尽量避免采用占机人工调整的方案。

数控加工的特点对夹具提出了两个基本要求：一是要保证夹具的坐标方向与机床的坐标方向相对固定；二是要能协调零件与机床坐标系的尺寸。除此之外，还要考虑以下几点。

1）当加工小批量零件时，尽量采用组合夹具、可调试夹具及通用夹具。

2）当加工中、大批量零件时，考虑采用专用夹具，并力求结构简单。

3）夹具尽量要敞开，其定位、夹紧机构元件不能影响刀具运动，以免发生碰撞。

4）装卸零件要求方便可靠，以缩短辅助时间，有条件时，批量较大的零件应采用气动或液压夹具、多工位夹具等。

3.3.3 刀具的选择

（1）数控车削刀具　数控车床使用的刀具，无论是外圆车刀、内孔车刀、切断刀还是螺纹车刀，除经济型数控车床以外，目前均已广泛使用机夹式可转位车刀。它的结构如图3-10所示，由刀杆、夹紧件、刀片及垫片组成。刀片具有多个切削刃，当某一边的切削刃磨损以后，可松开夹紧件，将刀片旋转一个工位即可。

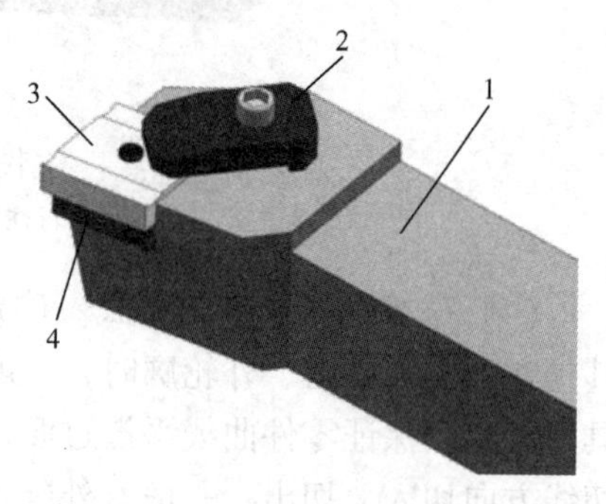

图3-10　机夹式可转位车刀

1—刀杆　2—夹紧件　3—刀片　4—垫片

数控车削刀具有很多，选择车削刀具时要根据加工零件的结构特征来选择。如图3-11所示，零件不同形状对应选择不同车刀。加工外圆表面时，应选择合适的外圆车刀；加工球面等曲面时，应选择球头车刀；加工沟槽时，应选择沟槽车刀；加工内外螺纹时，应选择螺纹车刀；加工内孔时，应先用钻头钻孔，再选择内孔车刀进行车削。

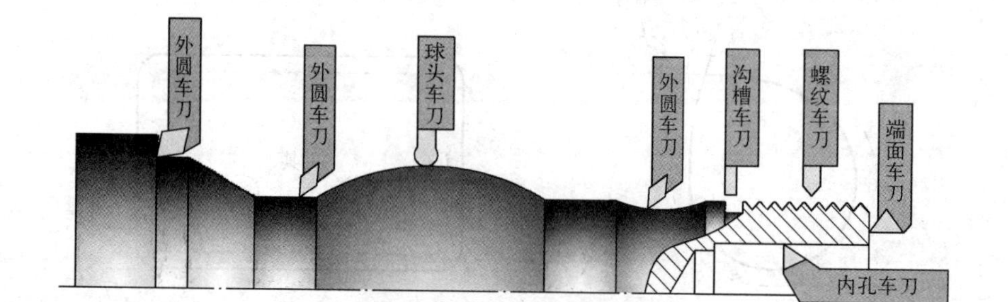

图3-11　车削刀具的选择

（2）数控铣削刀具　铣削刀具种类很多，选择铣刀时，要使刀具的尺寸与加工零件的表面尺寸和形状相适应。在生产中，平面零件周边轮廓加工，常选择立铣刀；铣削平面时，应选择较大尺寸的面铣刀；加工侧面沟槽时，选择T形铣刀；曲面表面粗加工时，选择环形铣刀，精加工时，应选择球头铣刀；型腔根部有圆角的，应选择圆角铣刀。如图3-12所示，零件中对应不同的形状特征选择不同刀具。

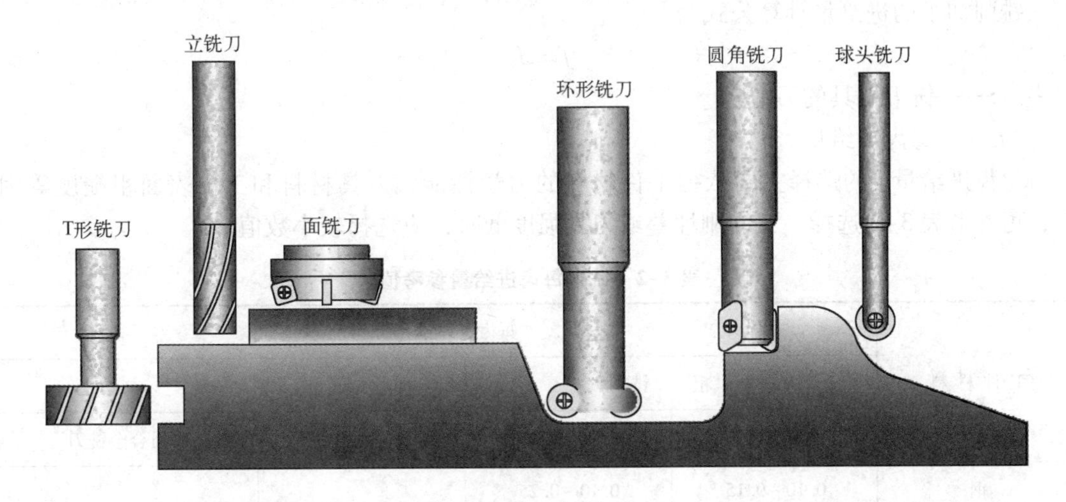

图3-12　铣削刀具的选择

3.3.4　切削用量的确定

（1）切削用量的含义　数控机床加工的切削用量包括背吃刀量 a_p、进给量 f 和切削速度 v_c，其选择原则与普通机床基本相似。合理选择切削用量的原则如下。

1）粗加工时，以提高生产率为主，选用较大的切削用量。

2）半精加工和精加工时，选用较小的切削用量，保证工件的加工质量。

（2）背吃刀量 a_p　铣削加工的背吃刀量为平行于铣刀轴线测量的切削层尺寸，单位为mm。端刃铣削时，a_p 为铣削深度；侧刃铣削时，a_p 为侧刃与工件接触的长度。

铣削加工背吃刀量的选择主要由加工余量和表面的质量要求决定。

1）当工件表面粗糙度要求 $Ra=12.5\sim25\ \mu m$ 时，如果端刃铣削量小于6 mm，侧刃铣削量小于5 mm，粗铣一次就可以满足要求。但是余量较大，机床的刚性较差或动力不足时，可分为两次切削。

2）当工件表面粗糙度要求 $Ra=3.2\sim12.5\ \mu m$ 时，应分为粗铣和精铣两步进行。粗铣时背吃刀量选择同前，粗铣后留0.5～1 mm的余量，在精铣时去除。

3）当工件表面粗糙度要求 $Ra=0.8\sim3.2\ \mu m$ 时，应分为粗铣、半精铣和精铣三步进行。半精铣时，背吃刀量取1.5～2 mm；精铣时，侧刃铣削的背吃刀量取0.3～0.5 mm，端刃铣削的背吃刀量取0.5～1 mm。

车削加工的背吃刀量是指垂直于进给方向的切削层最大尺寸，一般指工件已加工表面和待加工表面之间的垂直距离。

车削加工的背吃刀量选择原则如下。

1）粗车时，应选择一个尽可能大的背吃刀量，以减少切削次数。

2）精车时，应选用较小的背吃刀量，一般取0.1～0.5 mm，以保证加工精度。

（3）进给量f　铣削加工的进给量f(mm/r)是指刀具转一周，工件与刀具沿进给方向的相对位移量；车削加工的进给量f(mm/r)是指工件转一周，工件与刀具沿进给方向的相对位移量。

铣削加工的进给量计算公式为

$$f = zf_z$$

式中　z——铣刀刀具的刃数；

f_z——每齿进给量。

每齿进给量f_z的选择主要依据工件材料的力学性能、刀具材料和工件表面粗糙度等因素，可参考表3-2选择。工件刚性差或刀具强度低时，应选择较小数值。

表3-2　铣刀每齿进给量参考值

<table>
<tr><th rowspan="3">工件材料</th><th colspan="4">每齿进给量 f_z/mm</th></tr>
<tr><th colspan="2">粗　铣</th><th colspan="2">精　铣</th></tr>
<tr><th>高速钢铣刀</th><th>硬质合金铣刀</th><th>高速钢铣刀</th><th>硬质合金铣刀</th></tr>
<tr><td>钢</td><td>0.10～0.15</td><td>0.10～0.25</td><td rowspan="2">0.02～0.05</td><td rowspan="2">0.10～0.15</td></tr>
<tr><td>铸铁</td><td>0.12～0.20</td><td>0.15～0.30</td></tr>
</table>

车削加工的进给量f(mm/r)可以通过切削用量手册相关表格直接选择。表3-3中是按表面粗糙度选择进给量的参考。表3-4中是硬质合金车刀粗车外圆和端面时的进给量。

表3-3　按表面粗糙度选择进给量的参考

<table>
<tr><th rowspan="3">工件材料</th><th rowspan="3">表面粗糙度 Ra
/μm</th><th rowspan="3">切削速度
/(m/min)</th><th colspan="3">刀尖圆弧半径 r_a/mm</th></tr>
<tr><th>0.5</th><th>1.0</th><th>2.0</th></tr>
<tr><th colspan="3">进给量 f/(mm/r)</th></tr>
<tr><td rowspan="3">铸铁、青铜、铝合金</td><td>5～10</td><td rowspan="3">不限</td><td>0.25～0.40</td><td>0.40～0.50</td><td>0.50～0.60</td></tr>
<tr><td>2.5～5</td><td>0.15～0.20</td><td>0.25～0.40</td><td>0.40～0.60</td></tr>
<tr><td>1.25～2.5</td><td>0.10～0.15</td><td>0.15～0.20</td><td>0.20～0.35</td></tr>
<tr><td rowspan="7">碳钢及合金钢</td><td rowspan="2">5～10</td><td>≤50</td><td>0.30～0.50</td><td>0.45～0.60</td><td>0.55～0.70</td></tr>
<tr><td>>50</td><td>0.40～0.55</td><td>0.55～0.65</td><td>0.65～0.70</td></tr>
<tr><td rowspan="2">2.5～5</td><td>≤50</td><td>0.18～0.25</td><td>0.25～0.30</td><td>0.30～0.40</td></tr>
<tr><td>>50</td><td>0.25～0.30</td><td>0.30～0.35</td><td>0.35～0.50</td></tr>
<tr><td rowspan="3">1.25～2.5</td><td>≤50</td><td>0.10</td><td>0.11～0.15</td><td>0.15～0.22</td></tr>
<tr><td>50～100</td><td>0.11～0.16</td><td>0.16～0.25</td><td>0.25～0.35</td></tr>
<tr><td>≥100</td><td>0.16～0.20</td><td>0.20～0.25</td><td>0.25～0.35</td></tr>
</table>

表 3-4　硬质合金车刀粗车外圆和端面时的进给量

工件材料	车刀刀杆尺寸 $B\times H$/mm×mm	工件直径 /mm	背吃刀量 a_p/mm				
			≤3	>3~5	>5~8	>8~12	12 以上
			进给量 f/(mm/r)				
碳素结构钢和合金结构钢	16×25	20	0.3~0.4	—	—	—	—
		40	0.4~0.5	0.3~0.4	—	—	—
		60	0.5~0.7	0.4~0.6	0.3~0.5	—	—
		100	0.6~0.9	0.5~0.7	0.5~0.6	0.4~0.5	—
		400	0.8~1.2	0.7~1.0	0.6~0.8	0.5~0.6	—
	20×30 25×25	20	0.3~0.4	—	—	—	—
		40	0.4~0.5	0.3~0.4	—	—	—
		60	0.6~0.7	0.5~0.7	0.4~0.6	—	—
		100	0.8~1.0	0.7~0.9	0.5~0.7	0.4~0.7	—
		600	1.2~1.4	1.0~1.2	0.8~1.0	0.6~0.9	0.4~0.6
铸铁及铜合金	16×25	40	0.4~0.5	—	—	—	—
		60	0.6~0.8	0.5~0.8	0.4~0.6	—	—
		100	0.8~1.2	0.7~1.0	0.6~0.8	0.5~0.7	—
		400	1.0~1.4	1.0~1.2	0.8~1.0	0.6~0.8	—
	20×30 25×25	40	0.4~0.5	—	—	—	—
		60	0.6~0.9	0.5~0.8	0.4~0.7	—	—
		100	0.9~1.3	0.8~1.2	0.7~1.0	0.5~0.8	—
		600	1.2~1.8	1.2~1.6	1.0~1.3	0.9~1.1	0.7~0.9

（4）切削速度 v_c　切削速度 v_c 的大小与刀具寿命、进给量和背吃刀量成反比，而与铣刀直径成正比。原因是当 f 和 a_p 增大时，切削刃载荷增加，使切削热增加，刀具磨损加快，从而限制了切削速度的提高。影响切削速度的因素有刀具材料（这是主要的因素之一）、工件材料、刀具寿命、背吃刀量与进给量、刃口形状、切削液和机床性能等。铣削加工的切削速度可参考表 3-5 选样，硬质合金外圆车刀的切削速度可参考表 3-6 选择。

表 3-5　铣削加工的切削速度　（单位：m/min）

工 件 材 料		铸　铁		钢及合金钢		铝及铝合金	
刀具材料		高速钢	硬质合金	高速钢	硬质合金	高速钢	硬质合金
铣	粗铣	10~20	40~60	15~25	50~80	150~200	350~500
	精铣	20~30	60~120	20~40	80~150	200~300	500~800

表 3-6　硬质合金外圆车刀的切削速度

工 件 材 料	热处理状态	a_p=0.3~2 mm	a_p=2~6 mm	a_p=6~10 mm
		f=0.08~0.3 mm/r	f=0.3~0.6 mm/r	f=0.6~1 mm/r
		v_c/(m/min)		
低碳钢/易切钢	热轧	140~180	100~120	70~90

（续）

工 件 材 料	热处理状态	$a_p=0.3\sim2$ mm	$a_p=2\sim6$ mm	$a_p=6\sim10$ mm
		$f=0.08\sim0.3$ mm/r	$f=0.3\sim0.6$ mm/r	$f=0.6\sim1$ mm/r
		v_c/(m/min)		
中碳钢	热轧	130~160	90~110	60~80
	调质	100~130	70~90	50~70
合金结构钢	热轧	100~130	70~90	50~70
	调质	80~110	50~70	40~60
工具钢	退火	90~120	60~80	50~70
灰铸铁	<190HBW	90~120	60~80	50~70
	190~250HBW	80~110	50~70	40~60
高锰钢（锰的质量分数为13%）	—	—	10~20	—
铜及铜合金	—	200~250	120~180	90~120
铝及铝合金	—	300~600	200~400	150~200
铸铝合金（硅的质量分数为13%）	—	100~180	80~150	60~100

切削速度确定以后，可计算机床的主轴转速 n，即

$$n=\frac{1000v_c}{\pi d}$$

式中 n——主轴转速（r/min）；

d——刀具直径（铣削）/工件待加工表面直径（车削）（mm）。

注意：按照上述方法确定的切削用量进行加工，工件的加工质量未必十分理想。因此，切削用量的具体数值还应根据机床性能、相关的手册并结合实际经验来确定，使切削速度、背吃刀量及进给速度三者能互相适应，以形成最佳的切削用量。

3.4 数控加工工艺文件的编制

编写数控加工工艺文件是数控加工工艺分析结果的具体表现。这些工艺文件既是数控加工和产品验收的依据，也是操作者要遵守和执行的规程，同时还是以后产品零件加工生产在技术上的工艺资料的积累和储备。它是编程员在编制数控加工程序单时做出的相关技术文件。目前工艺文件内容和格式尚无统一的国家标准，各企业可根据自身的特点和需求定制出相应的工艺文件。下面介绍几种企业中常用的工艺文件。

3.4.1 数控加工工序卡

数控加工工序卡与普通加工工序卡有较大区别，数控加工一般采用工序集中，每一个加工工序可划分为多个工步，工序卡不仅应包含每一工步的加工内容，还应包含其程序号、所用刀具号、刀具补偿号及切削用量等内容。它不仅是编程员编制程序时必须遵守的基本工艺文件，同时也是指导操作者进行数控机床操作和加工的主要资料。不同的数控机床，数控加工工序卡可采用不同的格式和内容。表3-7是数控车削加工工序卡。

表 3-7　数控车削加工工序卡

零件图号			零件名称		编制日期	
程序号			编制			
工步号	工步内容	刀具号	切削速度/(m/min)	进给量 (mm/r)	背吃刀量/mm	备注

3.4.2　数控加工刀具卡

数控加工刀具卡主要反映数控加工中使用刀具的名称、规格、编号、长度和半径补偿值以及所用刀柄的规格型号等内容。它是机床操作者准备刀具、调整机床以及参数设定的依据。表 3-8 是数控车削加工刀具卡。

表 3-8　数控车削加工刀具卡

零件图号		零件名称		编制日期	
刀具清单		编制			
序号	名称	规格	编号	数量	

3.4.3　数控加工走刀路线图

一般用数控加工走刀路线图来反映刀具具体的运动路线。该图应准确描述刀具从起刀点开始，直到加工结束返回终点的全部运动轨迹。它既是程序编制的基本依据，也是机床操作者了解刀具运动路线（如从哪里进刀和从哪里抬刀等），保证正确的装夹位置，控制夹紧元件的高度，以避免发生碰撞事故的依据。走刀路线图一般可用统一的约定符号来表示（如虚线表示快速进给和实线表示切削进给等），不同的机床可以采用不同的图例与格式。表 3-9是数控铣削凸轮外轮廓的走刀路线图。

表 3-9　数控铣削凸轮外轮廓的走刀路线图

数控加工走刀路线图	零件图号		工序号		工步号		程序号		
机床型号		程序段号		加工内容				共 页	第 页
Y, Z-16, O, Z40, X, Z40								编制	
								校对	
								审批	
符号	⊙	⊗							
含义	抬刀	下切	编程原点	起刀点	走刀方向	走刀线相交	爬斜坡	铰孔	行切

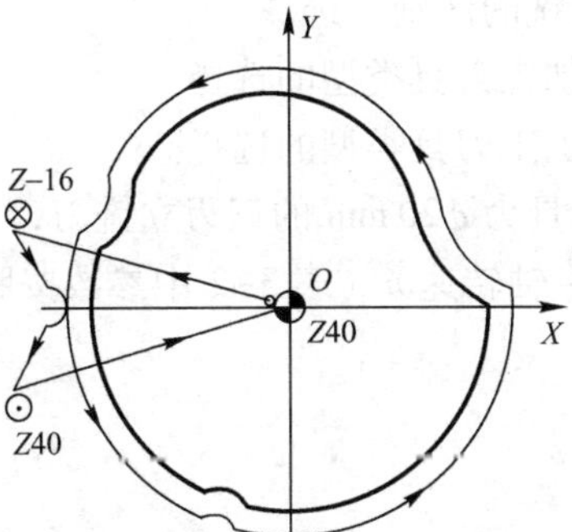

3.4.4 数控加工程序单

数控加工程序单是编程员根据工艺分析情况，经过数值计算，按照数控机床的程序格式和指令代码编制的。它是记录数控加工工艺过程、工艺参数、位移数据的清单以及手动数据输入、实现数控加工的主要依据，同时可帮助操作者正确理解加工程序内容。表3-10是FANUC系统数控铣床加工程序单。

表3-10 FANUC系统数控铣床加工程序单

零件图号		零件名称		编制日期	
程序号			编制		
程序段号	程序内容			程序说明	

复习思考题

3-1 简述数控加工工艺的基本特点。

3-2 简述数控加工工艺的基本内容。

3-3 简述数控加工通常要遵循的原则。

3-4 简述对数控加工刀具的要求。

3-5 简述数控加工中常用的刀具材料。

3-6 简述切削方向对零件表面质量的影响。

3-7 简述轮廓精加工时刀具切入、切出工件的要求。

3-8 简述在确定定位基准与夹紧方案时的注意要点。

3-9 简述数控加工中选用夹具的原则。

3-10 简述数控加工中的切削用量。如何合理选择切削用量?

3-11 简述车削加工的背吃刀量选择原则。

3-12 说明数控加工中，顺铣与逆铣的区别及选择。

3-13 根据图3-11说明数控车削加工刀具类型的选择。

3-14 根据图3-12说明数控铣削加工刀具类型的选择。

3-15 已知在数控铣削加工中，刀具为ϕ20 mm的三刃立铣刀，材料为高速钢，工件材料为铸铁，计算粗加工时的进给量f、主轴转速n（表3-2中参数按照下限选择）。

第4章　数控编程基础

数控机床与普通机床在加工零件时的根本区别在于数控机床是按照事先编制好的加工程序自动完成对零件的加工，而普通机床是由操作者按照工艺规程通过手动操作来完成零件的加工。机床操作者的熟练技巧与普通机床的加工效率和质量关系很大，而数控机床上加工零件的质量与效率，很大程度上取决于所编程序的合理与否。理想的加工程序不仅应保证加工出符合图样要求的合格零件，同时应能使数控机床的功能得到合理应用和充分发挥，以使数控机床能安全可靠及高效工作。

4.1　数控编程基础知识

在程序编制前，编程员应了解所用数控机床的规格、性能和数控系统所具备的功能及编程指令格式等。程序编制时需要对图样规定的技术特性、零件的几何形状、尺寸及工艺要求进行分析，确定加工方法和加工路线，再进行数值计算，获得刀位数据。然后，按数控机床规定采用的代码和程序格式，将零件的尺寸、刀具运动轨迹、位移量、切削参数（主轴转速、刀具进给量和背吃刀量等）以及辅助功能（换刀、主轴正转及反转、切削液开及关等）编制成加工程序。也就是说，零件加工程序是用规定代码来详细描述整个零件加工的工艺过程和机床的每个动作步骤。

4.1.1　数控编程的一般步骤

一般来说，数控机床程序编制过程主要包括分析零件图、工艺处理、数学处理、编写程序单、程序输入、程序检验及首件试切。“数控机床程序编制”就是指由分析零件图到首件试切的全部过程。图4-1所示为数控程序编制的一般步骤。

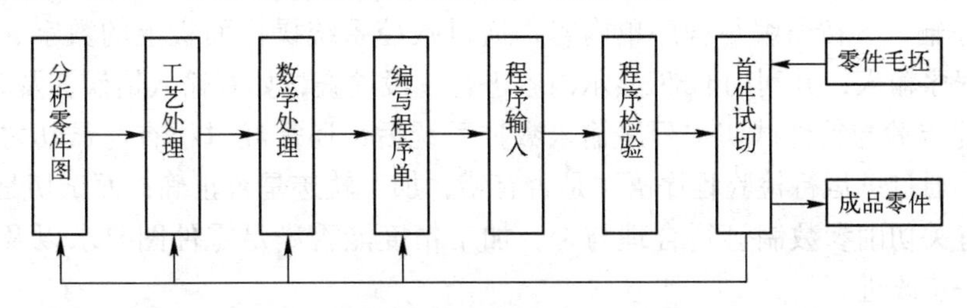

图4-1　数控程序编制的一般步骤

（1）分析零件图和工艺处理　这一步骤的主要内容包括对零件图进行分析以明确加工内容和要求，确定加工方案，选择适合的数控机床，设计夹具，选择刀具，确定合理的走刀路线及切削用量等。普通加工的工艺编制只要考虑大致方案，具体操作细节均由机床操作者根据经验，在现场自行决定，并可随时根据实际加工情况进行改进；而对于数控加工，则必须由编程员预先对零件加工的每一工步均在程序中安排好。整个工艺中的每一细节都应事先确定，并合理安排。它要求编程员熟练掌握编程指令功能、书写格式和键盘输入等基本编程技能，还要全面掌握有关加工工艺，熟悉数控机床的加工特性。

工艺处理涉及问题很多，编程员需要注意以下几点。

1）确定加工方案。此时应考虑数控机床使用的合理性及经济性，充分发挥数控机床的功能。

2）夹具的设计和选择。应特别注意要迅速完成工件的定位和夹紧过程，减少辅助时间。使用组合夹具，生产准备周期短，夹具零件可以反复使用，经济效果好。

3）正确选择工件坐标系原点。也就是建立工件坐标系，确定工件坐标系与机床坐标系的相对尺寸。这主要是针对绝对编程而讲，一般根据图样所标尺寸，便于刀具轨迹和有关几何尺寸计算，并且应考虑零件的几何公差要求，避免产生累积误差。

4）确定机床换刀点。要考虑换刀时，避免刀具与工件及有关部件干涉、碰撞，又要尽量减少换刀时的空行程。

5）选择合理的走刀路线。走刀路线的选择应从下面几个方面考虑。

① 尽量缩短走刀路线，减少空行程，提高生产率。

② 保证加工零件的精度和表面粗糙度的要求。

③ 有利于简化数值计算，减少程序段数量和编制程序工作量。

6）合理选择刀具。应根据工件材料的性能、机床的加工能力、加工工序的类型、切削用量及其他与加工有关的因素来正确选择刀具。

7）确定合理的切削用量。在工艺处理中必须正确确定切削用量。

（2）数学处理　根据零件的几何尺寸、加工路线，计算刀具中心运动轨迹，以获得刀位数据。一般的数控系统均有直线插补和圆弧插补的功能，对于加工由直线和圆弧组成的较简单的平面零件，只需计算出零件轮廓的相邻几何元素的交点或切点的坐标值，得出几何元素的起点、终点和圆心坐标等。当零件图标注尺寸的坐标系与编程所用的坐标系不一致时，需要进行相应换算。

（3）编写程序单　在加工顺序、工艺参数以及刀位数据确定以后，就可以按数控系统规定的代码和程序格式，逐段编写零件加工程序单。

（4）程序输入　按所编写程序单内容，通过数控系统操作面板上的数字、字母和符号键进行逐段程序输入，并利用 CRT 显示内容进行逐段检查，如有输入错误，及时改正。

（5）程序检验与首件试切　程序输入数控系统后，还需经过检查与试切之后，才能进行正式加工。通过试运行检验程序语法是否有错，加工轨迹是否正确；而试切是实际考核其加工工艺及有关切削参数制订得合理与否，加工精度能否满足零件图要求以及加工效率如何，以便进一步改进。

程序检查对于具有刀具轨迹动态模拟显示功能的数控系统比较方便，只要在刀具轨迹动态模拟显示状态下运行所编程序，如果程序存在语法或计算错误，运行中会自动显示出错报警。根据报警号内容，编程员可对相应出错程序段进行检查、修改。

对于经济型数控系统，通常不带有刀具轨迹动态模拟显示功能，可采用关闭伺服驱动功放开关，进行空运行程序来检查所编程序是否有语法错误。

对于试切一般采用单段运行工作方式进行，通过一段一段的运行来检查机床每执行一段程序的动作。对于较复杂的零件，可以采用石蜡、塑料或铝等易切削材料进行试切。

4.1.2 数控编程的方法

（1）在线编程与离线编程 由于电子技术的发展，目前数控系统内的软件存储容量已得到很大的提高，因此，一些编程软件可以直接存入数控系统内，实现所谓的在线编程。操作者可以在机床操作面板上通过键盘进行编程，并利用 CRT 显示实现人机对话，还可以实现刀具轨迹的动态模拟显示，便于检查和修改程序，给调试和加工带来极大的方便。

相比之下，以前硬线连接的数控系统（指前三代，即电子管、晶体管、集成电路）的零件编程需要利用另一台电子计算机，采用专用的数控语言（如 APT）进行编程，得到源程序后再通过计算机内的主信息处理软件和后置处理（简称后处理）软件处理后输出，并制作成控制介质——程序纸带，由程序纸带再来实时控制数控机床加工。所以这种离线编程给程序修改、加工调试带来许多麻烦。

现代的计算机辅助编程也属于离线编程，但它与以前的离线编程是有本质区别的。现代的计算机辅助编程可采用一台专用的数控编程系统为多台数控机床编制程序，编程时不会占用各台数控机床的工作时间，并且专用数控编程系统的功能往往多而强，同时还可作为数控编程培训的实验教学设备。

（2）手工编程与计算机辅助编程

1）手工编程。由人工完成零件图分析、工艺处理、数学计算、编写程序单，直到程序输入、检查的全过程，称为手工编程。目前，大部分采用 ISO 标准代码书写。手工编程适用于点位加工或几何形状不太复杂的零件，即二维或不太复杂的三维加工、程序段不多、坐标计算简单、程序编制易于实现的场合。这时，手工编程显得经济而且及时。

对于几何形状复杂，尤其是需用三轴以上联动加工的空间曲面组成的零件，编程时数学计算烦琐、所需时间长且易出错、程序检查困难，用手工编程难以完成。据有关统计表明，对于这样的零件，编程时间与加工时间之比平均约为 30∶1。所以，为了缩短生产周期，提高数控机床的利用率，有效解决各种模具及复杂零件的加工问题，必须想办法提高编程的效率，即采用计算机辅助编程。

2）计算机辅助编程。所谓计算机辅助编程就是使用计算机或编程机，完成零件编程的过程，也可称为自动编程。计算机辅助编程分类如图 4-2 所示。

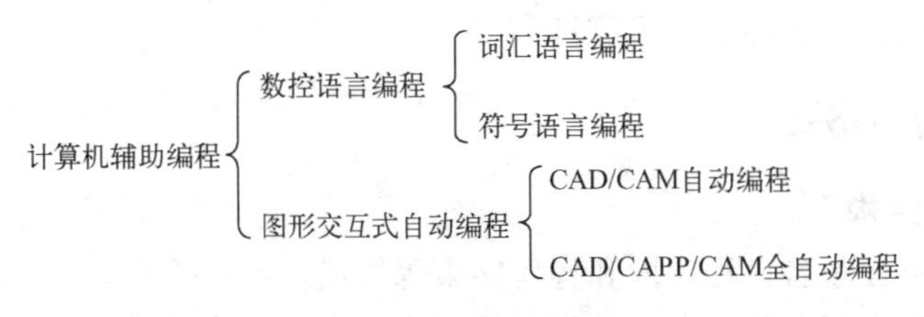

图 4-2 计算机辅助编程分类

① 数控语言编程。它是由编程员根据零件图和有关加工工艺要求，用一种专用的数控编程语言来描述整个零件加工过程，即零件加工源程序。然后将源程序输入计算机中，由计算机进行编译（也称为前置处理，简称前处理），计算刀具轨迹，最后由与所用数控机床相对应的后处理程序进行后处理，自动生成相应的数控加工程序。

最典型的数控语言 APT，是最早由美国麻省理工学院电子系研究开发，于 1953 年首先推出 APT – I 语言系统。1958 年，美国航空空间协会（AIA）组织了十多家航空工厂，在麻省理工学院协助下，进一步开发产生了 APT – Ⅱ 语言系统。1962 年又完成了可解决三维编程的 APT – Ⅲ语言系统。在此之后又经过进一步完善、充实，于 1970 年推出了 APT – Ⅳ语言系统，后来又发展为 APT – Ⅴ语言系统。

APT 语言系统是世界上发展最早、功能齐全，也是当今使用较为广泛的数控语言编程系统。但由于该系统庞大，使用时需要大型计算机，费用昂贵，使其推广使用受到一定的限制。所以，各厂家和研究单位根据用户的不同需要，借助 APT 语言的思想体系，先后开发出许多具有各自特点的数控编程系统，如美国的 ADAPT、AUTOSPOT，德国的 EXAPT，英国的 2CL，日本的 FAPT，中国的 SKC、2CX 等计算机辅助编程系统。

数控语言编程为当时解决多坐标数控机床加工曲面提供了有效的方法。由于当时计算机的图形处理功能不强，因而必须在 APT 源程序中用语言的形式来描述本来十分直观的几何图形信息及加工过程，再由计算机处理生成加工程序。这种编程方法直观性差，编程过程比较复杂，不易掌握，并且不便于进行阶段性检查。随着计算机技术的发展，计算机图形处理功能已有了极大的增强，因此产生了“图形交互式自动编程”。

② 图形交互式自动编程。图形交互式自动编程是利用计算机辅助设计（CAD）软件的图形编辑功能，将零件的几何图形绘制到计算机上，然后调用计算机内相应的数控编程模块，进行刀具轨迹处理，由计算机自动对零件加工轨迹的每一节点进行数学处理，从而生成刀位文件，再经过相应的后处理，自动生成数控加工程序，同时在计算机上动态地显示其刀具的加工轨迹图形。

图形交互式自动编程系统极大地提高了数控编程的效率，使从设计到编程实现了 CAD/CAM 集成，为实现计算机辅助设计（CAD）和计算机辅助制造（CAM）一体化，建立了必要的桥梁作用。因此图形交互式自动编程是目前国内外在实施 CAD/CAM 中普遍采用的数控编程方法。因此，图形交互式自动编程也习惯地被称为 CAD/CAM 自动编程。

随着计算机辅助工艺（CAPP）过程设计技术的发展，在先进制造技术领域中，对数控编程又提出了 CAD/CAPP/CAM 集成的全自动编程。它与 CAD/CAM 自动编程的最大区别是其编程所需的加工工艺参数，不必由编程员通过键盘手工输入，而是直接从系统内部的 CAPP 数据库获得有关工艺信息。这样不仅使计算机编程过程中减少了许多人工干预，并且使所编程序更加合理、工艺性好、可靠性高。

4.1.3 程序结构与格式

1. 加工程序的结构

加工程序主要由程序名、程序段和程序结束等组成。

在加工程序的开头要有程序名，以便进行程序检索。程序名就是给零件加工程序起一个名称，以区别于其他加工程序。例如：FANUC O – MD 系统规定其程序名由字母 O 加四位数字组成，如 O2213、O9901 等；西门子 802D 系统规定其程序名开始两位必须为字母，后面跟不超过十四位的字母、数字或下划线，如 XLX10、LCY199、MPATUL 等都是合法的程序名。

程序段由程序段号、若干功能字和程序段结束符组成，是构成程序的主体。它表示数控机床为完成某一特定动作或一组操作而需要的全部指令。

程序结束表示零件加工程序的结束，可用辅助功能代码 M02、M30 或 M99（子程序结束）来结束零件加工。

例如：

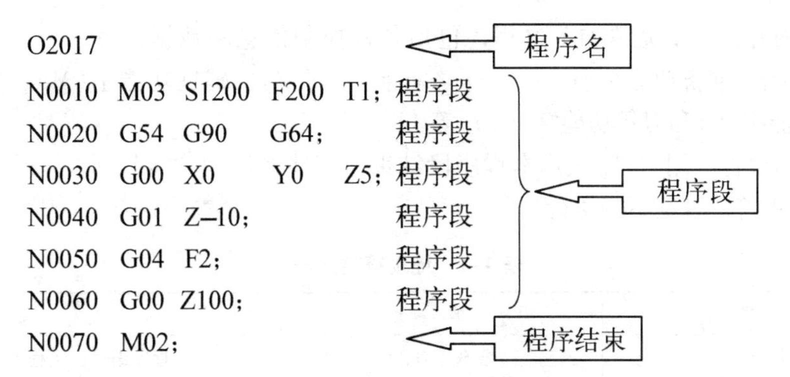

2. 程序段格式

程序段格式是指在同一个程序段中关于字母、数字和符号等各个信息代码的排列顺序和含义的规定表示方法。数控机床有以下三种程序段格式。

（1）固定顺序程序段格式　在这种格式中，各字无地址码，字的顺序即为地址的顺序，各字的顺序及字符行数是固定的，任何一个数字即使是“0”也不能省略，所以各程序段长度都一样。这种格式的控制系统简单，但编程不直观，应用较少。

（2）表格顺序程序段格式　在这种格式中，各字间用分隔符隔开，以表示地址的顺序。由于有分隔符，不需要的字或与上一程序段相同的字可以省略，但必须保留相应的分隔符，因此各程序段的分隔符数目相同。这种格式较上一种格式清晰，易于检查和核对，常用于功能不多的数控系统，如线切割机床和某些数控铣床等。

（3）文字地址程序段格式　它简称为字地址格式。在这种格式中，每个坐标轴和各种功能都是用表示地址的字母（表 4-1）和数字组成的特定功能字来表示，而在一个程序段内，坐标字和各种功能字按一定顺序排列（也可以不按顺序排列），根据实际需要一个程序段可长可短。这种格式编程直观灵活，便于检查，广泛应用于车、铣等数控机床。

在上述三种程序段格式中，目前应用最广泛的是文字地址程序段格式。现对其具体格式进行说明。

加工程序的主体是由若干程序段组成，而每个程序段由程序段号、程序内容（若干功能字）和程序段结束符构成。

例如：

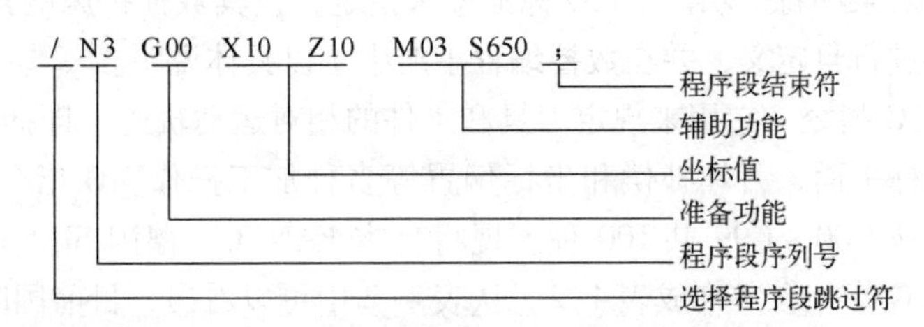

1）选择程序段跳过符。在程序段中表示该程序段将被选择性跳过，只要通过控制面板或软键开关激活“跳过有效”功能，则程序中被标识了“选择程序段跳过符”的程序段将

被跳过不执行。

2）程序段序列号。它也称为程序段号，用以识别和区分程序段的标号，不是所有程序段都要有标号，但有标号便于查找。对于跳转程序来说，必须有程序段号，程序段号与执行顺序无关。

3）程序内容。一个完整加工过程，包括各种控制信息和数据，由一个以上功能字组成。功能字包括。准备功能字(G)，坐标功能字(X、Y、Z)，辅助功能字(M)，进给功能字(F)，主轴功能字(S)和刀具功能字（T）等。

4）程序结束符。用“;”表示本程序段结束，有些系统用“＊”或“LF”，任何程序段都必须有结束符，否则不能执行。

表4-1 地址符定义表

功能	地址	意义
程序号	%、O、P	程序编号，子程序的指定
顺序号	N	程序段号
准备功能	G	指令动作方式
坐标功能	X、Y、Z	坐标轴的移动指令
	I、J、K	圆弧中心坐标
	U、V、W	附加轴的移动
	A、B、C	旋转指令
进给功能	F	进给速度指令
主轴功能	S	主轴旋转速度指令
刀具功能	T	刀具编号指令
辅助功能	M、B	机床开/关指令，指定工作台分度等
补偿号	H、D	刀具长度、半径补偿指令
暂停	P、X	暂停时间指令
重复次数	L	子程序及固定循环的重复次数
圆弧半径	R	圆弧半径指令

4.1.4 功能字

零件程序所用的指令主要有准备功能G指令、进给功能F指令、主轴功能S指令、刀具功能T指令和辅助功能M指令。一般数控系统中常用的G功能和M功能都与国际ISO标准中的功能一致。对某些特殊功能，ISO标准中未指定，按其数控机床的控制功能要求，数控生产厂家按需要进行自定义，并在数控编程手册中予以具体说明。

(1) 准备功能G指令　它用来规定刀具和工件的相对运动轨迹（即插补功能指令）、机床坐标系、插补坐标平面、刀具补偿和坐标偏置等多种加工操作。G指令由字母G和后继的两位数字组成，从G00～G99共100种。现将日本FANUC、德国SIEMENS和美国A－B公司的数控系统的G指令含义列成表4-2。从表4-2中可以看出，目前国际上实际使用的G功能字，其标准化程度较低，只有G01～G04、G17～G19、G40～G42的含义在各系统中基本相同。这说明，在编程时必须遵照数控机床说明书编制程序。

G 指令有两种：即非模态指令和模态指令（续效代码）。

1）非模态指令。这种 G 指令只在被指定的程序段执行时才起作用，如 G04 指令。

2）模态指令。这种指令一旦在一个程序段中指定，便保持有效到以后的程序段中，直到出现同组的另一指令时才失效，如 G00、G01、G02、G03 指令。

使用时应注意以下几点。

① 在某一程序段中一旦使用某一模态 G 指令，如果其后续的程序段中还有相同功能的操作，且没有出现过同组的其他指令，则在后续的程序段中可以不再指定和书写这一功能指令。

② 不同组的 G 指令，在同一程序段中可以指定多个。

③ 如果在同一程序段中指定了两个或两个以上的同一组 G 指令，则最后指定的 G 指令有效。

一般在 G 指令后还需用 X、Y、Z 等字母和具体数字来表示相应的尺寸、规格等设定值，所跟字母的含义见表 4-1，具体用法见 4.2 和 4.3 节的应用说明。

表 4-2 准备功能 G 指令

G 指令	日本 FANUC oi 系统	德国 SIEMENS 810 系统	美国 A－B 公司 8400MP 系统
G00	快速点定位	快速点定位	快速点定位
G01	直线插补	直线插补	直线插补
G02	顺时针圆弧插补	顺时针圆弧插补	顺时针圆弧插补
G03	逆时针圆弧插补	逆时针圆弧插补	逆时针圆弧插补
G04	暂停	暂停	暂停
G05	—	—	圆弧相切
G06	—	—	—
G07	—	—	—
G08	—	—	—
G09	准确停止	—	—
G10	数据设置	同步	刀具寿命内
G11	数据设置取消	—	刀具寿命外
G12 ~ G16	—	—	—
G17	*OXY* 平面选择	—	*OXY* 平面选择
G18	*OZX* 平面选择	—	*OZX* 平面选择
G19	*OYZ* 平面选择	—	*OYZ* 平面选择
G20	英制输入	—	直径指定
G21	米制输入	—	半径指定
G22	行程检查功能打开	—	螺旋线插补
G23	行程检查功能关闭	—	—
G24 ~ G26	—	—	—
G27	参考点返回校验	—	外腔铣削

（续）

G 指令	日本 FANUC oi 系统	德国 SIEMENS 810 系统	美国 A－B 公司 8400MP 系统
G28	自动返回参考点	—	—
G29	从参考点移出	—	执行最后自动循环
G30～G31	—	—	镜像设置/注销
G32	—	—	—
G33	螺纹切削	等螺距螺纹切削	单遍螺纹切削
G34	—	增螺距螺纹切削	增螺距螺纹切削
G35	—	减螺距螺纹切削	减螺距螺纹切削
G36～G39	—	—	自动螺纹加工等
G40	刀具半径补偿注销	刀具半径补偿注销	刀具半径补偿注销
G41	刀具半径补偿－左	刀具半径补偿－左	刀具左补偿
G42	刀具半径补偿－右	刀具半径补偿－右	刀具右补偿
G43	刀具长度正补偿	—	—
G44	刀具长度负补偿	—	—
G45	—	—	夹具偏移
G46	—	—	双正轴暂停
G47	—	—	动态 *Z* 轴 DRO 方式
G48	—	—	—
G49	取消长度补偿	—	—
G50	比例缩放取消	—	M 码定义输入
G51	比例缩放	—	—
G52	局部坐标系设定	—	—
G53	机械坐标系选择	附加零点偏移	—
G54	工件坐标系 1 选择	零点偏置 1	—
G55	工件坐标系 2 选择	零点偏置 2	探测限制
G56	工件坐标系 3 选择	零点偏置 3	零件探测
G57	工件坐标系 4 选择	零点偏置 4	圆孔探测
G58	工件坐标系 5 选择	—	刀具探测
G59	工件坐标系 6 选择	—	PAL 变量赋值
G60	单向定位	准停	软件限位有效
G61	准确停止方式	—	软件限位无效
G62	自动拐角倍率	—	进给速率修调禁止
G63	攻螺纹方式	—	—
G64	切削方式	—	—
G65	用户宏指令命令	—	—
G66～G69	—	—	—
G70	—	英制	英制

（续）

G 指令	日本 FANUC oi 系统	德国 SIEMENS 810 系统	美国 A－B 公司 8400MP 系统
G71	—	米制	米制
G72	—	—	零件程序放大/缩小
G73	深扎钻削循环	—	点到点插补
G74	反攻螺纹循环	—	工件旋转
G75 ~ G79	—	—	型腔循环等
G80	固定循环注销	固定循环注销	自动循环中止
G81 ~ G89	钻/攻螺纹/镗固定循环	钻/攻螺纹/镗固定循环	自动循环
G90	绝对值编程	绝对尺寸	绝对值编程
G91	增量值编程	增量尺寸	增量值编程
G92	工件坐标系设定	主轴转速极限	设置编程零点
G93	—	—	—
G94	每分钟进给	每分钟进给	设置旋转轴速率
G95	每转进给	每转进给	IPR/MMPN 进给
G96	转速恒定控制	恒线速	CCS
G97	转速恒定控制取消	注销 G96	RPM 编程
G98	固定循环中返回初始平面	—	ACC/DEC 禁止
G99	固定循环中返回 *R* 平面	—	取消预置寄存

（2）进给功能 F 指令　它用来指定各运动坐标轴及其任意组合的进给量或螺纹导程。该指令是续效代码，一般有两种表示方法。

1）代码法。即 F 后跟两位数字，这些数字不直接表示进给速度的大小，而是机床进给速度数列的序号，进给速度数列可以是算术级数，也可以是几何级数。

2）直接指定法。即 F 后跟的数字就是进给速度大小，如 F100 表示进给速度是 100 mm/min。这种指定方法较为直观，因此现在大多数机床均采用这一指定方法。按数控机床的进给功能，它也有两种速度表示法。

① 切削进给速度（每分钟进给量）。以每分钟进给距离的形式指定刀具切削进给速度，用 F 字母和它后继的数值表示。对于直线轴，如 F1500 表示进给速度是 1500 mm/min；对于回转轴，如 F12 表示进给速度为 12°/min。

② 同步进给速度（每转进给量）。同步进给速度是主轴每转进给量规定的进给速度，如 0.01 mm/r。只有主轴上装有位置编码器的机床，才能实现同步进给速度。

（3）主轴功能 S 指令　该指令也是续效代码，用来指定主轴转速，用字母 S 和它后继的 2 ~ 4 位数字表示。有恒转速（r/min）和表面恒线速（m/min）两种方式。主轴的转向要用辅助指令 M03（正向）、M04（反向）指定，停止用 M05 指令。对于有恒线速控制功能的机床，还要用 G96 或 G97 指令配合 S 代码来指定主轴的速度。G96 为恒线速控制指令，如 G96 S200 表示切削速度 200 m/min；G97 S2000 表示注销 G96，主轴转速为 2000 r/min。

（4）刀具功能 T 指令　在自动换刀的数控机床中，该指令用来选择所需的刀具，同时也用来表示选择刀具偏置和补偿。T 指令由地址符 T 和后继的 2 ~ 4 位数字组成，如 T18 表示换刀时选择18号刀具。如用作刀具补偿时，T18是指按18号刀具事先所设定的数据进行补偿。若用四位数码指令时，如T0102，则前两位数字表示刀具号，后两位数字表示刀补号。由于不同数控系统有不同的指定方法和含义，具体应用时应参照所用数控机床说明书中的有关规定进行。

（5）辅助功能M指令　辅助功能指令也有M00～M99共100种，见表4-3。M指令也有模态指令与非模态指令之分。现将常用的M指令功能解释如下。

M00——程序停止指令。在执行完含有M00的程序段后，机床的主轴、进给及切削液都自动停止。该指令用于加工过程中测量工件的尺寸、工件调头和手动变速等固定操作。当程序运行停止时，全部现存的模态信息保持不变，操作完成后，重按“启动”键，便可继续执行后续的程序。

M01——计划（任选）停止指令。该指令与M00基本相似，所不同的是：只有在“任选停止”键被按下时，M01才有效，否则机床仍不停地继续执行后续的程序段。该指令常用于工件关键尺寸的停机抽样检查等情况，当检查完成后，按“启动”键继续执行以后的程序。

M02——程序结束指令。当全部程序结束后，用此指令使主轴、进给和冷却全部停止，并使机床复位。该指令必须出现在程序的最后一个程序段中。

M03——主轴正转指令。主轴正转是指从主轴往 $+Z$ 方向看去，主轴顺时针方向旋转。

M04——主轴反转指令。主轴反转是指从主轴往 $+Z$ 方向看去，主轴逆时针方向旋转。

M05——主轴停止指令。主轴停止是在该程序段其他指令执行完成后才能停止，一般在主轴停止的同时，进行制动和关闭切削液。

M06——换刀指令。它常用于加工中心机床刀库换刀前的准备动作。

M07——1号切削液（液状）开（冷却泵起动）指令。

M08——2号切削液（雾状）开（冷却泵起动）指令。

M09——切削液关（冷却泵停止）指令。

M10、M11——工件的夹紧与松开指令。

M19——主轴定向停止指令。指令主轴准停在预定的角度位置上，用于加工中心换刀前的准备。

M30——纸带结束指令。在完成程序段的所有指令后，使主轴进给、切削液停止，机床复位。虽与M02相似，但M30可使纸带返回到起始位置。

M98——调用子程序指令。

M99——子程序返回指令。

表4-3　辅助功能M指令

指令	功能开始时间		功能保持到被注销或被适当的指令代替	功能仅在所出现的程序段内有作用	功能
	与程序段指令运动同时开始	在程序段指令运动完成后开始			
M00		#		#	程序停止
M01		#		#	计划停止

（续）

指令	功能开始时间		功能保持到被注销或被适当的指令代替	功能仅在所出现的程序段内有作用	功能
	与程序段指令运动同时开始	在程序段指令运动完成后开始			
M02		#		#	程序结束
M03	#		#		主轴正转
M04	#		#		主轴反转
M05		#	#		主轴停止
M06	#	#		#	换刀
M07	#		#		1 号切削液开
M08	#		#		2 号切削液开
M09		#	#		切削液关
M10	#	#	#		夹紧
M11	#	#	#		松开
M12	#	#	#	#	不指定
M13	#		#		主轴正转，切削液开
M14	#		#		主轴反转，切削液开
M15	#			#	正运动
M16	#			#	负运动
M17 ~ M18	#	#	#	#	不指定
M19		#	#		主轴定向停止
M20 ~ M29	#	#	#	#	永不指定
M30		#		#	纸带结束
M31	#	#		#	互锁旁路
M32 ~ M35	#	#	#	#	不指定
M36	#		#		进给范围 1
M37	#		#		进给范围 2
M38	#		#		主轴速度范围 1
M39	#		#		主轴速度范围 2
M40 ~ M45	#	#	#	#	如有需要作为齿轮换档，此外不指定
M46 ~ M47	#	#	#	#	不指定
M48		#	#		注销 M49
M49	#		#		进给率修正旁路
M50	#		#		3 号切削液开
M51	#		#		4 号切削液开
M52 ~ M54	#	#	#	#	不指定
M55	#		#		刀具直线位移，位置 1

（续）

指令	功能开始时间		功能保持到被注销或被适当的指令代替	功能仅在所出现的程序段内有作用	功能
	与程序段指令运动同时开始	在程序段指令运动完成后开始			
M56	#		#		刀具直线位移，位置 2
M57 ~ M59	#	#	#	#	不指定
M60		#		#	更换工件
M61	#		#		工件直线位移，位置 1
M62	#		#		工件直线位移，位置 2
M63 ~ M70	#	#	#	#	不指定
M71	#		#		工件角度位移，位置 1
M72	#		#		工件角度位移，位置 2
M73 ~ M89	#	#	#	#	不指定
M90 ~ M99	#	#	#	#	永不指定

注：1. #号表示：如选作特殊用途，必须在程序格式说明中说明。

2. M90 ~ M99 可指定为特殊用途。

4.1.5 坐标系

1. 坐标轴和运动方向的规定

数控机床坐标轴和运动方向，应有统一规定，并共同遵守，这样将给数控系统和机床的设计、程序编制和使用维修带来极大的便利。

（1）坐标轴和运动方向

1）刀具相对于静止的工件运动的原则。即永远假定刀具相对于静止的工件运动。这一原则使编程员能够在不知道刀具运动还是工件运动的情况下确定加工工艺，并且只要依据零件图即可进行数控加工程序编制。这一假定使编程工作有了统一的标准，无须考虑数控机床各部件的具体运动方向。

2）机床坐标系的规定。为了确定机床上的成形运动和辅助运动，必须先确定机床上运动的方向和运动的距离，这就需要一个坐标系，这个坐标系就称为机床坐标系。

① 机床坐标系的规定。标准的机床坐标系是一个右手笛卡尔坐标系，如图 4-3 所示，规定了 X、Y、Z 三个直角坐标轴的方向。这个坐标系的各个坐标轴与机床的主要导轨平行。根据右手螺旋定则，可以确定出 A、B、C 三个旋转坐标轴的方向。

② 运动方向的确定。数控机床某一部件运动的正方向规定为增大刀具与工件之间距离的方向。但此规定在应用时是以刀具相对于静止的工件而运动为前提条件的。也就是说这一规定可以理解为：刀具离开工件的方向便是机床某一运动的正方向。

（2）直线进给和圆周进给运动坐标系

1）直线进给运动坐标系。一个直线进给运动或一个圆周进给运动定义一个坐标轴。在 ISO 和 EIA 标准中都规定直线进给运动的直角坐标系用 X、Y、Z 表示，常称为基本坐标系。

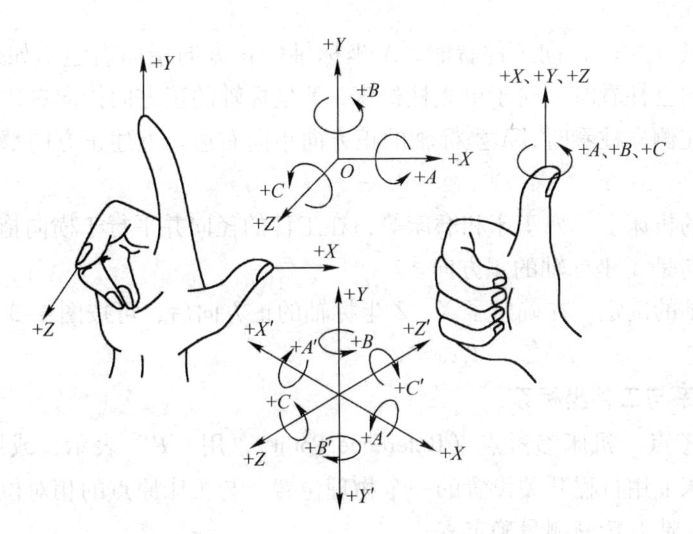

图4-3　右手笛卡尔坐标系

X、Y、Z 坐标轴的相互关系用右手定则决定。如图 4-3 所示，大拇指的指向为 X 轴的正方向，食指指向为 Y 轴的正方向，中指指向为 Z 轴的正方向。

2）圆周进给运动坐标系。围绕 X、Y、Z 轴旋转的圆周进给坐标轴分别用 A、B、C 表示。根据右手螺旋定则，如图 4-3 所示，以大拇指指向 +X、+Y、+Z 方向，则食指、中指等的指向是圆周进给运动的 +A、+B、+C 方向。

数控机床的进给运动，有的是由刀具运动来实现的，有的是由工作台带着工件运动来实现的。上述坐标轴正方向，是假定工件不动，刀具相对于工件做进给运动的方向。如果是工件移动则用加“′”的字母表示，按相对运动的关系，工件运动的正方向恰好与刀具运动的正方向相反，即有

$$+X = -X',\quad +Y = -Y',\quad +Z = -Z'$$

$$+A = -A',\quad +B = -B',\quad +C = -C'$$

同样，两者运动的负方向也相反。

如果在基本的直角坐标系 X、Y、Z 之外，另有轴线平行于它们的坐标系，则附加的直角坐标系指定为 U、V、W 和 P、Q、R。这些附加坐标系的运动方向，可按确定基本坐标系运动方向的办法来确定。

（3）Z 坐标轴的确定　规定平行于主轴轴线的坐标轴为 Z 坐标轴。对于没有主轴的机床（如数控龙门刨床），则规定垂直于工件装夹面的坐标轴为 Z 坐标轴。

如果机床上有几根主轴，可选垂直于工件装夹面的一根轴作为主要主轴，Z 坐标轴则平行于主要主轴的轴线。

如主轴能摆动，在摆动范围内只与基本坐标系中的一个坐标轴平行时，则这个坐标轴就是 Z 坐标轴。如摆动范围内能与基本坐标系中的多个坐标轴平行，则取垂直于工件装夹面的方向作为 Z 坐标轴的方向。

Z 坐标轴的正方向是使刀具远离工件的方向。对于钻、镗加工，钻入或镗入工件的方向是 Z 坐标轴的负方向。

（4）X 坐标轴的确定　在刀具旋转的机床上，如铣床、钻床和镗床等，若 Z 坐标轴是

水平的，则从刀具（主轴）向工件看时，*X* 坐标轴的正方向指向右边。如果 *Z* 坐标轴是垂直的，则从主轴向立柱看时，对于单立柱机床，*X* 坐标轴的正方向指向右边；对于双立柱机床，当从主轴向左侧立柱看时，*X* 坐标轴的正方向指向右边。上述正方向都是刀具相对工件运动而言的。

在工件旋转的机床上，如车床和磨床等，在工件的径向并平行于横向拖板，刀具离开工件旋转中心的方向是 *X* 坐标轴的正方向。

（5）*Y* 坐标轴的确定　在确定了 *X*、*Z* 坐标轴的正方向后，可按图 4-3 所示方法来确定 *Y* 坐标轴的正方向。

2. 机床坐标系与工件坐标系

（1）机床参考点　机床参考点（Reference Point），用“*R*”表示，或用⊕表示。它是机床制造商在机床上用行程开关设置的一个物理位置，与机床原点的相对位置是固定的，机床出厂前由机床制造商精密测量确定。

设置机床参考点的目的是机床通过回参考点的操作建立机床坐标系的绝对零点（机床原点），所以要求有较高的重复定位精度。为此机床回参考点时需要通过三级降速定位的方式来实现。它的工作原理和过程是在进行手动回参考点时，进给坐标轴首先快速趋近到机床的某一固定位置，使撞块碰上行程开关，根据开关信号进行降速，实现机械粗定位，即系统接收到行程开关常开触点的接通信号时，开始降速，等到走完机械撞块这段行程，行程开关的常开触点又脱开时，系统再进一步降速，当走到伺服系统位置检测装置中的绝对零点时才控制电动机停止，即实现电气检测精定位。

（2）机床原点与机床坐标系　现代数控机床一般都有一个基准位置，称为机床原点（Machine Origin）或机床绝对原点（Machine Absolute Origin）。它是机床制造商设置在机床上的一个物理位置，其作用是使机床与控制系统同步，建立测量机床运动坐标的起点，一般用“M”表示，或用⊕表示。

机床原点对应的坐标系称为机床坐标系。它是固定不变的，是最基本的坐标系，是在机床返回参考点后建立起来的，一旦建立，除了受断电影响外，不受程序控制和新设定坐标系影响。通过给机床参考点赋值可以给出机床坐标系的原点位置，也有少数机床把机床参考点和机床坐标系原点重合。

（3）工件原点和工件坐标系　编程员在数控编程过程中定义在工件上的几何基准点，有时也称为工件原点（Part Origin），用“*W*”表示，或用⊕表示。

工件坐标系是编程员在编程时使用的，由编程员在图样上的工件原点所建立的坐标系，编程尺寸都按工件坐标系中的尺寸确定。在加工时，工件随夹具在机床上安装后，测量工件原点与机床原点之间的距离（通过测量某些基准面、线之间的距离来确定），这个距离称为工件原点偏置，如图 4-4 所示。该偏置值需预存到数控系统中，在加工时，工件原点偏置值便能自动加到工件坐标系上，使数控系统可按机床坐标系确定加工时的坐标值。因此，编程员可以不必考虑工件在机床上的安装位置和安装精度，而利用数控系统的原点偏置功能，通过工件原点偏置值，来补偿工件在工作台上的装夹位置误差，使用起来十分方便。现在大多数数控机床均有这种功能。

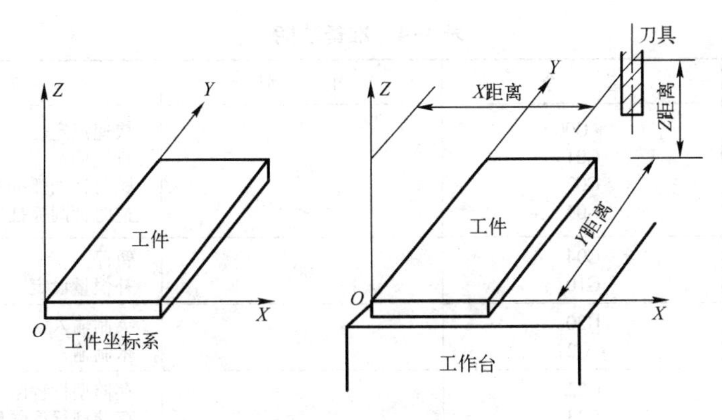

图 4-4　工件原点偏置

4.2　数控车床编程

数控车床加工零件均为回转体类零件，其毛坯大多为圆棒料。一般通过手工编程配合粗加工循环均可满足编程需求，因此在实际生产中常规数控车床的手工编程应用较为广泛。不同的数控车床，其编程指令基本相同，但也有个别的指令定义有所不同，本节重点介绍数控车床编程中常用的编程指令。

4.2.1　数控车床编程特点

数控车床的编程与数控铣床有相同之处，但由于两者在切削原理方面存在差异，因此数控车床在编程方面有自己的特点。

1）一般用 G50 准备功能完成工件坐标系设定。

2）一个程序段中，根据图样标注尺寸，可以采用绝对编程方式（X、Z）、增量编程方式（U、W）或者两者混合编程。

3）由于工件的径向尺寸在图样上和实际测量时，都是以直径值表示，所以，一般采用直径编程。即直径方向用绝对方式编程时，X 值以直径值表示；用增量方式编程时，以直径方向实际位移量的两倍值表示，并带上方向符号。

4）为了提高工件的径向尺寸精度，X 方向的脉冲当量取 Z 方向的一半。

5）数控车床上毛坯常用棒料或铸、锻件，因此加工余量大，一般需要多次循环加工，才能去除全部余量。为了简化编程，数控系统提供不同形式的固定循环功能，以缩短程序段的长度，减少程序所占内存。

4.2.2　数控车床系统功能

数控机床加工中的动作在加工程序中用指令的方式予以规定，其中包括准备功能 G、辅助功能 M、主轴功能 S、刀具功能 T 和进给功能 F 等。由于现在的数控系统种类较多，指令尚未统一，因此，编程员在编程前必须充分了解所用数控系统的功能，并详细阅读编程说明书，以免发生错误。

下面以 FANUC 6T 系统为例进行介绍。

（1）准备功能（表 4-4）

表 4-4　准备功能

序　号	指　令	组　别	功　能
1 2 3 4	* G00 G01 G02 G03	01	快速点定位 直线插补 顺时针圆弧插补 逆时针圆弧插补
5 6	G04 G10	00	暂停 补偿量设定
7 8	G20 * G21	02	英制输入 米制输入
9 10	G22 G23	09	存储型行程限位接通 存储型行程限位断开
11 12 13	G27 G28 G29	00	返回参考点检验 自动返回参考点 从参考点返回
14 15 16	G32 G36 G37	01	单行程螺纹切削 自动刀具补偿 *X* 自动刀具补偿 *Y*
17 18 19	* G40 G41 G42	07	刀尖半径补偿取消 刀尖半径左补偿 刀尖半径右补偿
20 21 22 23 24 25 26 27	G50 G70 G71 G72 G73 G74 G75 G76	00	坐标系设定，最高主轴转速限制 精车循环 粗车外圆复合循环 粗车端面复合循环 固定形状粗加工复合循环 *Z* 向深孔钻削循环 外圆切槽复合循环 螺纹切削复合循环
28 29	G90 G92	01	单一形状固定循环 螺纹切削循环
30 31	G96 * G97	02	主轴恒线速控制 取消主轴恒线速控制
32 33	G98 * G99	05	每分钟进给量 每转进给量

注：00 组的 G 指令为非模态指令，其他均为模态指令；标有 * 的 G 指令为系统通电后状态。

（2）辅助功能（表 4-5）

表 4-5　辅助功能

序　号	指　令	功　能	序　号	指　令	功　能
1	M00	程序停止	7	M08	切削液开
2	M01	选择停止	8	M09	切削液关
3	M02	程序结束	9	M10	车螺纹 45°退刀
4	M03	主轴正转	10	M11	车螺纹直退刀
5	M04	主轴反转	11	M12	误差检测
6	M05	主轴停止	12	M13	误差检测取消

（续）

序　号	指　令	功　能	序　号	指　令	功　能
13	M19	主轴准停	16	M98	调用子程序
14	M20	ROBOT 工作起动	17	M99	子程序返回
15	M30	纸带结束			

（3）进给功能　它指定进给速度，由地址 F 和后面的数字组成。

1）每转进给（G99）。在一条含有 G99 的程序段后面，再遇到 F 指令时，则认为 F 所指定的进给速度单位为 mm/r。系统通电后状态为 G99 状态，只有输入 G98 指令后，G99 才被取消。例如：F0. 25，即指进给速度为 0. 25 mm/r。

2）每分钟进给（G98）。在一条含有 G98 的程序段后面，再遇到 F 指令时，则认为 F 所指定的进给速度单位为 mm/min。G98 被执行一次后，系统将保持 G98 状态，直到被 G99 取消为止。例如：F20. 54，即指进给速度为 20. 54 mm/min。

（4）刀具功能　它指示数控系统进行选刀或换刀。用地址 T 和后面的数字来指定刀具号和刀具补偿。数控车床上一般采用如下形式。

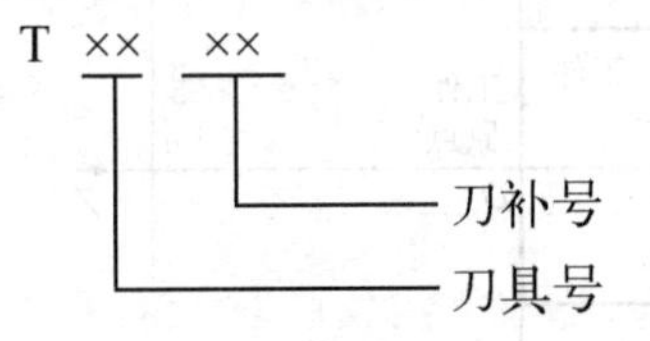

如　N1　G50 X100. 0 Z175. 0；
　　N2　S600 M03；
　　N3　T0304；　　　　　　3 号刀具，4 号刀补
　　N4　G01 Z60. 0 F30；
　　N5　T0000；　　　　　　3 号刀补取消

（5）主轴功能

1）主轴最高转速限定 G50。G50 除了有坐标系设定功能外，还有限定主轴最高转速的功能，即用 S 指定的数值限定主轴每分钟最高转速。

例如：G50　S2000 表示把主轴最高转速限定为 2000 r/min。

2）主轴恒线速控制 G96。G96 是接通恒线速控制的指令。系统执行 G96 指令后，便认为用 S 指定的数值单位为 m/min。

例如：G96　S150 表示控制主轴转速，使切削点的速度始终保持在 150m/min。

用恒线速度控制加工端面、锥度和圆弧时，由于 *X* 坐标不断变化，当刀具逐渐接近工件的旋转中心时，主轴转速越来越高，工件有从卡盘飞出的危险，所以为防止事故的发生，有时必须限定主轴的最高转速。

3）取消主轴恒线速控制 G97。G97 是取消主轴恒线速控制的指令。此时，S 指定的数值表示主轴每分钟的转速。

例如：G97　S1500；表示主轴转速为 1500 r/min。

4. 2. 3　数控车床坐标系统

（1）机床原点、参考点及机床坐标系　机床原点为机床上的一个固定点。车床的机床

原点定义为主轴旋转中心线与主轴前端面的交点。如图 4-5 所示，点 O 即为机床原点。

参考点也是机床上一固定点。该点与机床原点的相对位置如图 4-5 所示（点 O' 即为参考点），其固定位置由 Z 方向与 X 方向的机械挡块来确定。

如果以机床原点为坐标原点，建立一个 Z 坐标轴与 X 坐标轴的直角坐标系，则此坐标系就称为机床坐标系。

（2）工件原点和工件坐标系　零件图给出以后，首先应找出图样上的设计基准点，其他各项尺寸均是以此点为基准进行标注的。该基准点被称为工件原点。以工件原点为坐标原点，建立一个 Z 坐标轴与 X 坐标轴的直角坐标系，则此坐标系就称为工件坐标系。

工件原点是人为设定的，设定的依据是既要符合图样尺寸的标注习惯，又要便于编程。通常工件原点选择在工件右端面、左端面或卡爪的前端面。图 4-6 所示为以工件右端面为工件原点的工件坐标系。

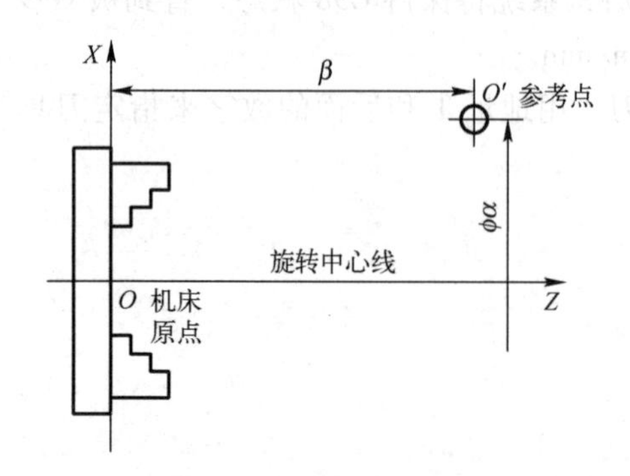

图 4-5　机床原点和参考点

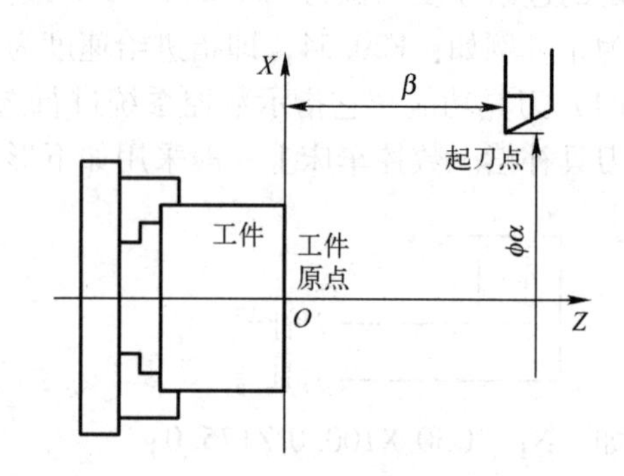

图 4-6　以工件右端面为工件原点的工件坐标系

（3）绝对方式编程、增量方式编程与混合编程

1）绝对方式编程。表示程序中的所有编程尺寸是按绝对坐标给定的，即刀具运动的位置坐标是指刀具相对于程序原点的坐标。

2）增量方式编程。表示程序中的编程尺寸是按相对坐标给定的，即每一坐标运动程序段的终点坐标是相对该程序段的起点给定的，而每一程序段的起点，也就是上一程序段的终点或开始时刀具的起点。

3）混合编程。绝对方式与增量方式混合起来进行编程的方法称为混合编程。

例 4-1　如图 4-7 所示，加工轨迹 $A \rightarrow B \rightarrow C$，应用以上三种不同方法编程的程序如下。

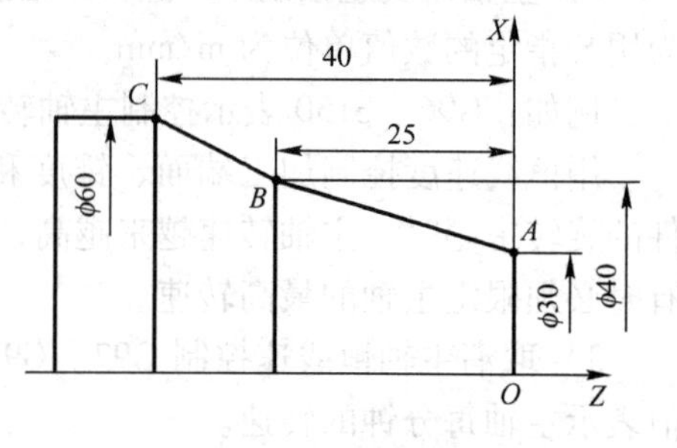

图 4-7　编程实例

绝对方式编程

```
…
N10  G01  X40.0  Z-25  F100;
N15  X60.0  Z-40.0;
…
```

增量方式编程

```
…
N10  G01  U10.0  W-25.0  F100;
```

```
N15  U20.0  W-15.0;
…
```

混合编程

```
…
N10  G01  U10.0  Z-25.0  F100;
N15  X60.0  W-15.0;
…
```

（4）直径编程与半径编程　编制轴类零件的加工程序时，因其横截面为圆形，所以尺寸有直径指定和半径指定两种方法，采用哪种方法要由系统的参数决定。当用直径编程时，称为直径编程法；当用半径编程时，称为半径编程法。车床出厂时一般设定为直径编程，所以在编制与 X 轴有关的各项尺寸时，一定要用直径编程。如需要用半径编程，则要改变系统中相关的参数，使系统处于半径编程状态。

4.2.4 数控车床常用编程指令

对于数控车床编程，采用不同的数控系统，其编程方法也不尽相同。下面以 FANUC 6T 系统为例进行介绍。

（1）坐标系设定 G50

格式：G50　X __ Z __；

该指令是规定刀具起刀点（或换刀点）至工件原点之间的距离。坐标（X，Z）为刀尖（刀位点）在工件坐标系中的起刀点位置。如图 4-8 所示，假设刀尖的起刀点距工件原点的 Z 方向尺寸和 X 方向尺寸分别为 100 mm 和 160 mm（直径值），则执行程序段 G50 X160 Z100 后，系统内部即对（160，100）进行记忆，并显示在显示器上，这就相当于系统内部建立了一个以工件原点为坐标原点的坐标系。

如图 4-9 所示，当以工件左端面为工件原点时

```
G50  X200.0  Z263.0;
```

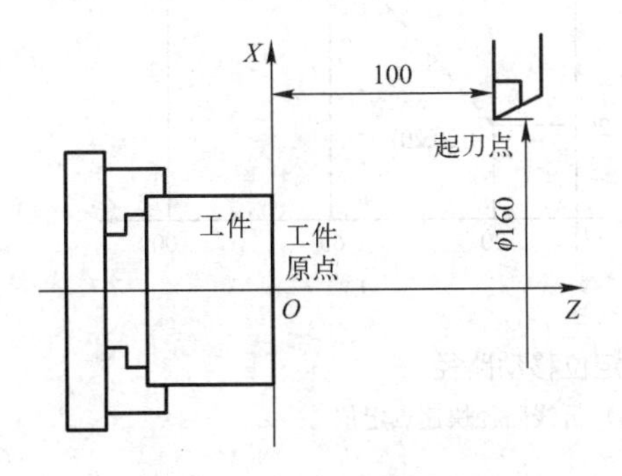

图 4-8　工件坐标系设定 1

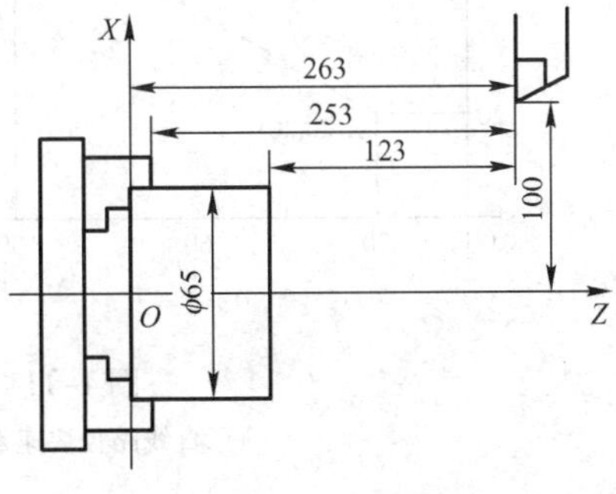

图 4-9　工件坐标系设定 2

当以工件右端面为工件原点时

```
G50  X200.0  Z123.0;
```

当以卡爪前端面为工件原点时

G50　X200.0　Z253.0;

显然，当X、Z值不同或改变刀具的当前位置时，所设定出的工件坐标系的原点位置也会发生改变。因此在执行程序段G50前，必须进行对刀，通过调整机床，将刀尖放到程序所要求的起刀点位置(X,Z)上。

(2) 快速点定位G00　G00指令是模态指令。它命令刀具以点定位控制方式从刀具所在点快速运动到下一个目标位置。它只是快速点定位，而无运动轨迹要求，也无切削加工过程。

格式：G00　X(U)__ Z(W)__;

当采用绝对方式编程时，刀具从当前所在位置以快速进给速度运动到工件坐标系点(X, Z)点。当采用增量方式编程时，刀具从当前所在位置以快速进给速度向X方向运动增量U的距离、向Z方向运动增量W的距离。

如图4-10所示，刀具欲从点A快速定位到点B，程序如下。

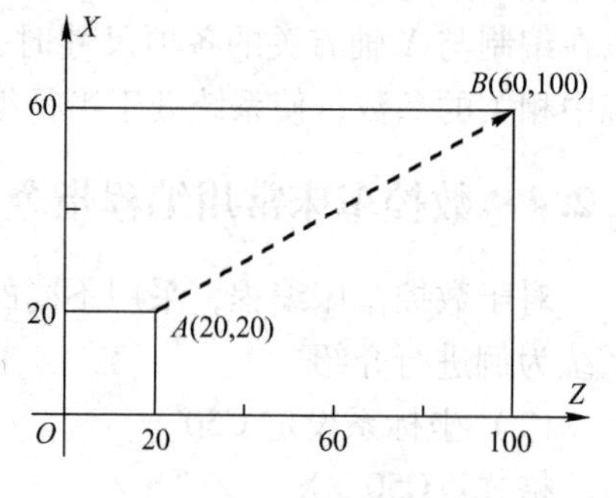

图4-10　快速点定位

绝对方式编程

G00　X120.0　Z100.0;

增量方式编程

G00　U80.0　W80.0;

注意：移动的速度不受程序指令控制，由厂家预调。

刀具的实际运动路线不一定是直线，而有可能是折线。图4-11a中点A到点B快速移动的路径为一条直线，而图4-11b中点A到点B快速移动的路径为一条折线。因此在使用该指令时应清楚具体的移动方式，避免刀具与工件发生干涉。

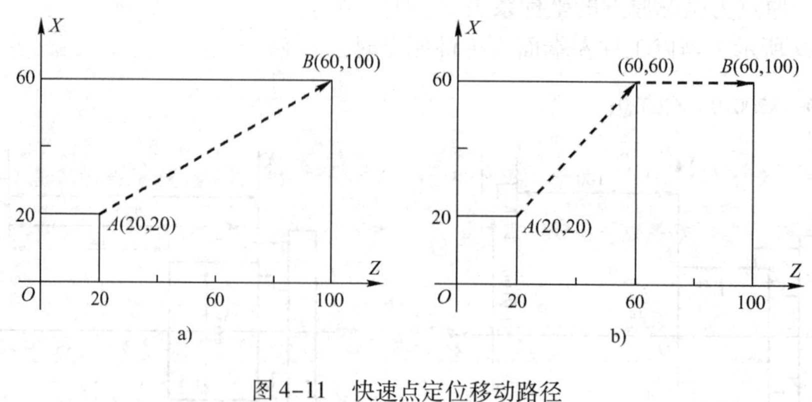

图4-11　快速点定位移动路径

a) 直线路径快速点定位　b) 折线路径快速点定位

(3) 直线插补G01　G01指令是模态指令。它是直线运动的命令，规定刀具在两坐标或三坐标间以插补联动方式按指定的F进给速度做任意斜率的直线运动。

格式：G01 X(U)__ Z(W)__ F __;

当采用绝对方式编程时，刀具从当前所在位置以F指令的进给速度进行直线插补，运动到工件坐标系点(X, Z)。当采用增量方式编程时，刀具从当前所在位置以F指令的进给

速度向 X 方向运动增量 U 的距离、向 Z 方向运动增量 W 的距离。其中进给速度在没有新的 F 指令出现以前一直有效，不必在每个程序段中都写入 F 指令。

如图 4-12 所示，以 $A \rightarrow B$ 的程序如下。

绝对方式编程

```
G01  X45.0  Z13.0  F30;
```

增量方式编程

```
G01  U20.0  W-20.0  F30;
```

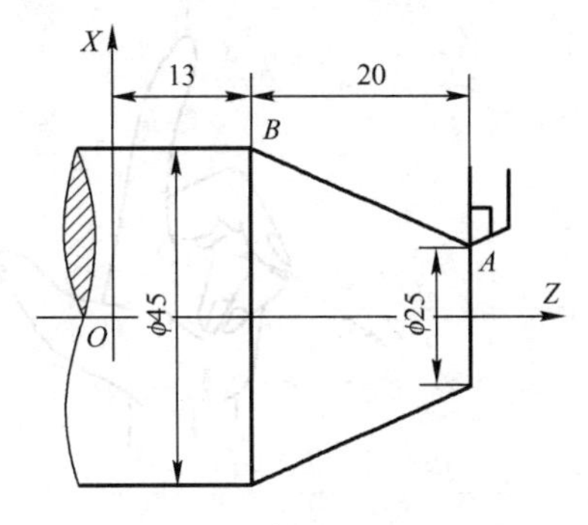

图 4-12　直线插补实例

注意：进给速度由 F 指令决定，F 指令也是模态指令，如果在 G01 程序段之前的程序段没有 F 指令，而现在的 G01 程序段中也没有 F 指令，则机床不运动。

（4）圆弧插补 G02、G03　G02 为顺时针圆弧插补；G03 为逆时针圆弧插补。圆弧插补指令是命令刀具在指定平面内按给定的 F 进给速度做圆弧运动，切削出圆弧轮廓。

格式：在车床上加工圆弧时，需要用 G02、G03 指出圆弧的顺逆方向，用 X(U)、Z(W)指定圆弧的终点坐标，还要指定圆心位置。常用指定圆心位置的方法有以下两种。

1）用 I、K 指定圆心位置，其格式为

G02
G03 X(U)__ Z(W)__ I __ K __ F __;

2）用圆弧半径 R 指定圆心位置，其格式为

G02
G03 X(U)__ Z(W)__ R __ F __;

其中，X(U)、Z(W)表示圆弧终点位置，I、K 或者 R 表示圆心位置，F 表示圆弧插补的进给速度。

圆弧顺逆的判断如下。

判断原则：沿着不在圆弧平面的坐标轴的正方向向负方向看去，若顺时针则用 G02，若逆时针则用 G03。

数控车床是两坐标机床，只有 X 坐标轴和 Z 坐标轴，因此，按右手定则的方法将 Y 坐标轴考虑进去，然后观察者从 Y 坐标轴的正方向向负方向看去，即可正确判断出圆弧的顺逆了，如图 4-13 所示。

注意：

① 采用绝对方式编程时，用 X、Z 表示圆弧终点在工件坐标系中的坐标值。采用增量方式编程时，用 U、W 表示圆弧终点相对于圆弧起点的增量值。

② 圆心坐标 I、K 为圆心相对于圆弧起点的增量值，I 对应于 X 方向，K 对应于 Z 方向增量值。对于数控车床，多数规定 I、K 在任何情况下都是半径指定编程，只有一些东欧国家生产的系统也可以使用直径指定编程。

③ 用半径 R 指定圆心位置时，由于在同一半径 R 的情况下，从圆弧的起点到圆弧的终点有两个圆弧的可能性，因此在编程时规定：圆心角小于或等于 180°的圆弧 R 值为正，圆心角大于 180°的圆弧 R 值为负。

④ 程序段中若同时给出 I、K 和 R 值，以 R 值优先，I、K 值无效。

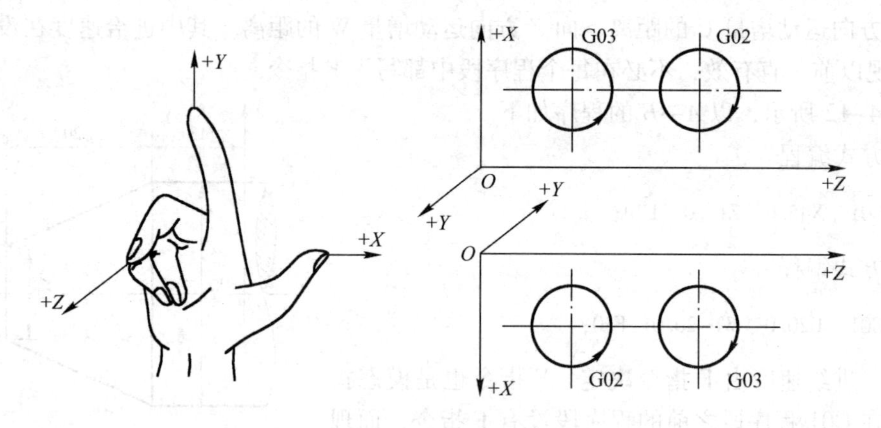

图 4-13　圆弧顺逆的判断

⑤ G02、G03 用半径 R 指定圆心位置时，不能用来描述整圆。

例 4-2　顺时针圆弧插补（图 4-14）。

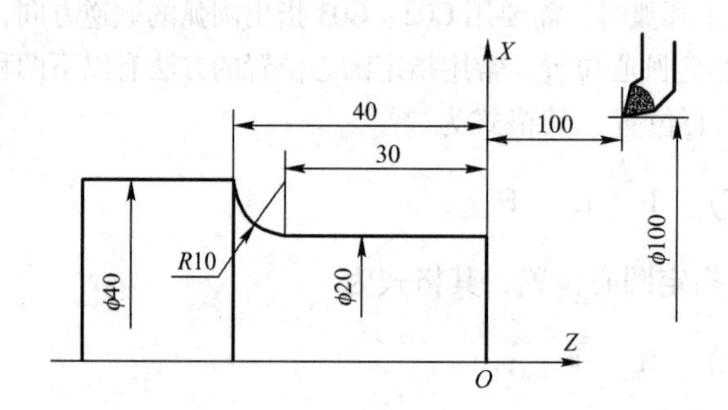

图 4-14　顺时针圆弧插补

方法一：用 I、K 表示圆心位置。

绝对方式编程

```
…
N05   G00   X20.0   Z2.0;
N10   G01   Z-30.0   F80;
N15   G02   X40.0   Z-40.0   I10.0   K0   F60;
…
```

增量方式编程

```
…
N05   G00   U-80.0   W-98.0;
N10   G01   W-32.0   F80;
N15   G02   U20.0   W-10.0   I10.0   K0   F60;
…
```

方法二：用 R 表示圆心位置。

绝对方式编程

…

N05　G00　X20.0　Z2.0；

N10　G01　Z－30.0　F80；

N15　G02　X40.0　Z－40.0　R10.0　F60；

…

增量方式编程

…

N05　G00　U－80.0　W－98.0；

N10　G01　W－32.0　F80；

N15　G02　U20.0　W－10.0　R10.0　F60；

…

例 4-3　逆时针圆弧插补（图 4-15）。

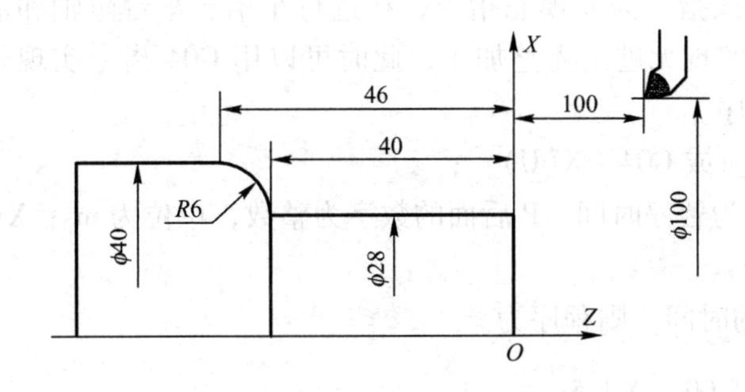

图 4-15　逆时针圆弧插补

方法一：用 I、K 表示圆心位置。

绝对方式编程

…

N05　G00　X28.0　Z2.0；

N10　G01　Z－40.0　F80；

N15　G03　X40.0　Z－46.0　I0　K－6.0　F60；

…

增量方式编程

…

N05　G00　U－72.0　W－98.0；

N10　G01　W－42.0　F80；

N15　G03　U12.0　W－6.0　I0　K－6.0　F60；

…

方法二：用 R 表示圆心位置。

绝对方式编程

…

```
N05  G00  X28.0  Z2.0;
N10  G01  Z-40.0  F80;
N15  G03  X40.0  Z-46.0  R6.0  F60;
…
```

增量方式编程

```
…
N05  G00  U-72.0  W-98.0;
N10  G01  W-42.0  F80;
N15  G03  U12.0  W-6.0  R6.0  F60;
…
```

注意以上两例中，程序中有很多坐标字被省略。因为若某个方向上的坐标增量值为 0，则在程序中可以省略。

（5）暂停 G04　该指令为非模态指令，在进行车槽、车台阶轴和清根等加工时，常要求刀具在很短时间内实现无进给光整加工，此时可以用 G04 指令实现暂停。暂停结束后可以继续执行下一段程序。

格式：G04　P__；或 G04　X(U)__；

其中，X、U、P 为暂停时间。P 后面的数字为整数，单位为 ms；X(U)后面的数字为带小数点的数，单位为 s。

如欲暂停 1.5 s 的时间，则程序为

```
G04  P1500;或 G04  X 1.5;
```

（6）米制输入与英制输入 G21、G20　如果一个程序段开始用 G20 指令，则表示程序中相关的一些数据为英制（in）；如果一个程序段开始用 G21 指令，则表示程序中相关的一些数据为米制（mm）。机床出厂时一般设为 G21 状态，机床刀具各参数以米制单位设定。两者不能同时使用，停机断电前后 G20、G21 仍起作用，除非重新设定。

（7）返回参考点检验 G27、自动返回参考点 G28、从参考点返回 G29

1）返回参考点检验 G27。

格式：G27　X(U)__ Z(W)__ T0000；

该指令用于检查 *X* 坐标轴与 *Z* 坐标轴是否正确返回参考点。但执行 G27 指令的前提是机床在通电后必须返回过一次参考点。

执行该指令时，各轴按指令中给定的坐标值快速定位，且系统内部检测参考点的行程开关信号。如果定位结束后检测到开关信号发令正确，参考点的指示灯亮，说明滑板正确回到参考点的位置；如果检测到信号不正确，系统报警，说明程序中指令的参考点坐标值不对或机床定位误差过大。

2）自动返回参考点 G28。

格式：G28　X(U)__ Z(W)__ T0000；

执行该指令时，刀具先快速移动到指令中的 X(U)、Z(W)中间点的坐标位置，然后自动返回参考点。到达参考点后，相应的坐标指示灯亮，如图 4-16 所示。

注意，使用 G27、G28 时，必须预先取消补偿量值（T0000），否则会发生不正确的动作。

3）从参考点返回 G29。

格式：G29　X(U)__ Z(W)__；

执行该指令后各轴由中间点移动到指令中的位置处定位。其中，X（U）、Z（W）为返回目标点的绝对坐标或相对 G28 中间点的增量坐标，如图 4-17 所示。

```
G28 U40.0 W100.0  T0000;        A→B→R
T0202;                          换刀
G29 U-80.0 W50.0;               R→B→C
```

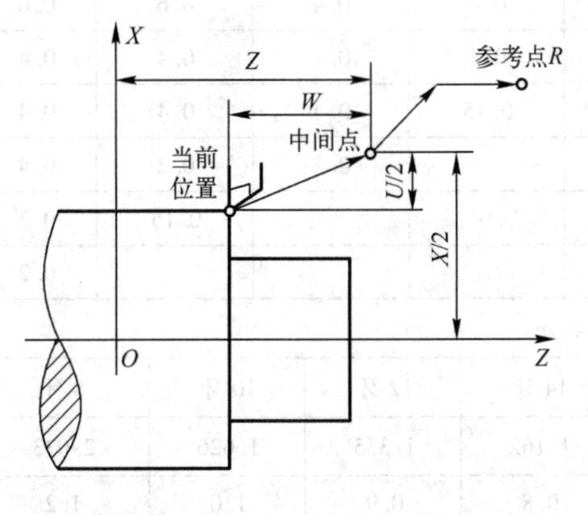

图 4-16　自动返回参考点

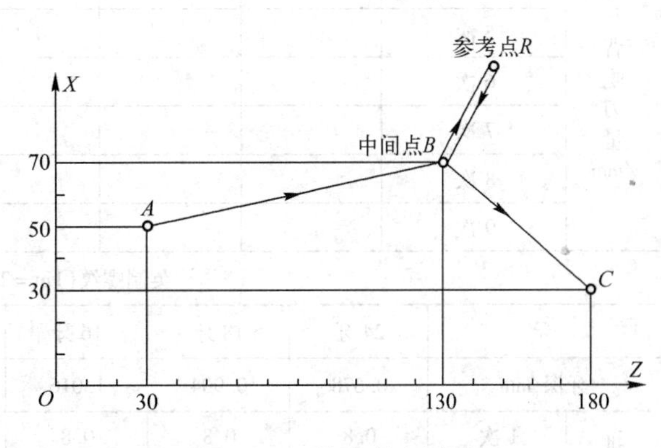

图 4-17　从参考点返回

（8）单行程螺纹切削 G32　G32 指令完成单行程螺纹切削，车刀进给运动严格根据输入的螺纹导程进行。但是切入、切出和返回均需输入程序。

格式：G32　X(U)__ Z（W）__ F __；此格式为整数导程螺纹切削指令。其中，F 为螺纹导程。

对于锥螺纹，如图 4-18 所示，角 α 在 45°以下时，螺纹导程以 Z 方向指定；角 α 在 45°以上至 90°时，螺纹导程以 X 方向指定。

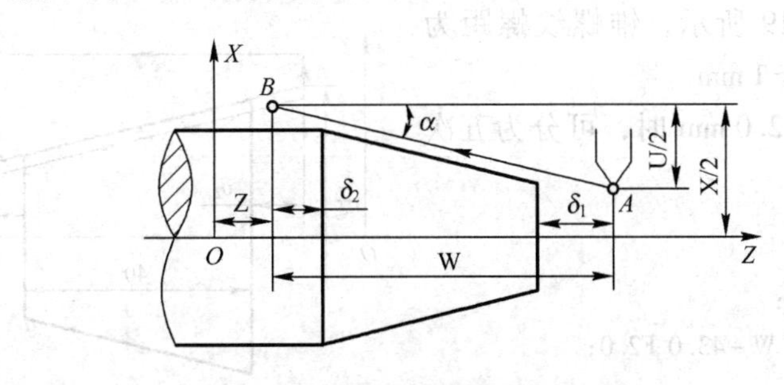

图 4-18　单行程螺纹切削 G32

注意，螺纹切削时应在两端设置足够的升速进刀段 δ_1 和降速退刀段 δ_2。

如果螺纹牙型深度、螺距较大，可分次进给，每次进给的背吃刀量为螺纹深度减去精加工背吃刀量所得的差按递减规律分配。常用螺纹切削的进给次数与背吃刀量见表 4-6。

表 4-6　常用螺纹切削的进给次数与背吃刀量

米制螺纹								
螺距/mm		1.0	1.5	2.0	2.5	3.0	3.5	4.0
牙深/mm		0.649	0.974	1.299	1.624	1.949	2.273	2.598
进给次数与背吃刀量/mm	1 次	0.7	0.8	0.9	1.0	1.2	1.5	1.5
	2 次	0.4	0.6	0.6	0.7	0.7	0.7	0.8
	3 次	0.2	0.4	0.6	0.6	0.6	0.6	0.6
	4 次		0.16	0.4	0.4	0.4	0.6	0.6
	5 次			0.1	0.4	0.4	0.4	0.4
	6 次				0.15	0.4	0.4	0.4
	7 次					0.2	0.2	0.4
	8 次						0.15	0.3
	9 次							0.2

英制螺纹（1in = 25.4mm）								
牙		24 牙	18 牙	16 牙	14 牙	12 牙	10 牙	8 牙
牙深/mm		0.678	0.904	1.016	1.162	1.355	1.626	2.033
进给次数与背吃刀量/mm	1 次	0.8	0.8	0.8	0.8	0.9	1.0	1.2
	2 次	0.4	0.6	0.6	0.6	0.6	0.7	0.7
	3 次	0.16	0.3	0.5	0.5	0.6	0.6	0.6
	4 次		0.11	0.14	0.3	0.4	0.4	0.5
	5 次				0.13	0.21	0.4	0.5
	6 次						0.16	0.4
	7 次							0.17

例 4-4　如图 4-19 所示，锥螺纹螺距为 2.0 mm，$\delta_1 = 2$ mm，$\delta_2 = 1$ mm。

根据表 4-6，螺距 2.0 mm 时，可分为五次切削，加工程序如下。

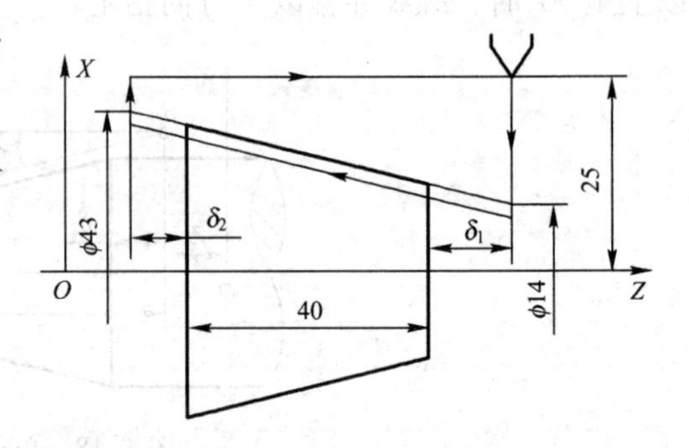

图 4-19　单行程螺纹切削 G32 加工实例

```
…
N05   G00 X13.1;
N10   G32 X42.1 W-43.0 F2.0;
N15   G00 X50.0;
N20   W43.0;
N25   X12.5;
N30   G32 X41.5 W-43.0;
N35   G00 X50.0;
N40   W43.0;
N45   X11.9;
```

```
N50   G32 X40.9 W-43.0;
N55   G00 X50.0;
N60   W43.0;
N65   X11.5;
N70   G32 X40.5 W-43.0;
N75   G00 X50.0;
N80   W43.0;
N85   X11.4;
N90   G32 X40.4 W-43.0
N95   G00 X50.0;
N100   W43.0;
…
```

(9）刀具补偿功能

1）刀具的几何、磨损补偿。如图4-20所示，在编程时，一般以其中一把刀具为基准，并以该刀具的刀尖位置 *A* 为依据来建立工件坐标系。这样，当其他刀位转到加工位置时，刀尖的位置 *B* 就会有偏差，原设定的工件坐标系对这些刀具就不适用。此外，每把刀具在加工过程中都有不同程度的磨损。因此应对偏移量 Δx、Δz 进行补偿，使刀尖位置 *B* 移至位置 *A*。

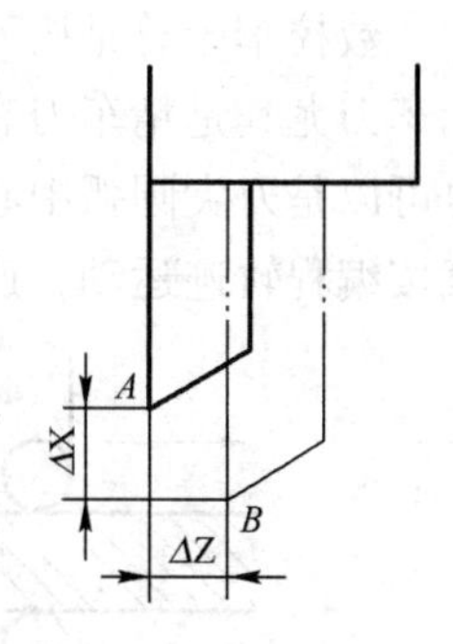

图4-20　刀具的几何补偿

刀具的补偿功能由程序中指定的T指令来实现。T指令由字母T后面跟四位数字组成，其中前两位数字为刀具号，后两位数字为刀具补偿号（刀补号）。刀具补偿号实际上是刀具补偿寄存器的地址号，寄存器中放有刀具的几何偏置量和磨损偏置量（*X* 轴偏置和 *Z* 轴偏置），如图4-32所示。刀具补偿号可以是00～32中的任一个数，刀具补偿号为00时，表示不进行补偿或取消刀具补偿。

系统对刀具的补偿或取消都是通过滑板的移动来实现的。

例如：如图4-21所示，刀具补偿号01寄存器中存有 *X* 轴偏置量3.5和 *Z* 轴偏量0，当补偿号为00时，刀具移动路线为

G01 U-20.0 W-32.0 T0100　　　　$A \to B$

当补偿号为01时，刀具移动路线为

G01 U-20.0 W-32.0 T0101　　　　$A \to C$

2）刀尖半径补偿。切削加工时，为了提高刀尖强度，降低加工表面粗糙度，刀尖处可以刃磨成圆弧过渡刃。在切削内孔、外圆或端面时，刀尖圆弧不影响其尺寸、形状；切削锥面或圆弧时，就会造成过切或少切（图4-22）。此时可用刀尖半径补偿功能来消除误差。

系统执行到含有T指令的程序段时，是否对刀具进行刀尖半径补偿以及用何种方式补偿由G指令中的G40、G41、G42决定（图4-23）。

G40：刀尖半径补偿取消。刀尖运动与编程轨迹一致。

G41：刀尖半径左补偿。沿进给方向看，刀尖位置在编程轨迹的左边。

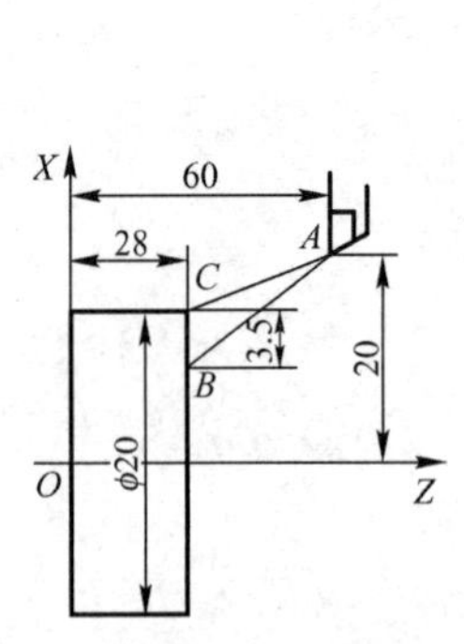

图 4-21　刀具偏置

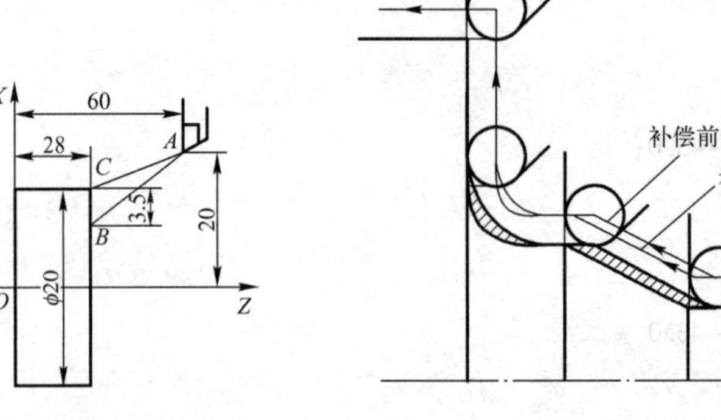

图 4-22　刀尖半径补偿对零件的影响

G42：刀尖半径右补偿。沿进给方向看，刀尖位置在编程轨迹的右边。

数控车床总是按刀尖对刀，使刀尖位置与程序中的起刀点（或换刀点）重合。但是实际车刀尤其是精车刀有刀尖圆弧，如图 4-34 所示。所以假定刀尖位置可以是假想刀尖点 *A*，也可以是刀尖圆弧中心点 *B*。在没有刀尖半径补偿时，按哪个假定刀尖位置编程，哪个刀尖就按编程轨迹运动，产生的过切或少切因刀尖位置而异。

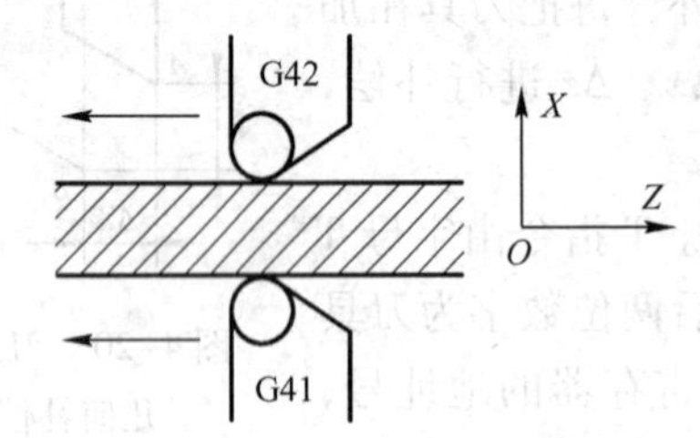

图 4-23　刀尖半径补偿

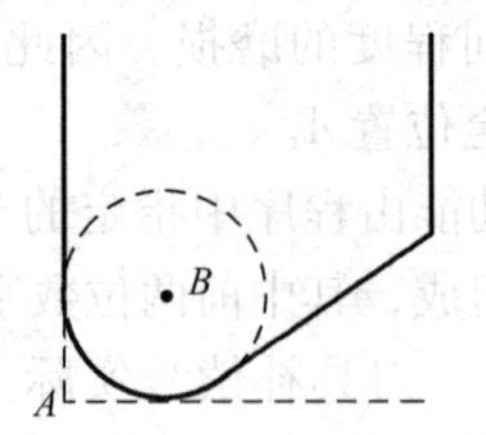

图 4-24　刀尖圆弧与假想刀尖

① 按刀尖圆弧中心编程。当没有刀尖半径补偿时，刀尖圆弧中心的运动轨迹与编程轨迹相同，如图 4-25a 所示；当执行刀尖半径补偿时，则可以多切或少切，如图 4-25b 所示。

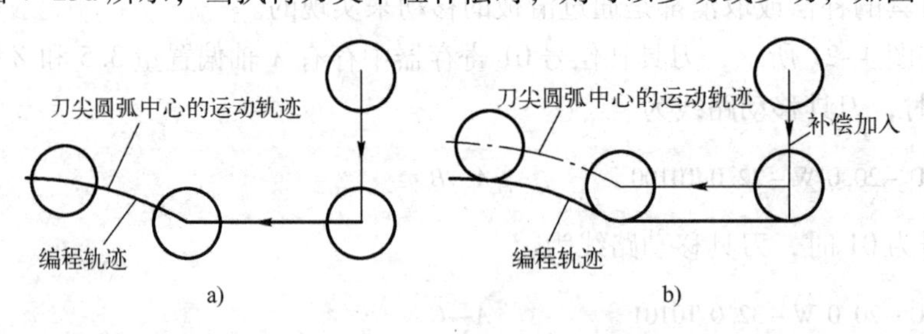

图 4-25　按刀尖圆弧中心编程
a）无补偿轨迹　b）加入补偿后轨迹

② 按假想刀尖编程。当没有刀尖半径补偿时，假想刀尖的运动轨迹与编程轨迹相同，如图 4-26a 所示；当执行刀尖半径补偿时，则可以多切或少切，如图 4-26b 所示。

③ 假定刀尖位置方向。从刀尖圆弧中心看假想刀尖的方向不同，即刀具在切削时所摆的位置不同，则补偿量与补偿方向也不同。假想刀尖的方向有八种位置可以选择（图 4-27），箭头表示刀尖方向，如果按刀尖圆弧中心编程，则选用 0 或 9 号。

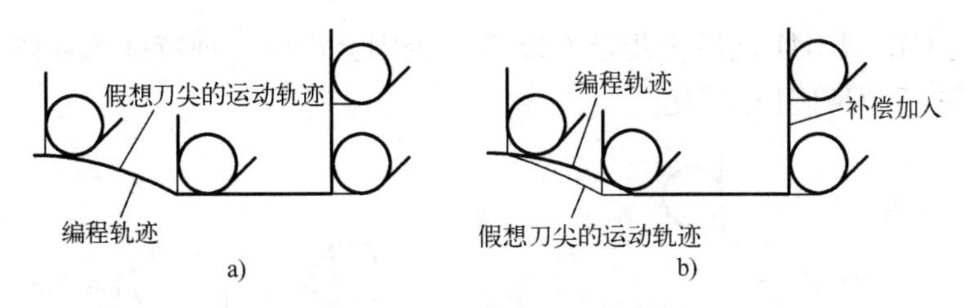

图 4-26　按假想刀尖编程

a）无补偿轨迹　b）加入补偿后轨迹

④ 刀尖半径补偿的加入。由 G40 功能到使用 G41 或 G42 时的程序段，即是刀尖半径补偿加入的动作，如图 4-28 所示，其起始程序段格式为

G40

G41（或 G42 ）

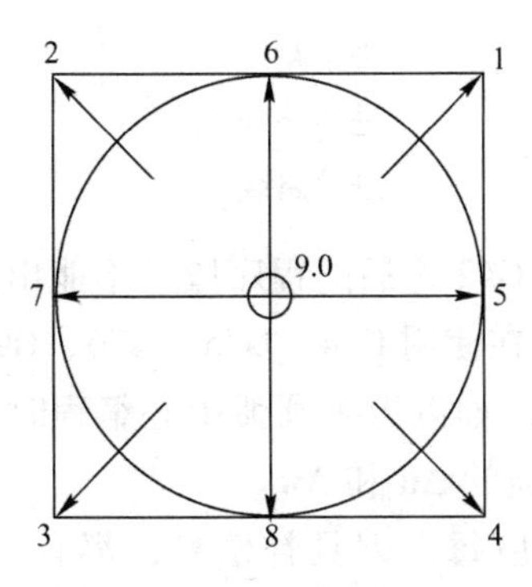

图 4-27　刀尖方向的规定

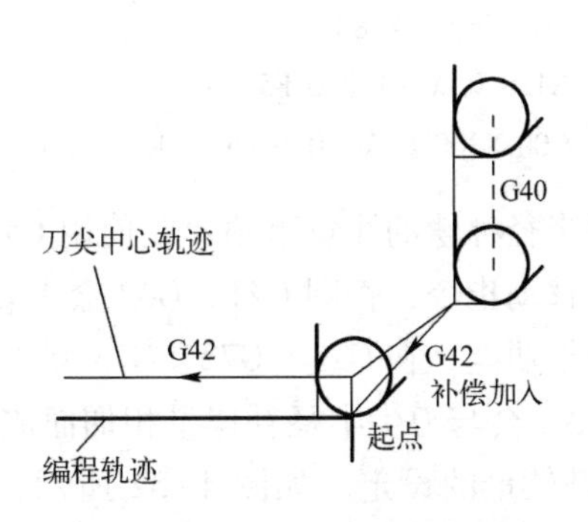

图 4-28　刀尖半径补偿过程

在执行完起始程序段后，刀尖中心停留在下一程序段起点的垂直位置上。

若前面没有 G41 或 G42 功能，则可以不用 G40，直接写入 G41 或 G42 即可。

在 G41 或 G42 程序段的后面加 G40 程序段，即是刀尖半径补偿取消，如图 4-29 所示，其格式为

G41（或 G42）

G40

刀尖半径补偿取消 G40 程序段执行前，刀尖中心停留在前一程序段终点的垂直位置上。G40 程序段是刀具由终点退出的动作。

在刀尖半径补偿取消时，还可以在 G40 程序段中用 I、K 值规定工件的位置去向，I、K 分别对应 *X*、*Z* 轴方向，用来描述一个防止过切的斜面，如图 4-30 所示。

格式为

G40（G00 或 G01） X（U）__ Z（W）__ I __ K __；

例如（图 4-30）：

G40　G00　X50.0　Z100.0　I20.0　K－10.0；

刀尖半径补偿的执行，G41、G42 指令不能重复规定，即在规定 G41 之后再规定 G41，

G42 之后再规定 G42 或 G41 之后再规定 G42 等。否则会产生一种特殊的补偿方法。当补偿量取负值时，G41 和 G42 互相转化。

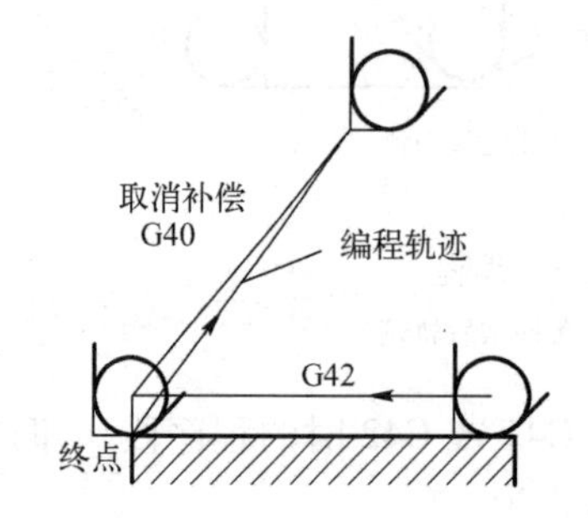

图 4-29　刀尖半径补偿取消的过程

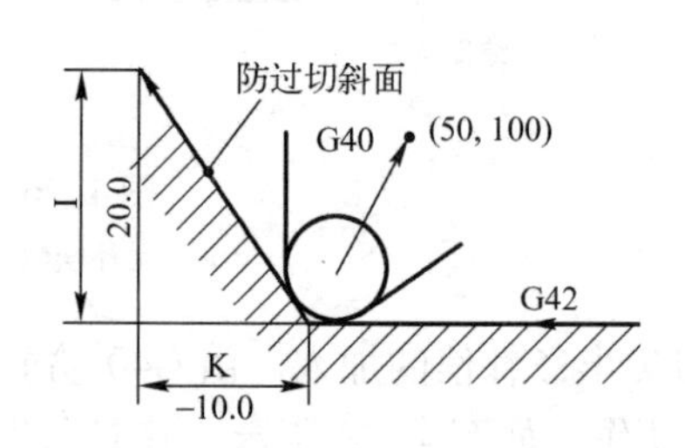

图 4-30　G40 取消补偿

例如（图 4-31）：

```
G42   G01 X60.0 Z180.0                        进给路线①
G01   X120.0 W-150.0 F50.0                    进给路线②
G40   G00 X300.0 W150.0 I40.0 K-30.0          进给路线③
```

使用刀尖半径补偿的注意事项：在使用 G41、G42 之后的程序段，不能出现连续两个或两个以上的不移动指令，否则 G41、G42 会失效；在使用 G74、G75、G76、G92 时，不能使用刀尖半径补偿功能；在 G71、G72、G73 状态下，如以刀尖圆弧中心编程时，指令中的精车余量 Δu 及 Δw 会与刀尖半径补偿量相加而成为新的 Δu 和 Δw。

3）刀具补偿量的设定。如图 4-32 所示，对应每个刀具补偿号，都有一组偏置量 X、Z，刀尖半径补偿量 R 和刀尖方位号 T。可以用面板上的功能键 OF SET 分别设定、修改并输入到 NC 中。

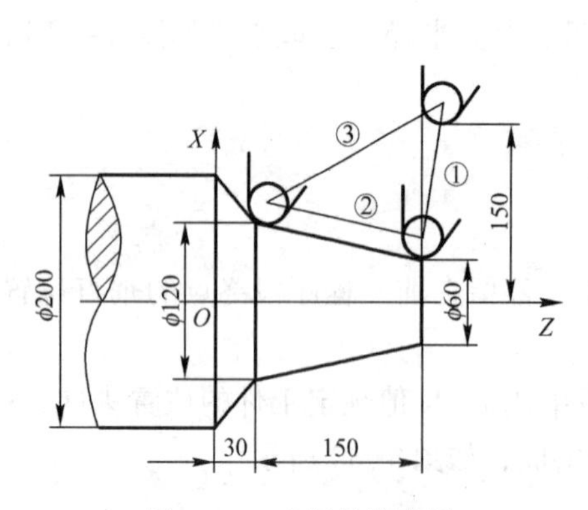

图 4-31　半径补偿举例

OFFSET　01　　00004　N0030

NO.	X	Z	R	T
01	025, 023	002, 004	001, 002	1
02	021, 051	003, 300	000, 500	3
03	014, 730	002, 000	003, 300	0
04	010, 050	006, 081	002, 000	2
05	006, 588	−003, 000	000, 000	5
06	010, 600	000, 770	000, 500	4
07	009, 900	000, 300	002, 050	0

ACTUAL　POSITION　(RELATIVE)

U　22, 500　W　−10, 000

W　LSK

图 4-32　刀具补偿量的设定

刀具补偿量可以在程序中用 G10 指令来设定，其格式为

```
G10   P__X__Z__R__Q__;
G10   P__U__W__R__Q__;
```

其中，P 为刀具补偿号，与 T 指令中的刀具补偿号相对应，X 为 X 轴偏置量（绝对坐标

值)，Z 为 Z 轴偏置量（绝对坐标值)，U 为 X 轴偏置量（增量坐标值)，W 为 Z 轴偏置量（增量坐标值)，R 为刀尖半径补偿量，Q 为刀尖方位号。

4.2.5 车削固定循环指令

数控车床上的毛坯常用棒料或铸、锻件、因此加工余量大，一般需要多次循环加工，才能去除全部余量。为了简化编程，数控系统提供不同形式的固定循环功能，以缩短程序段的长度，减少程序所占内存。固定循环一般分为单一形状固定循环、复合形状固定循环和螺纹加工循环。

（1）单一形状固定循环

1）外圆切削循环 G90。

格式：G90 X(U)__ Z(W)__ F__;

如图4-33 所示，刀具从循环起点开始按矩形循环，最后又回到循环起点。图4-33 中 R 表示快速运动，F 表示按指定进给速度运动。X、Z 为圆柱面切削终点坐标；U、W 为圆柱面切削终点相对循环起点的增量值。加工按 1、2、3、4 顺序进行。

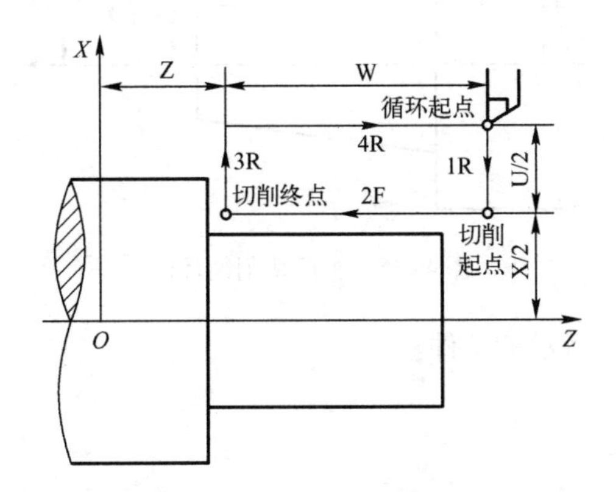

图 4-33　外圆切削循环

例 4-5　加工图 4-34 所示的工件。

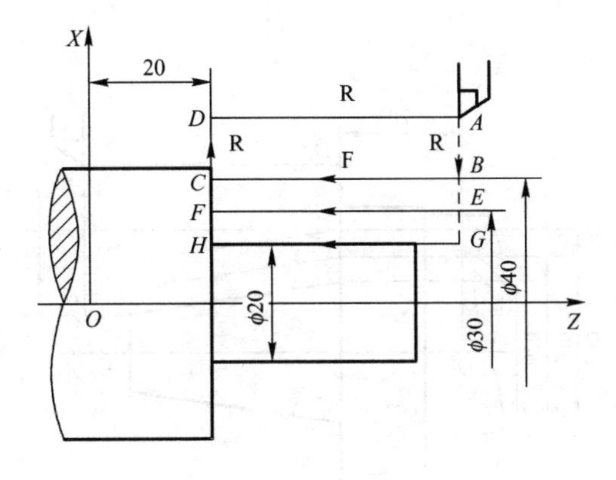

图 4-34　外圆切削循环加工实例

有关程序如下。

…

```
N05 G90 X40.0 Z20.0 F30.0;          A→B→C→D→A
N10 X30.0;                          A→E→F→D→A
N15 X20.0;                          A→G→H→D→A
```

…

2）锥面切削循环 G90。

格式：G90　X(U)__Z(W)__I__F__；

如图 4-35 所示，I 为锥体大小端的半径差。采用绝对方式编程时，应注意 I 的符号，锥面起点坐标大于终点坐标时为正，反之为负。

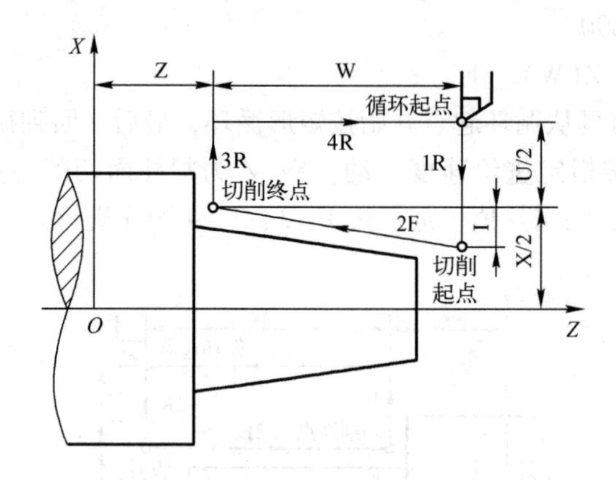

图 4-35　锥面切削循环图

例 4-6　加工图 4-36 所示的工件。

有关程序如下。

…

```
N05 G90 X40.0 Z20.0 I-5.0 F30.0;          A→B→C→D→A
N10 X30.0;                                A→E→F→D→A
N15 X20.0;                                A→G→H→D→A
```

…

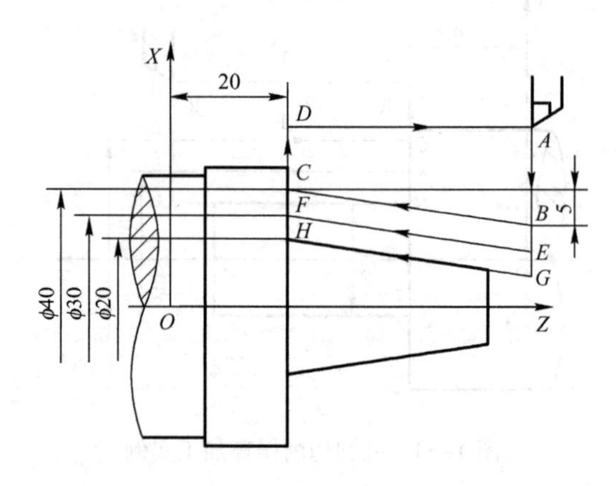

图 4-36　锥面切削循环加工实例

3）端面切削循环 G94。

格式：G94　X(U)__ Z(W)__ F __；

如图 4-37 所示，X、Z 为端面切削终点的坐标值，U、W 为端面切削终点相对循环起点的坐标值。

4）带锥度端面切削循环 G94。

格式：G94　X(U)__ Z(W)__ K __ F __；

如图 4-38 所示，K 为端面切削起点到终点位移在 Z 方向的坐标增量值。

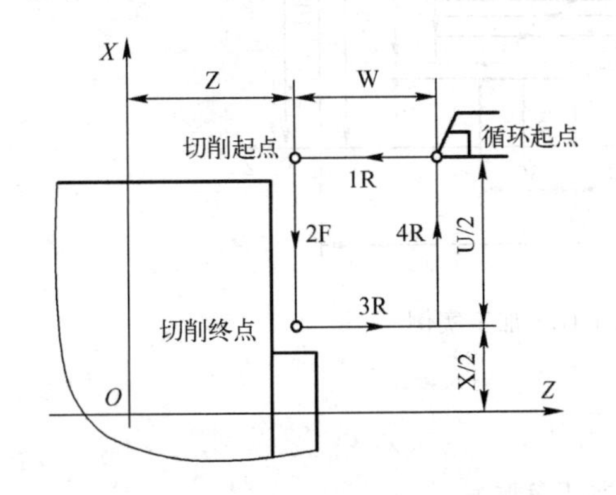

图 4-37　端面切削循环

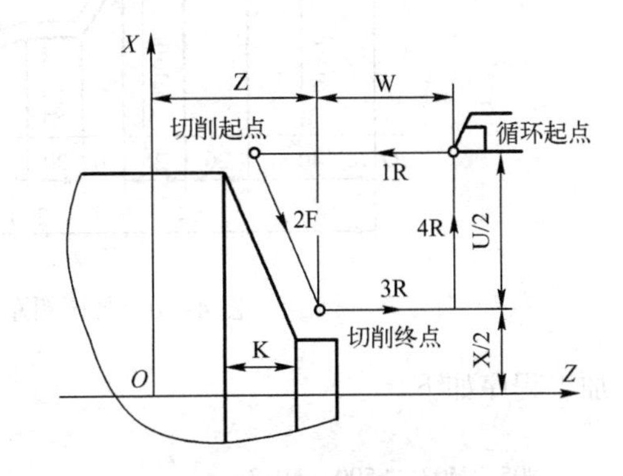

图 4-38　带锥度端面切削循环

注意：一般在固定循环切削过程中，M、S、T 等功能都不改变；如果需要改变，必须在 G00 或 G01 的指令下变更，然后再指令固定循环。

（2）复合形状固定循环　该指令应用于非一次走刀能完成加工的场合，要在粗车和多次走刀切削的情况下使用。利用复合形状固定循环功能，只要编写出最终走刀路线，给出每次切除余量或循环次数，机床即可自动完成重复切削直至加工完毕。它主要有以下几种方式。

1）外圆粗车循环 G71。它适用于切除棒料毛坯的部分加工余量。

格式：G71　P(ns)　Q(nf)　U(Δu)　W(Δw)　D(Δd)　F __ S __ T __；

其中，ns 为精车循环中的第一个程序段号，nf 为精车循环中的最后一个程序段号，Δu 为径向（X）的精车余量，Δw 为轴向(Z)的精车余量，Δd 为每次径向背吃刀量。

图 4-39 所示为采用 G71 粗车外圆的走刀路线。图 4-39 中点 C 为起刀点，Δw 为轴向的精车余量，Δu 为径向精车余量，Δd 为径向背吃刀量，e 为径向退刀量（由参数确定），R 表示快速进给，F 表示切削进给。

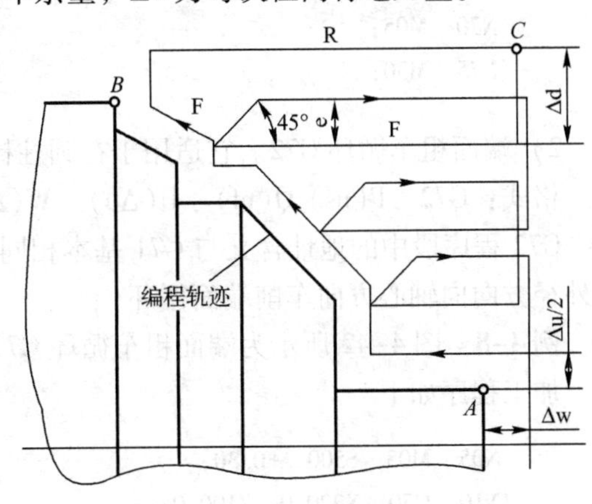

图 4-39　采用 G71 粗车外圆的走刀路线

当上述程序指令的是工件内径轮廓时，G71 就自动成为内径粗车循环，此时径向粗车余量 Δu 应指定为负值。

例 4-7　如图 4-40 所示，棒料毛坯加工，粗加工背吃刀量为 7 mm，进给速度为 0.3 mm/r，主轴转速为 500 r/min，精加工余量 X 方向为 4 mm（直径上），Z 方向为 2 mm，进给速度为 0. 15 mm/r，主轴转速为 800 r/min，程序起点见图示。

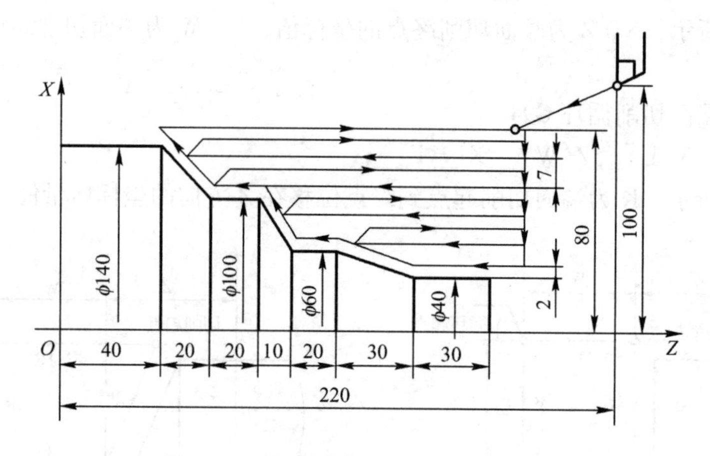

图 4-40　外圆粗车循环 G71 加工实例

加工程序如下。

N05　M03　S500　F0. 3；	加工参数
N10　G50　X200. 0　Z220. 0；	设定工件坐标系
N15　G00　X160. 0　Z180. 0；	快速接近毛坯
N20　G71　P25　Q55　U4. 0　W2. 0　D7. 0；	设定外圆粗车循环
N25　G00　X40. 0　S800；	快速定位到精加工轮廓起点
N30　G01　W－40. 0　F0. 15；	精加工轨迹
N35　X60. 0　W－30. 0；	
N40　W－20. 0；	
N45　X100. 0　W－10. 0；	
N50　W－20. 0；	
N55　X140. 0　W－20. 0；	
N60　G70　P25　Q55；	调用精加工循环
N65　G00　X200. 0　Z220. 0；	快速退刀
N70　M05；	主轴停止
N75　M30；	程序结束

2）端面粗车循环 G72。它适用于在圆柱棒料毛坯端面方向进行粗车。

格式：G72　P(ns) Q(nf)　U(Δu)　W(Δw)　D(Δd) F __ S __ T __；

G72 程序段中的地址含义与 G71 基本相同，但它只完成端面方向粗车。图 4-41 所示为从外径方向向轴心方向车削端面循环。

例 4-8　图 4-42 所示为端面粗车循环 G72 加工实例。

加工程序如下。

N05　M03　S500　F0. 30；	加工参数
N10　G50　X220. 0　Z190. 0；	设定工件坐标系
N15　G00　X176. 0　Z132；	快速接近毛坯

```
N20  G72  P25  Q50  U4.0  W2.0  D7.0;      设定外圆粗车循环
N25  G00  Z56.0  S800;                     快速定位到精加工轮廓起点
N30  G01  X120.0  W14.0  F0.15;            精加工轨迹
N35  W10.0;
N40  X80.0  W10.0;
N45  W20.0;
N50  X40.0  W20.0;
N55  G70  P25  Q50;                        调用精加工循环
N60  G00  X220.0  Z190.0;                  快速退刀
N65  M05;                                  主轴停止
N70  M30;                                  程序结束
```

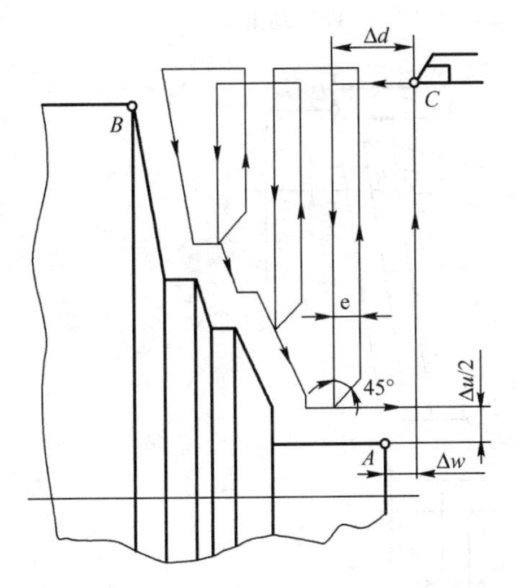

图 4-41　从外径方向向轴心方向车削端面循环

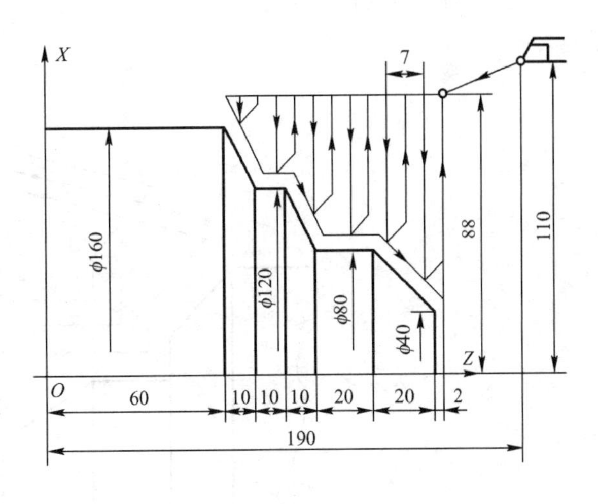

图 4-42　端面粗车循环 G72 加工实例

3）固定形状粗车循环 G73。它适用于毛坯轮廓形状与零件轮廓形状基本接近的铸、锻毛坯件。

格式：G73 P(ns) Q(nf) I(Δi) K(Δk) U(Δu) W(Δw) D(Δd) F __ S __ T __;

其中，Δi 为粗切时径向切除的余量（半径值），Δk 为粗切时轴向切除的余量，Δd 为循环次数。

固定形状粗车循环 G73 的走刀路线如图 4-43 所示。执行 G73 功能时，每一次切削的路线轨迹形状是相同的，只是位置不同。每走完一刀，就把切削轨迹向工件移动一个位置，这样就可以使工件待加工表面在较均匀的切削余量下分层切去。

例 4-9　如图 4-44 所示，设粗加工分三次进行，第一刀后余量（*X* 方向和 *Z* 方向）均为单边 14 mm，三刀过后，留给精加工的 *X* 方向（直径上）余量为 4.0 mm，*Z* 方向余量为 2.0 mm。粗加工进给速度为 0.3 mm/r，主轴转数为 500 r/min；精加工进给速度为 0.15 mm/r，主轴转数为 800 r/min。

加工程序如下。

```
N05  M03  S500  F0.30;                     加工参数
N10  G50  X260.0  Z220.0;                  设定加工坐标系
```

```
N15  G00  X220.0  Z160.0;                                 快速接近工件毛坯
N20  G73  P20  Q45  I14.0  K14.0  U4.0  W2.0  D3.0;       固定形状粗车循环
N25  G00  X80.0  W-40.0  S800;                            快速定位到精加工轮廓起点
N30  G01  W-20.0  F0.15;                                  精加工轨迹
N35  X120.0  W-10.0;
N40  W-20.0;
N45  G02  X160.0  W-20.0  R20.0;
N50  G01  X180.0  W-10.0;
N55  G70  P25  Q50;                                       调用精加工循环
N60  G00  X260.0  Z220.0;                                 快速退刀
N65  M05;                                                 主轴停止
N70  M30;                                                 程序结束
```

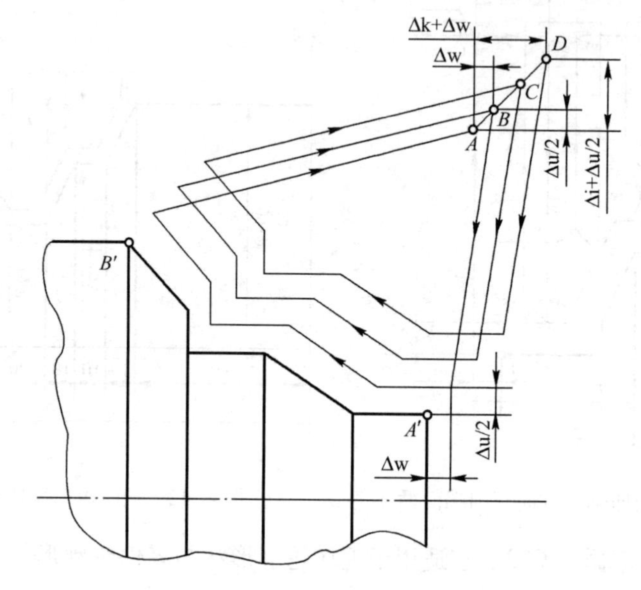

图 4-43　固定形状粗车循环 G73 的走刀路线

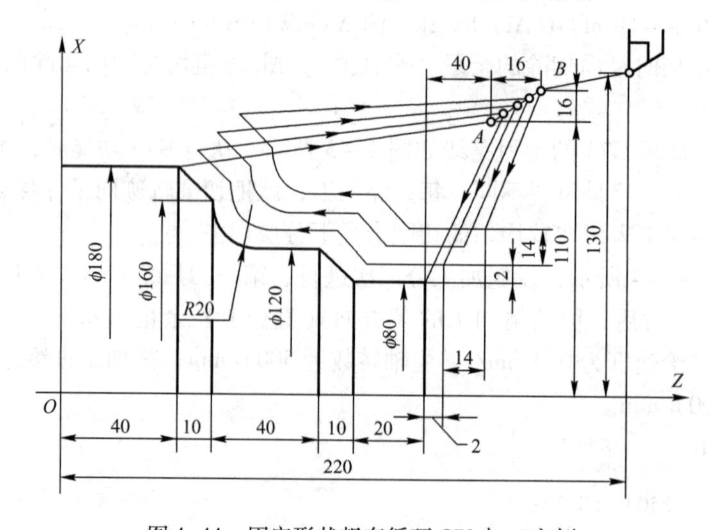

图 4-44　固定形状粗车循环 G73 加工实例

4）精车循环加工 G70。当用 G71、G72、G73 粗车加工后，用 G70 来指定精车循环，切除粗加工的余量。

格式：G70　P(ns) Q(nf)；

其中，ns 表示精车循环中的第一个程序段号，nf 表示精车循环中的最后一个程序段号。

在精车循环 G70 状态下，ns ~ nf 程序中指定的 F、S、T 有效；如果 ns ~ nf 程序中不指定 F、S、T，粗车循环中指定的 F、S、T 有效。编程实例见上述几例。在使用 G70 精车循环时，要特别注意快速退刀路线，防止刀具与工件发生干涉。

（3）螺纹加工循环　螺纹加工循环分为螺纹切削循环和螺纹切削复合循环。

1）螺纹切削循环 G92。螺纹切削循环 G92 为简单螺纹循环。该指令可以切削圆锥螺纹和圆柱螺纹，其循环路线与前面讲述的单一形状固定循环指令基本相同，只要将 F 后面的进给进度改为螺距值即可。

格式：G92　X(U)__ Z(W)__ I __ F __；

图 4-45a、b 所示分别为圆锥螺纹循环和圆柱螺纹循环。刀具从循环开始，按 *A*、*B*、*C*、*D* 顺序进行自动循环，最后又回到循环起点 *A*。图 4-45 中 R 表示快速移动，F 表示按指定的进给速度移动；X、Z 为螺纹终点（点 *C*）的坐标值；U、W 为螺纹终点相对于螺纹起点的增量坐标；I 为圆锥螺纹起点和终点的半径差（有正、负之分），加工圆柱螺纹时为零，可省略。

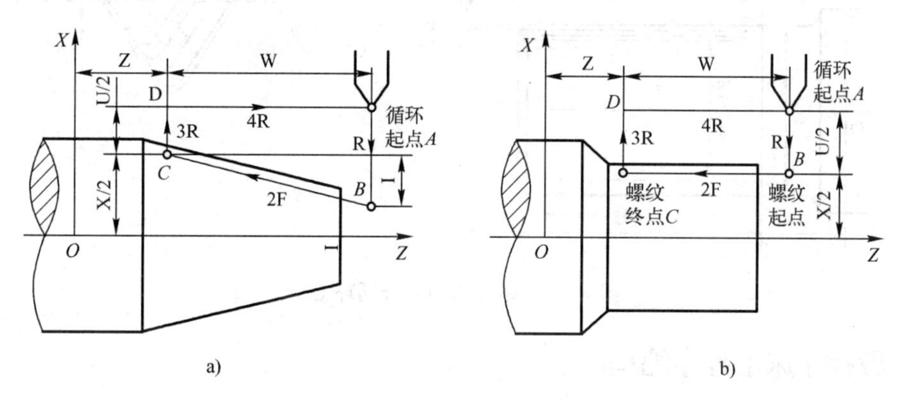

图 4-45　螺纹切削循环 G92

a）圆锥螺纹循环　b）圆柱螺纹循环

例 4-10　如图 4-46 所示，圆柱螺纹加工，螺纹的螺距为 2 mm，车削螺纹前工件直径为 58 mm，第一次切削量为 0.4 mm，第二次切削量为 0.3 mm，第三次切削量为 0.25 mm，第四次切削量为 0.15 mm，采用绝对方式编写，写出加工程序。

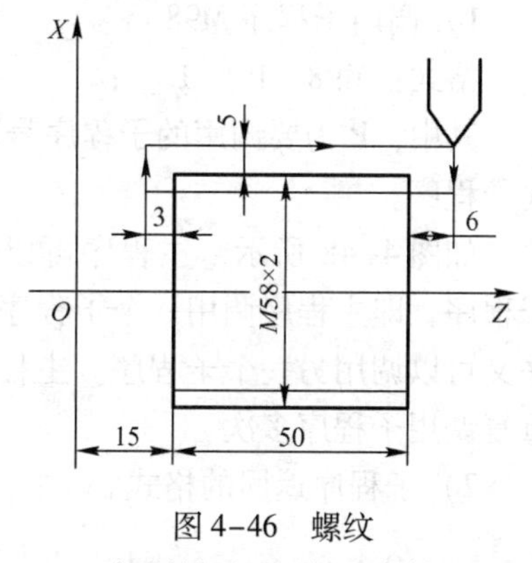

图 4-46　螺纹切削循环 G92 加工实例

加工程序如下。

```
N001　G50　X220.0　X200.0；
N002　M03　S800　T0101；
N003　G00　X68.0　Z71.0；
N004　G92　X57.2　Z12.0　F2.0；直径 57.2 mm = 58
```

```
mm－0.4×2 mm
N005   X56.6;
N006   X56.1;
N007   X55.8;
N008   G00   X220.0   Z200.0   T0000;
N009   M05;
N010   M30;
```

2）螺纹切削复合循环 G76。

格式：G76　X(U)__ Z(W)__ I__ K__ D__ F__ A__;

其中，X、Z 为螺纹终点坐标值，I 为圆锥螺纹起点与终点的半径差，其为零时可加工圆柱螺纹，K 为螺纹牙型高度（半径值），为正，D 为第一次进给的背吃刀量，为正，F 为螺纹导程，A 为牙型角。

如图 4-47 所示，螺纹加工程序为

```
G76   X55.564   Z25.0   K3.68   D1.8   F6.0   A60;
```

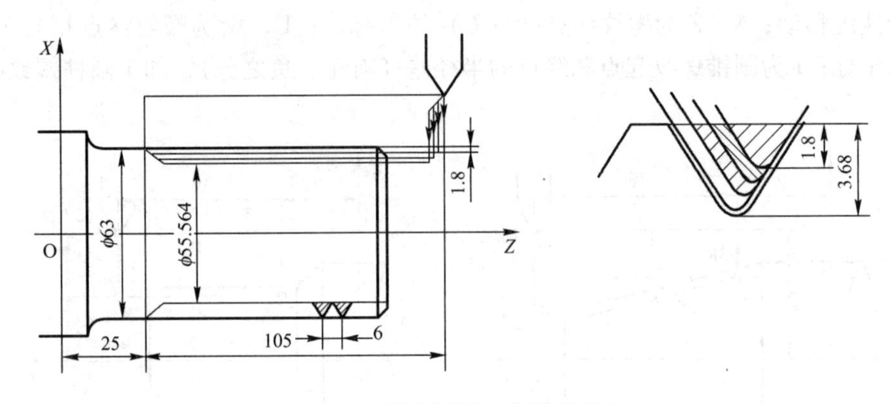

图 4-47　螺纹切削复合循环 G76

4.2.6　数控车床子程序编程

在程序中，当某一些顺序固定的程序段反复出现（即工件上相同的切削路线重复）时，可以把这类程序作为子程序，并事先存储起来，使程序简化。

1）调用子程序 M98。

格式：M98　P__ L__;

其中，P 为要调用的子程序号，L 为重复调用子程序的次数，若省略，则表示只调用一次子程序。

如图 4-48 所示，主程序可以调用两重子程序，即主程序调用一个子程序，而子程序又可以调用另一个子程序。主程序也可以重复调用子程序多次。

主程序　　　　　　子程序A　　　　　　子程序B
…
调用子程序A　　　调用子程序B　　　　…
…
主程序结束　　　　返回主程序　　　　　返回子程序A

图 4-48　子程序调用关系图

2）子程序返回的格式。

```
O××××;
```

```
…
M99;
```

M99 指令为子程序结束并返回主程序 M98 __ P __ L __的下一程序段，继续执行主程序。例如：

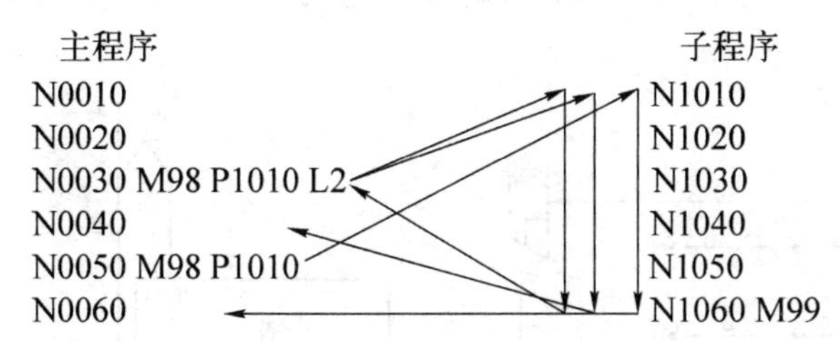

例 4-11 图 4-49 所示为车削不等距槽的实例，要求应用子程序编写程序。已知毛坯直径为 32 mm、长 97 mm，1 号刀为外圆车刀，3 号刀为切断刀，其宽度为 2 mm。

加工程序如下。

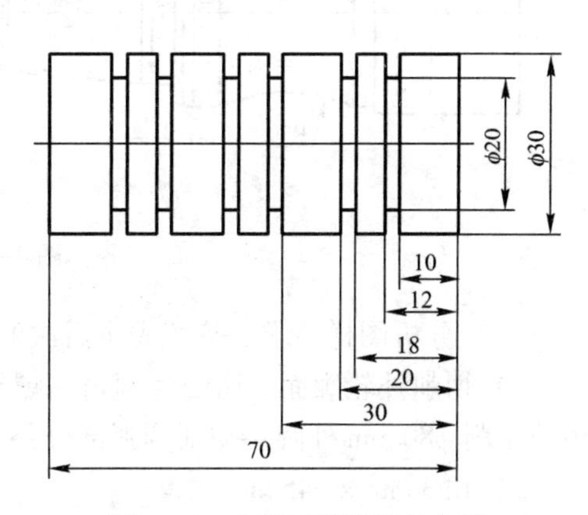

图 4-49　车削不等距槽的实例

主程序

```
O1100;
N001  G50  X150.0  Z100.0;
N002  M03  S800  M08  T0101;
N003  G00  X35.0  Z0;
N004  G01  X0  F0.3;
N005  G00  X30.0  Z2.0;
N006  G01  Z-75.0  F0.3;
N007  G00  X150.0  Z100.0;
N008  X32.0  Z0  T0303;
N009  M98  P1500  L3;
N010  G00  W-12.0;
N011  G01  X0  F0.12;
N012  G04  X2.0;
N013  G00  X150.0  Z100.0  M09;
N014  M30;
```

子程序

```
O1500;
N101  G00  W-12.0;
N102  G01  U-12.0  F0.15;
N103  G04  X1.0;
N104  G00  U12.0;
N105       W-8.0;
N106  G01  U-12.0  F0.15;
N107  G04  X1.0;
N108  G00  U12.0;
N109  M99;
```

4.2.7 车削加工编程实例

实例1 如图4-50a所示，外圆ϕ85 mm不加工，要求编写精加工程序。图4-50b所示为刀具布置图，三把车刀分别用于车外圆、切槽和车螺纹。对刀时以T01号刀为准进行。

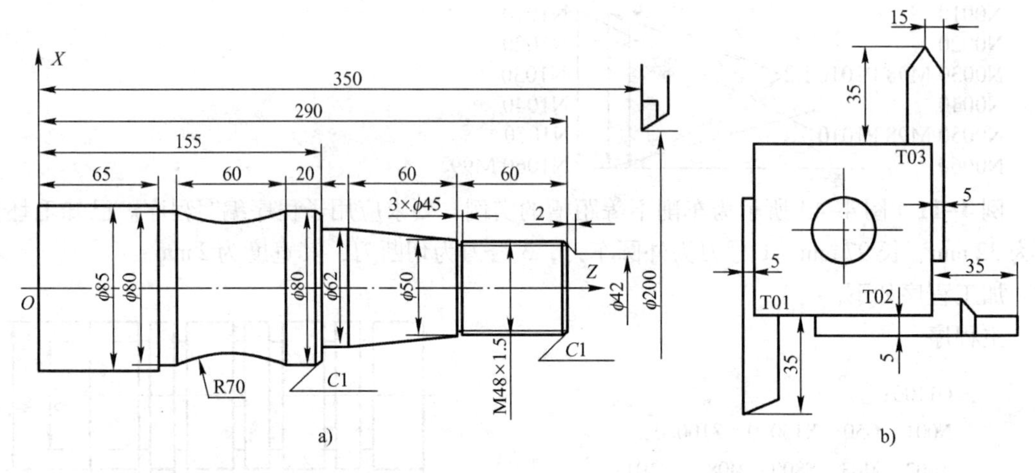

图4-50 车削实例1

（1）分析图样要求 按照先主后次的加工原则，确定加工路线。

1）切削外轮廓面。路线为倒角→螺纹的外圆→切削锥度部分→车削ϕ62 mm外圆→倒角→车削ϕ80 mm外圆→切削圆弧部分→车削ϕ80 mm外圆。

2）切3 mm×ϕ45 mm的槽。

3）车M48×1.5 mm的螺纹。

（2）选择刀具 根据加工要求选择T01号刀车外圆，T02号刀切槽，T03号刀车螺纹。选择换刀点为（200.0，350.0）。

（3）合理选择切削用量（表4-7）

表4-7 切削用量表一

切削用量 / 切削表面	主轴转速 n/（r/min）	进给速度 f/（mm/r）
车外圆	630	0.15
切槽	315	0.16
车螺纹	200	1.5

（4）编写加工程序

O0002；	程序代号
N01 G50 X200.0 Z350.0；	建立工件坐标系
N02 S630 M03 T0101 M08；	主轴正转，转速630 r/min，切削液开
N03 G00 X42 Z292.0；	快进至X=42 mm、Z=292 mm
N04 G01 X48 Z289.0 F0.15；	工进至X=48、Z=289 mm，速度0.15 mm/r（倒角）

N05　W－59.0；	－Z 方向工进 59 mm(精车螺纹大径)
N06　X50.0；	X 方向工进至 50 mm(退刀)
N07　X62.0　W－60.0；	X 方向工进至 62 mm，－Z 方向工进 60 mm(精车锥面)
N08　Z155.0；	Z 方向工进至 155 mm(精车 ϕ62 mm 外圆)
N09　X78.0；	X 方向工进至 78 mm(退刀)
N10　X80.0　W－1.0；	X 方向工进至 80 mm，－Z 方向工进 1 mm(倒角)
N11　W－19.0；	－Z 方向工进 19 mm(精车 ϕ80 mm 外圆)
N12　G02　W－60.0　R70；	顺圆，－Z 方向工进 60 mm(精车圆弧)
N13　G01　Z65.0；	Z 方向工进至 65 mm(精车 ϕ80 mm 外圆)
N14　X90.0；	X 方向工进至 90 mm(退刀)
N15　G00　X200.0　Z350.0　M05　T0100　M09；	退回起刀点，主轴停止，取消刀补，切削液关
N16　T0202；	换刀，调用 T02 号刀补
N17　S315　M03；	主轴正转，转速 315 r/min
N18　G00　X51.0　Z230.0　M08；	快进至 X＝51 mm、Z＝230 mm
N19　G01　X45.0　F0.16；	工进至 X＝45 mm、速度 0.16 mm/r(车 3 mm×ϕ45 mm 槽)
N20　G04　X5.0；	暂停 5 s
N21　G00　X51.0；	快退至 X＝51 mm(退刀)
N22　X200.0　Z350.0　T0200　M09；	退回起刀点，主轴停止，取消刀补，切削液关
N23　T0303；	换刀，调用 T03 号刀补
N24　S200　M03；	主轴正转，转速 200 r/min
N25　G00　X52.0　Z296.0　M08；	快进至 X＝52 mm、Z＝296 mm
N26　G92　X47.2　Z231.5　F1.5；	螺纹切削循环，螺距 1.5 mm，第一层切削 0.8 mm
N27　X46.6；	第二层切削 0.6 mm
N28　X46.2；	第三层切削 0.4 mm
N29　X46.04；	第四层切削 0.16 mm
N30　G00　X200.0　Z350.0　T0300　M09；	退回起刀点，取消刀补，切削液关
N31　M05；	主轴停止
N32　M02；	程序结束

实例 2　如图 4-51 所示，按图样要求编写缸盖加工程序。

(1) 分析图样要求　按先主后次的加工原则，确定加工路线。

1) 切削外轮廓面。路线为粗车端面→切削锥度部分→粗车 φ110 mm 外圆。

2) 粗车内阶梯孔。

3) 精车端面→切削锥度部分→精车 ϕ110 mm 外圆。

4) 切 4 mm×ϕ93.8 mm 的槽。

5) 精车内阶梯孔及倒角。

6) 切 4.1 mm×2.5 mm 的槽。

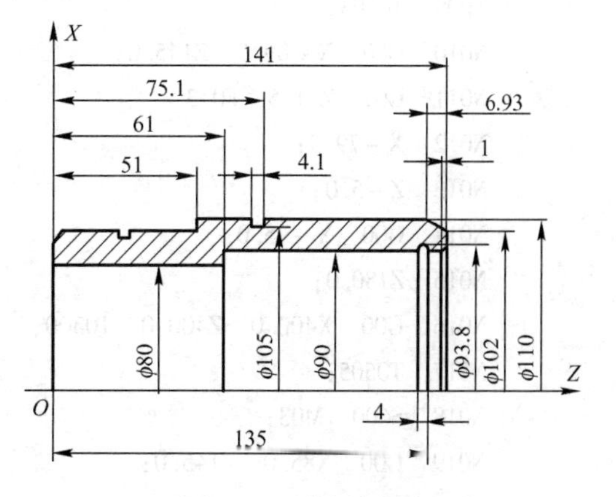

图 4-51　车削实例 2

（2）选择刀具　根据加工要求选择 T01 号刀粗车端面及锥面等，选择 T03 号刀粗车内阶梯孔，选择 T05 号刀精车端面及锥面等，选择 T07 号刀加工 4 mm × ϕ93.8 mm 的圆弧槽，选择 T09 号刀精车内阶梯孔及倒角，选择 T11 号刀切 4.1 mm × 2.5 mm 的槽，选择换刀点为（400，400）。

（3）合理选择切削用量（表 4-8）

表 4-8　切削用量表二

切削用量 / 切削表面	主轴转速 n/(r/min)	进给速度 f/(mm/r)
粗车端面及锥面等	300	0.2
粗车内阶梯孔	300	0.3
精车端面及锥面等	600	0.2
切 4 mm × ϕ93.8 mm 的槽	200	0.2
精车内阶梯孔及倒角	600	0.2
切 4.1 mm × 2.5 mm 的槽	200	0.1

（4）编写加工程序

```
O0002                                   程序名
N001  G50  X400.0  Z400.0  T0101;       设定加工坐标系
N002  S300  M03;                        主轴正转,转速 300 r/min
N003  G00  X118.0  Z141.5;              刀具快速定位
N004  G01  X82.0  F0.2;                 粗车端面
N005  G00  X103.0;
N006  G01  X110.5  Z135.0  F0.2;        粗车短锥面
N007  Z50.0  F0.2;                      粗车 φ110 mm 外圆,长度多切 1 mm,避免接刀痕
N008  G00  X400.0  Z400.0  T0100;       取消刀具补偿,返回零点
N009  T0303;                            更换 T03 内孔车刀
N010  G00  X-89.5  Z145.0;              沿 X 负半轴加工防梯孔
N011  G01  Z61.5  F0.3                  粗车 φ90 mm 内孔
N012  X-79.5;                           粗车内孔阶梯面
N013  Z-5.0;                            粗车 φ80 mm 内孔
N014  G00  X-75.0;
N015  Z180.0;
N016  G00  X400.0  Z400.0  T0300;       取消刀具补偿,返回零点
N017  T0505;                            更换 T05 车刀
N018  S600  M03;                        主轴正转,转速 600 r/min
N019  G00  X85.0  Z145.0;
N020  G01  Z141.0  F0.5;
N021  X102.0  F0.2;                     精车端面
N022  X110  W-6.93;                     精车短锥面
N023  G01  Z50.0  F0.08;                精车 φ110 mm 外圆
```

```
N024  G00  X112.0;
N025  X400.0  Z400.0  T0500;                 取消刀具补偿,返回零点
N026  T0707;                                 更换 T07 车刀
N027  S200  M03;                             主轴正转,转速 200 r/min
N028  G00  X-85.0  Z180.0;                   沿 X 负半轴加工
N029  Z131.0  M08;
N030  G01  X-93.8  F0.2;                     切 4 mm×φ93.8 mm 槽
N031  G00  X-85.0;
N032  Z180.0;
N033  X400.0  Z400.0  T0700  M09;            取消刀具补偿,返回零点
N034  T0909;                                 更换 T09 车刀
N035  S600  M03;                             主轴正转,转速 600 r/min
N036  G00  X-94.0  Z180.0;                   沿 X 负半轴加工阶梯孔
N037  Z142.0;
N038  G01  X-90.0  Z140.0  F0.2;             内孔倒角
N039  Z61.0;                                 精车 φ90 mm 内孔
N040  X-80.0;                                精车内孔阶梯面
N041  Z-5.0;                                 精车 φ80 mm 内孔
N042  G00  X-75.0;
N043  Z180.0;
N044  X400.0  Z400.0  T0900;                 取消刀具补偿,返回零点
N045  T1111;                                 更换 T011 车刀
N046  S200  M03;                             主轴正转,转速 240 r/min
N047  G00  X115.0  Z71.0;
N048  G01  X105.0  F0.1  M08;                车 4.1 mm×2.5 mm 槽
N049  X115.0;
N050  G00  X400.0  Z400.0  T1100  M08;       取消刀具补偿,返回零点
N051  M08;                                   切削液关闭
N052  M08;                                   主轴停止
N053  M30;                                   程序结束
```

4.3 数控铣床（加工中心）编程

数控铣床与普通铣床相比，具有加工精度高、加工零件的形状复杂和加工范围广等特点。数控铣削加工是通过主轴带动刀具旋转，零件装夹在工作台上，依靠两轴、两轴半或三轴联动来加工零件表面。对于形状简单、计算量不大的零件可以考虑用手工方法来完成程序编制，但对于形状复杂、计算量较大的零件则应考虑采用自动编制。手工编程时，由于数控铣床大多不具有粗加工循环的指令，因此应充分考虑粗加工、半精加工及精加工的切削路径规划，以保证零件的加工精度。

不同的数控铣床（加工中心），其编程指令基本相同，但也有个别的指令定义有所不同，本节重点介绍数控铣床（加工中心）编程中常用的编程指令。

4.3.1 数控铣床（加工中心）的系统功能

（1）准备功能　准备功能也称为 G 功能，主要是用来指令机床的动作方式。表 4-9 列出了日本 FANUC 公司镗铣类数控系统的部分 G 功能指令。

表 4-9　FANUC 公司镗铣类数控系统的部分 G 功能指令

G 指令	组号	功　能	G 指令	组号	功　能
G00	01	快速点定位	G53	00	机床坐标系选择
G01		直线插补	G54	12	工件坐标系 1
G02		顺时针圆弧插补	G55		工件坐标系 2
G03		逆时针圆弧插补	G56		工件坐标系 3
G04	00	暂停	G57		工件坐标系 4
G15	18	极坐标取消	G73	09	深孔钻削循环
G16		极坐标设定	G74		攻螺纹循环（左旋螺纹）
G17	02	*OXY* 平面选择	G76		精镗循环
G18		*OXZ* 平面选择	G80		固定循环取消
G19		*OYZ* 平面选择	G81		钻孔循环
G20	06	英制输入	G82		钻孔循环
G21		米制输入	G83		深孔钻削循环
G27	00	返回参考点校验	G84		攻螺纹循环
G28		自动返回参考点	G85		镗孔循环
G29		从参考点返回	G86		镗孔循环
G39		拐角偏移圆弧插补	G87		反镗孔循环
G40	07	刀具半径补偿取消	G88		镗孔循环
G41		刀具半径左补偿	G89		镗孔循环
G42		刀具半径右补偿	G90	03	绝对值编程
G43	08	刀具长度正补偿	G91		增量值编程
G44		刀具长度负补偿	G92	00	设定工件坐标系
G45	00	刀具半径补偿增加	G94	05	每分钟进给
G46		刀具半径补偿减少	G95		每转进给
G47		刀具半径补偿两倍增加	G97	02	每分钟转数
G48		刀具半径补偿两倍减少	G98	04	固定循环返回起点
G49	08	刀具长度补偿取消	G99		固定循环返回点 *R*

不同组的 G 指令在同一个程序段中可以有多个，但如果在同一个程序段中有两个或两个以上属于同一组的 G 指令时，则只有最后一个 G 指令有效。在固定循环中，如果指令了 01 组的 G 指令，则固定循环将被自动取消或为 G80 状态（即取消固定循环），但 01 组的 G 指令不受固定循环 G 指令的影响。如果在程序中指令了 G 指令表中没有的 G 指令，则系统将显示报警。

（2）辅助功能　辅助功能也称为 M 功能，用来指令机床的辅助动作及状态，如主轴的起动、停止，切削液的开、关，夹具的夹紧、松开，更换刀具等功能。表 4-10 列出了数控铣床常用的辅助功能表。

表 4-10　数控铣床常用的辅助功能

指　令	功　能	指　令	功　能
M00	程序停止	M10	Z 轴夹紧
M01	选择停止	M11	Z 轴松开
M02	程序结束	M30	纸带结束
M03	主轴正转	M60	更换工件
M04	主轴反转	M61	工件直线位移，位置 1
M05	主轴停止	M62	工件直线位移，位置 2
M06	自动换刀	M71	工件角度位移，位置 1
M07	雾状切削液开	M72	工件角度位移，位置 2
M08	液态切削液开	M98	调用子程序
M09	切削液关	M99	子程序返回

在一个程序段中只能有一个 M 指令，如果在一个程序段中同时有两个或两个以上的 M 指令时，则只有最后一个 M 指令有效，其余的 M 指令均无效。

（3）进给功能　进给功能用来指定刀具相对于工件的进给速度。例如：F150 表示刀具的进给速度是 150 mm/min。

（4）主轴转速功能　主轴转速功能也称为 S 功能，用于指定主轴转速。一般是直接指定转速，如 S2500 表示主轴转速为 2500 r/min。

（5）刀具功能　刀具功能是用来选择刀具和进行刀具补偿调用的，一般由 T 后接两位数字组成，T00 ~ T99，表示刀具号。

有的数控机床 T 后跟两位数字，只表示使用的刀具号，不调用补偿值。

4.3.2　数控铣床（加工中心）的坐标系统

数控铣床的 Z 坐标轴一般为主轴。对于立式数控铣床而言，竖直向上是 Z 坐标轴的正方向，而 X 坐标轴的确定方法是：人面对主轴向立柱方向看，选定主轴右侧为 X 坐标轴正方向，Y 坐标轴通过右手定则确定，如图 4-52 所示；对于卧式数控铣床而言，主轴远离工件的方向作为 Z 坐标轴正方向，人面对主轴向立柱方向看，选定主轴左侧为 X 坐标轴的正方向，Y 坐标轴通过右手定则确定，如图 4-53 所示。

数控铣床的机床零点，也称为参考点。该点是机床上一个固定的点，一般是在 X 坐标轴、Y 坐标轴、Z 坐标轴正向的极限位置上。机床起动后，首先要将机床的位置回零，即各轴都移动到机床零点。这样在执行程序时，才能有正确的机床坐标系。

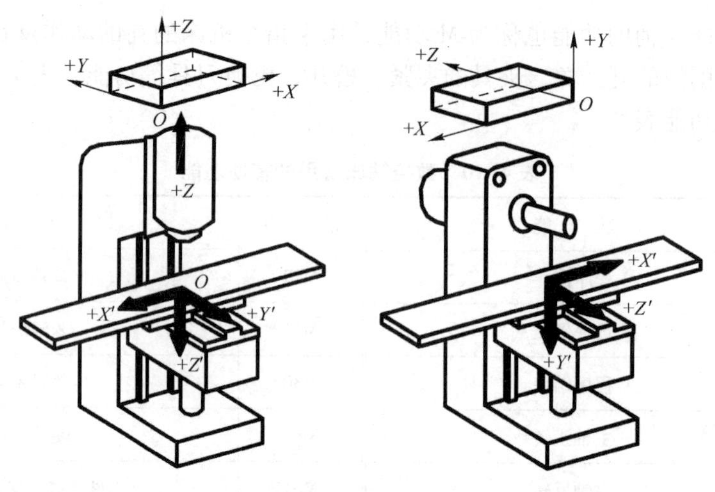

图 4-52 立式数控铣床　　　　图 4-53 卧式数控铣床

4.3.3 数控铣床（加工中心）常用编程指令

（1）工件坐标系的设定

1）设定工件坐标系 G92。

格式：G92　X _Y _Z _;

G92 指令是规定工件坐标系坐标原点的指令。工件坐标系坐标原点又称为程序零点，X、Y、Z 为刀具刀位点在工件坐标系中（相对于程序零点）的初始位置。执行 G92 指令后，刀具就确定了刀具刀位点的初始位置（也称为程序起点或起刀点）与工件坐标系坐标原点的相对距离，并在 CRT 上显示出刀具刀位点在工件坐标系中的当前位置坐标值（即建立了工件坐标系）。

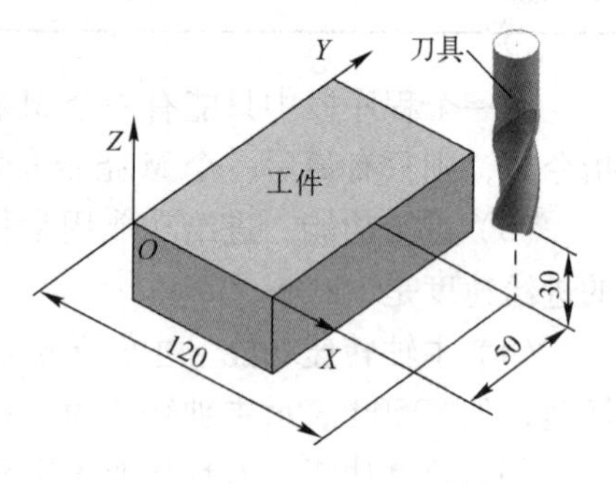

图 4-54 设定工件坐标系

例 4-12 如图 4-54 所示，设定工件坐标系的程序如下。

G92 X120.0 Y50.0 Z30.0;

注意：G92 指令执行前的刀具位置，应放在程序所要求的位置上，因刀具在不同的位置，所设定出的工件坐标系的坐标原点位置也不同。在编程中可以任意改变坐标系的程序零点，所以，在计算较为简便的条件下，对复杂的工件，经常要改变坐标系。

程序起点是指开始执行程序时刀具的初始位置，也称为起刀点。从该点开始，刀具将沿编程员设定的轨迹运动。

工件原点是指工件坐标系的原点，它是由编程员任意设定的，一般在装夹工件完毕后，通过对刀确定。

2）数控铣床的简单对刀法。对刀就是使对刀点和刀位点重合。对数控立式升降台铣床来说，常用的刀具是立铣刀。立铣刀的刀位点是指刀具轴线与刀具底面的交点；对于球头铣刀是指球头铣刀的球心；对于车刀或镗刀是指刀具的刀尖。对刀点是刀具相对工件运动的起始点，可以选择工件上的某一点，也可以选择工件外某一点（如夹具或机床上），但所选择的对刀点必须与工件的定位基准有一定的坐标尺寸关系。

当对刀精度要求不高时，可直接选用工件或夹具上某些表面作为对刀面。当对刀精度要求高时，对刀点应尽量选择在工件的设计基准或工艺基准上。对于以孔定位的工件，则选用孔的中心作为对刀点。

对刀一般有手动对刀、对刀仪对刀和自动对刀三种方法。手动对刀通常情况下精度不高，而且较多地占用机床时间，比较落后，但使用时不用附加辅助工具，所以在一些企业中仍然应用较多。以对 *Z* 轴为例，它的具体做法是：刀具先回零，然后在 *XY* 面上铣一刀，此时显示屏上将显示出刀尖的 *Z* 方向尺寸，以该尺寸作为坐标系设定时的 *Z* 值即可，同理可得 *X*、*Y* 的值。

用对刀仪对刀，通常是先调整好一个对刀仪在机床上的位置，然后将刀具装在主轴上，再通过显示屏显示刀尖形状，调整刀具，使刀位点和对刀点重合。

目前最先进的对刀方式是自动对刀，即利用计算机数控装置自动、准确测出刀具在坐标方向的尺寸，自动修正刀具补偿值，并且可以不用停顿接着开始加工工件，但这需要有刀具检测功能。

（2）绝对值编程 G90 和增量指令编程 G91

格式：G90；

G91；

绝对值编程 G90 指令表示程序段中的尺寸字为绝对坐标值，即移动指令终点的坐标值 X、Y、Z 都是以工件坐标系坐标原点（程序零点）为基准来计算。

增量值编程 G91 指令表示程序段中的尺寸字为增量坐标值，即移动指令终点的坐标值 X、Y、Z 都是以前一位置为基准来计算，也就是相对于前一位置的增量，其正负可根据移动的方向来判断，与坐标轴同向取正，反向取负。

例 4-13 对于图 4-55 所示情形，使用绝对值与增量值方式设定输入坐标的程序分别如下。

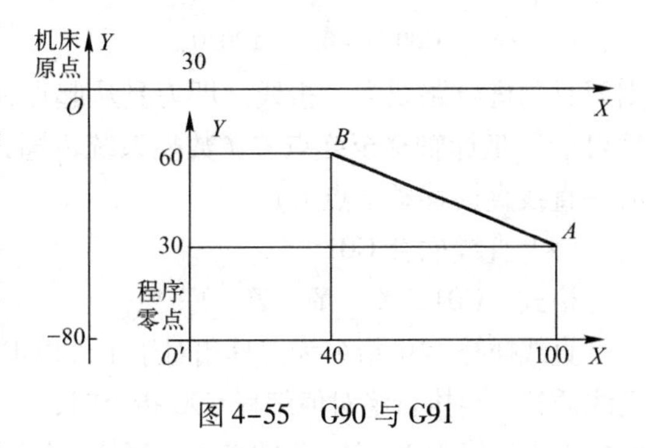

图 4-55 G90 与 G91

绝对值编程 G90 指令时

G92 X0 Y0 Z0；	程序零点设定在机床原点 *O*
G90 G00 X30.0 Y-80.0；	刀具快移至点 *O′* 定位
G92 X0 Y0；	程序零点再设定在点 *O′*
G90 G00 X100.0 Y30.0；	刀具快移至始点 *A* 定位
G01 X40.0 Y60.0；	直线插补 *A*→*B*

增量值编程 G91 指令时

（程序功能与上面相同）

```
G92  X0  Y0  Z0;
G91  G00  X30.0  Y-80.0;
G92  X0  Y0;
G91  G00  X100.0  Y30.0;
G01  X-60.0  Y30.0;
```

（3）快速点定位 G00

格式：G00 X _Y _Z _；

快速点定位 G00 指令为刀具相对于工件分别以各轴快速移动速度由起点（当前点）快速移动到终点定位。当是绝对值编程 G90 指令时，刀具分别以各轴快速移动速度移至工件坐标系中坐标值为 X、Y、Z 的点上；当是增量值编程 G91 指令时，刀具则移至距起点（当前点）为 X、Y、Z 增量的点上。各轴快速移动速度可分别用参数设定；在加工执行时，还可以在操作面板上用快速进给速率修调旋钮来调整控制。通常快速进给速率修调分为 F0、25%、50%、100%四段，其中最慢速率 F0 也由参数设定；25%、50%、100%为设定速率的百分率。G00 指令为模态指令。

G00 指令的具体执行过程是：从程序执行开始，加速到最快的速度，然后以此速度快速移动，最后减速到达终点。假定三个坐标轴方向都有位移量，那么三个坐标轴的伺服电动机同时按设定的速度驱动工作台移动，当某一坐标轴完成了位移时，该方向电动机停止，余下两坐标轴继续移动。第二坐标轴完成了移动后，只剩下最后一个坐标轴移动，直到到达终点。这种单向趋近方法，有利于提高定位精度。可见，G00 指令的运动轨迹一般不是一条直线而是三条或两条直线的组合。使用时应注意这一点，否则容易发生碰撞。

例 4-14　若 *X* 坐标轴和 *Y* 坐标轴的快速移动速度均为 4000 mm/min，刀具的起点位于工件坐标系的点 *A*（图 4-56），当程序为

```
G90  G00  X60.0  Y30.0;
```

或

```
G91  G00  X40.0  Y20.0;
```

则刀具的进给路线为一折线，即刀具从起点 *A* 先沿 *X* 坐标轴、*Y* 坐标轴同时移动至点 *B*，然后再沿 *X* 坐标轴移至终点 *C*（数控系统不同，G00 的移动轨迹也有所不同，也有可能从点 *A* 沿一直线直接移动至点 *C*）。

（4）直线插补 G01

格式：G01　X _Y _Z _F _；

直线插补 G01 指令为刀具相对于工件以 F 指令的进给速度从当前点（起点）向终点进行直线插补。当执行绝对值编程 G90 指令时，刀具以 F 指令的进给速度进行直线插补，移至工件坐标中坐标值为 X、Y、Z 的点上；当执行增量值编程 G91 指令时，刀具则移至距当前点距离为 X、Y、Z 增量值的点上。F 指令是进给速度指令，在没有新的 F 指令以前一直有效，不必在每个程序段中都写入 F 指令；F 指令的进给速度是刀具沿加工轨迹（路径）的运动速度，沿各坐标轴方向的进给速度分量可能不相同；三坐标能否同时运动（联动）取决于机床功能。

例 4-15　如图 4-57 所示，直线插补程序如下。

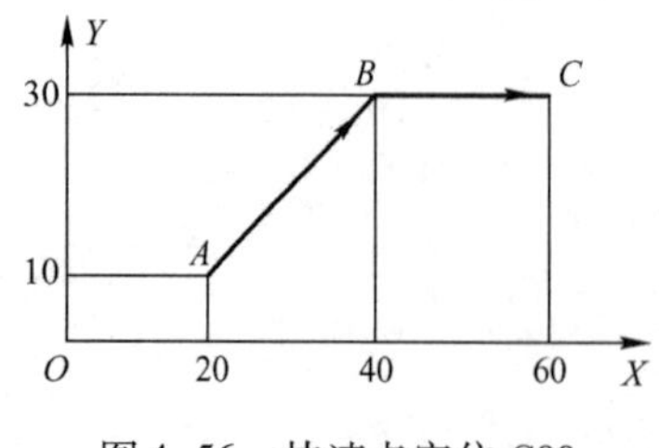

图 4-56　快速点定位 G00

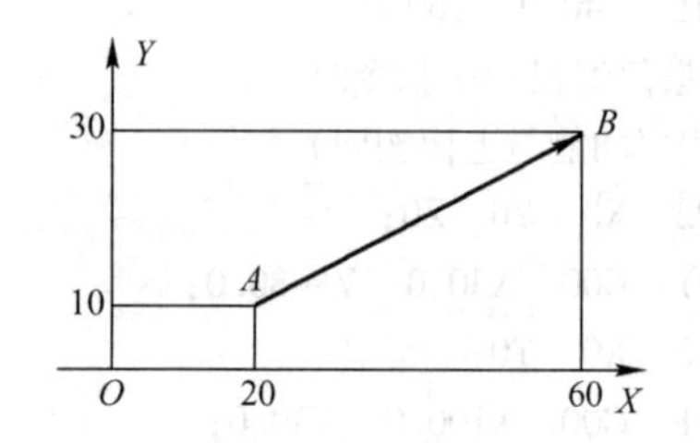

图 4-57　直线插补 G01

G90　G01　X60.0　Y30.0　F200；　　　　　　起点 *A*—终点 *B*

或

G91　G01　X40.0　Y20.0　F200；

F200 是指从起点 *A* 向终点 *B* 进行直线插补的进给速度为 200 mm/min，刀具的进给路线如图 4-57 所示。

注意：G01 程序段中必须含有 F 指令或依靠前面的 F 指令续效。

（5）平面选择 G17、G18、G19　平面选择 G17、G18、G19 指令分别用来指定程序段中刀具的圆弧插补平面和刀具半径补偿平面。如图 4-58 所示，G17 选择 *XY* 平面，G18 选择 *ZX* 平面，G19 选择 *YZ* 平面。

（6）顺时针圆弧插补 G02 和逆时针圆弧插补 G03　圆弧插补 G02、G03 指令是刀具相对于工件在指定的坐标平面（G17、G18、G19）内，以 F 指令的进给速度从当前点（起点）向终点进行圆弧插补（图 4-58）。

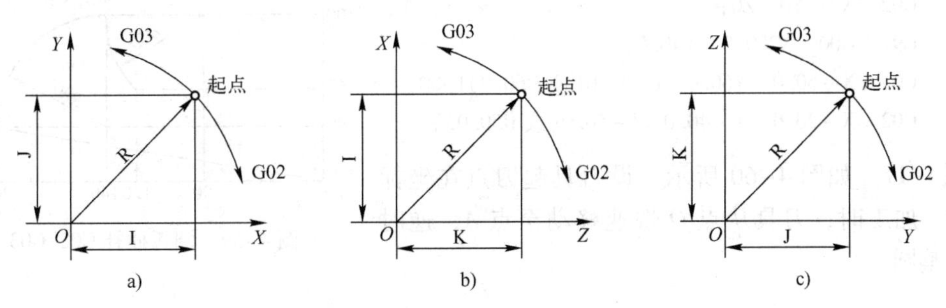

图 4-58　圆弧插补 G02、G03

a）G17　b）G18　c）G19

G02 表示按指定速度进给的顺时针圆弧插补指令；G03 表示按指定速度进给的逆时针圆弧插补指令。顺圆、逆圆的判别方法是：沿着不在圆弧平面内的坐标轴由正方向向负方向看去，顺时针方向为 G02，逆时针方向为 G03。

格式如下。

1）*XY* 平面圆弧

$$G17\left\{\begin{matrix}G02\\G03\end{matrix}\right\}X\_\ Y\_\left\{\begin{matrix}R\_\\I\_\ J\_\end{matrix}\right\}F\_;$$

2）*ZX* 平面圆弧

$$G18\left\{\begin{matrix}G02\\G03\end{matrix}\right\}X\_\ Z\_\left\{\begin{matrix}R\_\\I\_\ K\_\end{matrix}\right\}F\_;$$

3）*YZ* 平面圆弧

$$G19\left\{\begin{matrix}G02\\G03\end{matrix}\right\}Y\_\ Z\_\left\{\begin{matrix}R\_\\J\_\ K\_\end{matrix}\right\}F\_;$$

其中，X、Y、Z 是圆弧终点坐标值，可以用绝对坐标值，也可以用增量值，由 G90 或 G91 决定。在增量方式下，圆弧终点坐标值是相对于圆弧起点的增量值。

R 是圆弧半径，当圆弧所对应的圆心角≤180°时，R 取正值；当圆心角＞180°时，R 取负值。

I、J、K 表示圆弧圆心的坐标，它是圆心相对于圆弧起点在 X、Y、Z 坐标轴方向上的增量值，且永远为增量值（不受 G90、G91 的影响）。

注意，I、J、K 为零时可以省略；在同一程序段中，如 I、J、K 与 R 同时出现时，R 有效，而其他字被忽略；整圆只能用 I、J、K 来编程。

例 4-16 如图 4-59 所示，设刀具初始位置在点 O，快速定位到点 A，从点 A 开始沿着 $A \rightarrow B \rightarrow C$ 顺序进行切削，其程序如下。

采用绝对值编程 G90 指令时

```
G92  X0  Y0  Z0;                                     设置点 O 为坐标原点
G90  G00  X200.0  Y40.0;                             点定位 O→A
G03  X140.0  Y100.0  I-60.0  J0(或 R60.0)F300;       A→B
G02  X120.0  Y60.0  I-50.0  J0(或 R50.0);            B→C
```

采用增量值编程 G91 指令时

```
G92  X0  Y0  Z0;
G91  G00  X200.0  Y40.0;
G03  X-60.0  Y60.0  I-60.0(或 R60.0)F300;
G02  X-20.0  Y-40.0  I-50.0(或 R50.0);
```

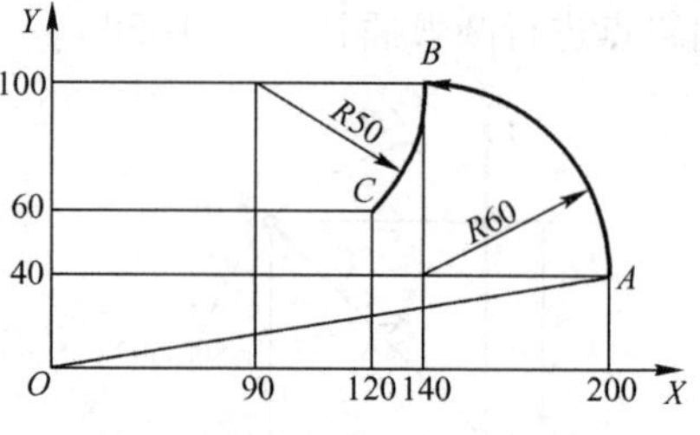

图 4-59　圆弧插补 G02、G03

例 4-17 如图 4-60 所示，设刀具起刀点在坐标原点 O，加工时，刀具从点 O 快速移动至点 A，逆时针加工整圆。

采用绝对值编程 G90 指令时

```
G92  X0  Y0  Z0;
G90  G00  X30.0  Y0;
G03  X30.0  Y0  I-30.0  J0  F100;
G00  X0  Y0;
```

采用增量值编程 G91 指令时

```
G92  X0  Y0  Z0;
G91  G00  X30.0  Y0;
G03  X0  Y0  I-30.0  J0  F100;
G00  X-30.0  Y0;
```

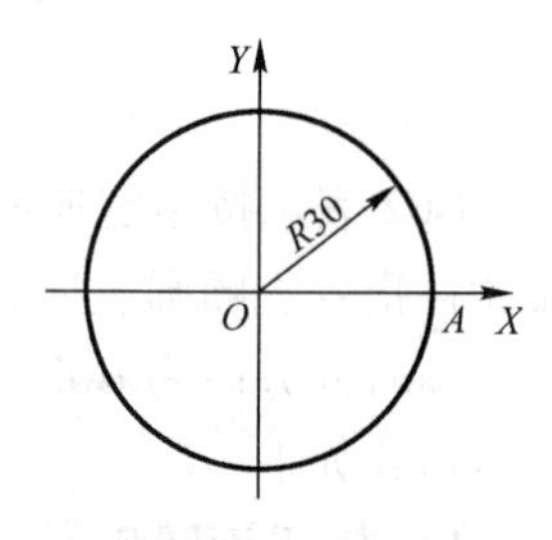

图 4-60　整圆加工

（7）暂停 G04

格式：G04　X __（P __）;

G04 指令刀具暂时停止进给，直到经过暂停时间，再执行下一程序段。地址 P 或 X 指令暂停的时间。其中地址 X 后可以是带小数点的数，单位为 s，如暂停 ls 可写为 G04 X1.0；地址 P 不允许用小数点输入，只能用整数，单位为 ms，如暂停 ls 可写为 G04 P1000。此功能常用于镗孔、锪孔或钻到孔底时。

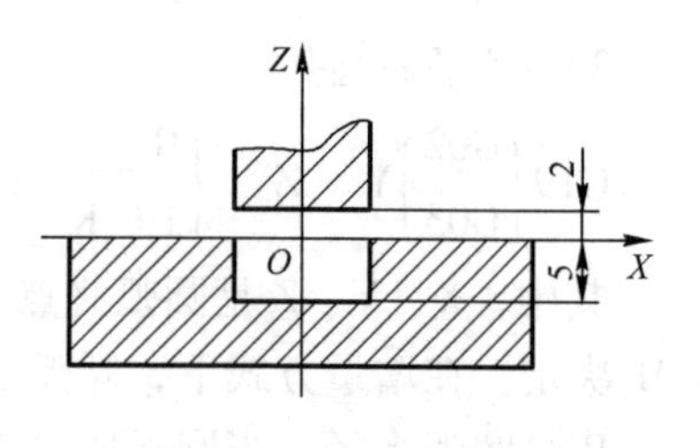

图 4-61　G04 的使用

例 4-18 如图 4-61 所示，在一锪孔加工中，孔底有表面粗糙度要求。

程序如下。

```
G91  G01  Z-7.0  F60;
G04  X5.0; (刀具在孔底停留5 s)
G00  Z7.0;
```

（8）米制输入G21和英制输入G20　G21、G20分别指定程序中输入数据为米制或英制。G21、G20是两个互相取代的G指令，一般机床出厂时，将米制输入G21设定为参数默认状态。用米制输入程序时，不用再指定G21；但用英制输入程序时，在程序开始设定工件坐标系之前，必须指定G20。在一个程序中也可以用米制、英制输入混合使用，在G20以下、G21未出现前的各程序段为英制输入；在G21以下、G20未出现前的各程序段为米制输入。例如：

```
N10    G20  …    英制输入
N20    …
…
N50    G21  …    米制输入
N60    …
…
N90    G20  …    英制输入
N100   …
…
N120   M02
```

另外，G21、G20断电前后的状态一致。

（9）返回参考点校验G27

格式：G27　X _Y _Z _;

根据G27指令，刀具以参数所设定的速度快速进给，并在指令规定的位置（坐标值为X、Y、Z）上定位。若所到达的位置是机床零点，则返回参考点的各轴指示灯亮。如果指示灯不亮，则说明程序中所给的指令有错误或机床定位误差过大。

注意：执行G27指令的前提是机床在通电后必须返回过一次参考点（手动返回或G28指令返回）。使用G27指令时，必须先取消刀具补偿和半径补偿，否则会发生不正确动作。由于返回参考点不是每个加工周期都需要执行，所以可作为选择程序段。G27程序段执行后，如不希望继续执行下一程序段（使机械系统停止）时，则必须在该程序段后增加M00或M01或在单个程序段中运行M00或M01。

（10）自动返回参考点G28

格式：G28　X _Y _Z _;

执行G28指令，使各轴快速移动，分别经过指定的（坐标值为X、Y、Z）中间点返回到参考点定位。

在使用G28指令时，必须先取消刀具半径补偿，而不必先取消刀具长度补偿，因为G28指令包含刀具长度补偿取消、主轴停止、切削液关闭等功能。故G28指令一般用于自动换刀。

（11）从参考点返回 G29

格式：G29　X __Y __Z __；

执行 G29 指令时，首先使被指令的各轴快速移动到前面 G28 所指令的中间点，然后再移到被指令的（坐标值为 X、Y、Z 的返回点）位置上定位。如 G29 指令的前面，未指令中间点，则执行 G29 指令时，被指令的各轴经程序零点，再移到 G29 指令的返回点上定位。

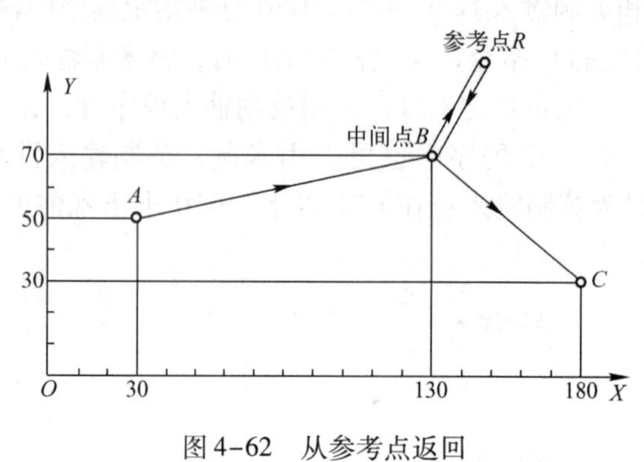

图 4-62　从参考点返回

例 4-19　如图 4-62，其程序如下。

绝对值编程 G90 指令时

G90　G28　X130.0　Y70.0；	当前点 $A \to B \to R$
M06；	换刀
G29　X180.0　Y30.0；	参考点 $R \to B \to C$

增量值编程 G91 指令时

G91　G28　X100.0　Y20.0；

M06；

G29　X50.0　Y－40.0；

如程序中无 G28 指令时，则程序段

G90　G29　X180.0　Y30.0；

进给路线为 $R \to O \to C$。

通常 G28 和 G29 指令应配合使用，使机床换刀后直接返回加工点 C，而不必计算中间点 B 与参考点 R 之间的实际距离。

（12）刀具长度补偿 G43、G44、G49　刀具长度补偿指令一般用于刀具轴向（Z 方向）的补偿。它使刀具在 Z 方向上的实际位移量比程序给定值增加或减少一个偏置量。这样，在程序编制中，可以不必考虑刀具的实际长度以及各把刀不同的长度尺寸。另外，刀具磨损、更换新刀或刀具安装有误差时，也可使用刀具长度补偿指令，补偿刀具在长度方向上的尺寸变化，不必重新编制加工程序、重新对刀或重新调整刀具。

格式：$\begin{Bmatrix} \text{G43} \\ \text{G44} \end{Bmatrix}$Z __H __；

其中，G43 为刀具长度正补偿指令，G44 为刀具长度负补偿指令，Z 为目标点的编程坐标值，H 为补偿功能代号，它后面的两位数字是刀具补偿寄存器地址字，如 H01 是指 01 号寄存器，在该寄存器中存放刀具长度补偿值。从 H00～H99，除 H00 寄存器必须置 0 外，其余寄存器存放刀具长度的补偿值，该值的范围为：米制 0 ~ ±999.99 mm；英制 0 ~ ±99.999 in。

在 G17 的情况下，刀具补偿 G43 和 G44 只用于 Z 坐标轴的补偿，而对 X 坐标轴和 Y 坐标轴无效。

如图 4-63 所示：

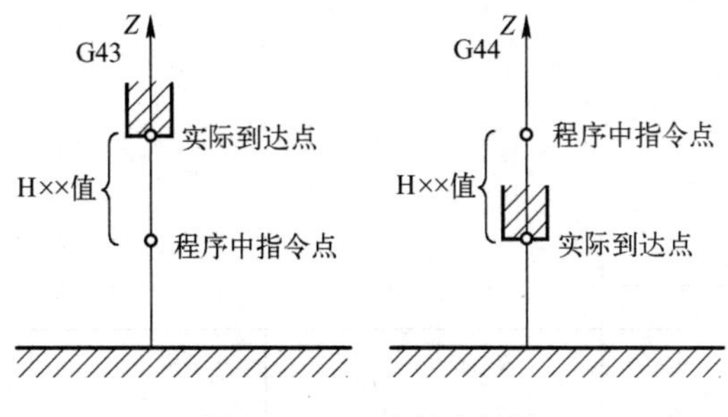

图 4-63　刀具长度补偿

执行 G43 时

$$Z_{实际值} = Z_{指令值} + (H××)$$

执行 G44 时

$$Z_{实际值} = Z_{指令值} - (H××)$$

其中，(H××) 是指编号为 ×× 寄存器中的补偿量，其值可以是正值，也可以是负值。

采用刀具长度补偿取消 G49 指令或用 G43 H00 和 G44 H00 可以取消补偿指令。

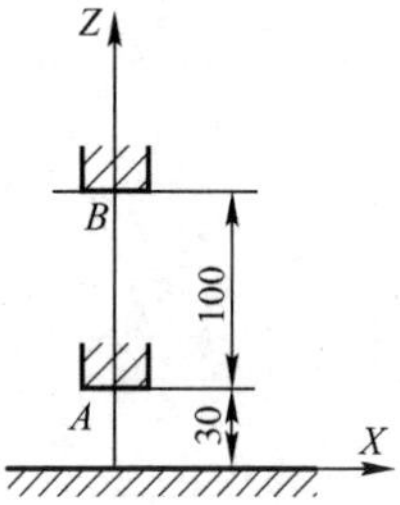

例 4-20　如图 4-64 所示，刀具位于工件以上 30 mm 处的点 A，工件上表面为 Z0，设 H05 = 100 mm。

图 4-64　刀具长度补偿举例

```
G90   G00   G43   Z30.0   H05;          指令为点 A,实际到达点 B
```

如 H05 = −100 mm，则程序为

```
G90   G00   G44   Z30.0   H05;          指令为点 A,实际到达点 B
```

例 4-21　如图 4-65 所示，在数控铣床上钻削三个孔，孔直径均为 8 mm，零件上表面铣削所用刀具作为工件坐标系建立时的标准刀具，ϕ8 mm 钻头设为 T2，长度比标准刀具长了18 mm，记为 H02 = 18 mm，设刀具初始位置为点 O，加工程序如下。

```
N10   M03   S500   T2   F150;
N20   G92   X0.0   Y0.0   Z8.0;
N30   G00   X120.0   Y80.0;
N40   G00   G43   Z-32.0   H02;
N50   G01   Z-53.0;
N60   G04   P1000;
N70   G00   Z-32.0;
N80   G00   X150.0   Y30.0;
```

```
N90   G01   Z-70.0;
N100   G00   Z-32.0;
N110   G00   X210.0   Y60.0;
N120   G01   Z-55.0;
N130   G00   G49   Z0.0;
N140   X0.0   Y0.0;
N150   M05;
N160   M02;
```

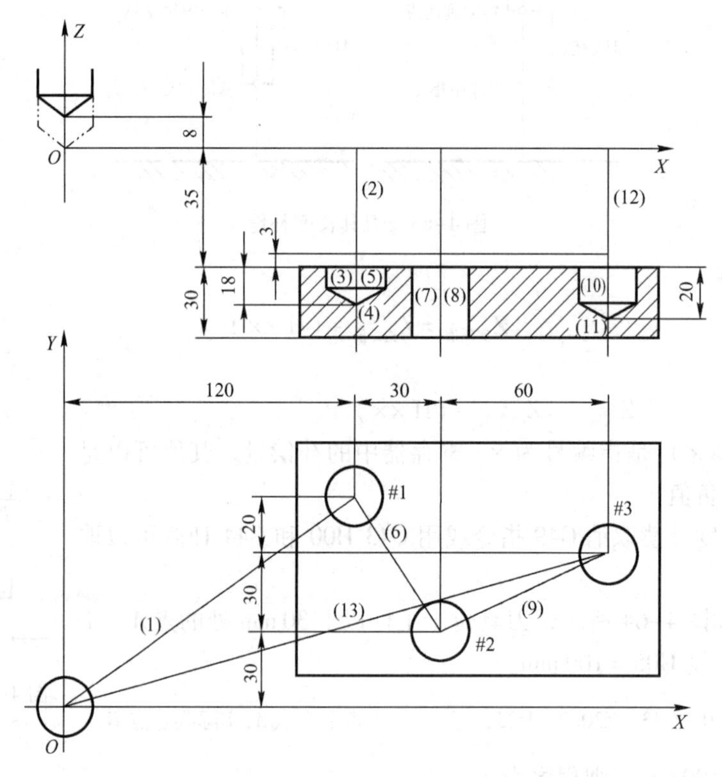

图 4-65　刀具长度补偿应用举例

(1)~(13)—刀具运动过程

(13) 刀具半径补偿 G41、G42、G40　当加工曲线轮廓时，对于有刀具半径补偿功能的数控系统，不必求刀具中心的运动轨迹，只按零件轮廓曲线编程，同时在程序中给出刀具半径的补偿指令，就可加工出具有轮廓曲线的零件，使编程工作大大简化。例如：要加工图 4-66 所示的轮廓曲线 *A*，铣刀中心应沿着曲线 *B* 进给，即刀具中心要偏离零件轮廓（编程轨迹）一定的距离，这种偏离称为偏移。图 4-66 中的箭头表示偏移矢量，其大小为刀具半径，方向为零件（编程轨迹）上在该点的法线方向，并指向刀具中心。矢量的方向随着零件轮廓（编程轨迹）的变化而变化。

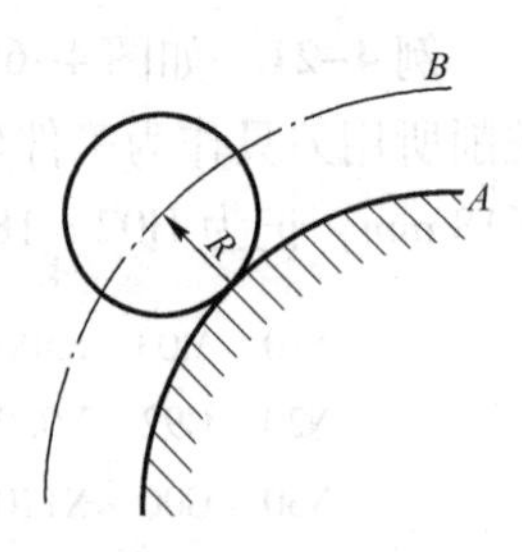

图 4-66　偏移矢量

下面讨论在 G17 情况时刀具半径补偿问题。

G41 为刀具半径左补偿，是指沿着刀具运动方向向前看（假设工件不动），刀具位于被加工轮廓边左侧，如图 4-67a 所示。

G42 为刀具半径右补偿，是指沿着刀具运动方向向前看（假设工件不动），刀具位于被加工轮廓边右侧，如图 4-67b 所示。

G40 为刀具半径补偿取消指令。使用该指令后，使 G41、G42 指令无效。

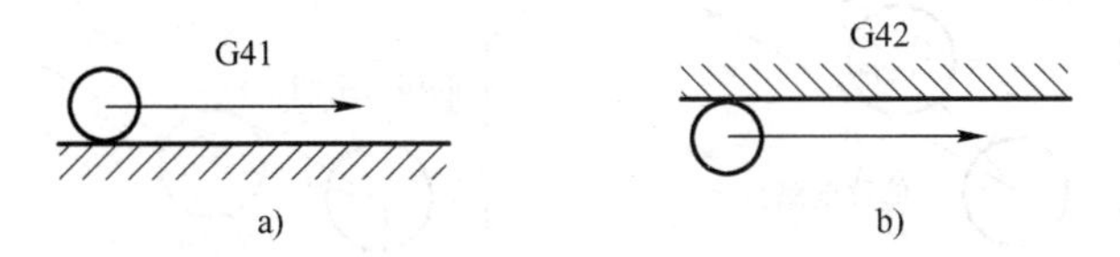

图 4-67　G41/G42 的使用

a）刀具半径左补偿　c）刀具半径右补偿

1）刀具半径左补偿 G41 和刀具半径右补偿 G42。

格式：$\begin{Bmatrix}G41\\G42\end{Bmatrix}\begin{Bmatrix}G00\\G01\end{Bmatrix}X\_\ Y\_\ H(或D)\_;$

其中，X 和 Y 表示刀具移至终点时，轮廓曲线（编程轨迹）上点的坐标值，H（或 D）为刀具半径补偿寄存器地址字，在寄存器中有刀具半径补偿值。

不论是刀具长度补偿值，还是刀具半径补偿值，都是由操作者在面板上用“MENU OFFSET”功能键置入刀具补偿寄存器的。图 4-68 所示为刀具偏移量菜单。对应于刀具补偿寄存器 H01 ~ H99（或 D01 ~ D99），菜单中都有相应的偏置号（OFFSET NO.）与之对应，如偏置号 005 对应于 H05 寄存器。设置刀具补偿值时，操作者只需用面板上的光标键（CURSOR），将光标移至所选的偏置号上，输入刀具补偿值到偏置号后面的偏移量（OFFSET DATA）位置上即可。

OFFSET		O 0013	N0008
NO.	DATA	NO.	DATA
001	10.000	009	0.000
002	-1.000	010	10.000
003	0.000	011	-20.000
004	0.000	012	0.000
005	20.000	013	0.000
006	0.000	014	0.000
007	0.000	015	0.000
008	0.000	016	0.000
ACTUAL	POSITION	(RELATIVE)	
X	0.000	Y	0.000
Z	0.000		
NO. 005			

图 4-68　刀具偏移量菜单

为了保证刀具从无半径补偿运动到所希望的刀具半径补偿起点，须有一直线程序段 G00 或 G01 指令来建立刀具半径补偿。

直线情况时（图 4-69），刀具欲从起点 *A* 移至终点 *B*。当执行有刀具半径补偿指令的程序后，将在终点 B 外形成一个与直线 AB 垂直的新矢量 BC，刀具中心由点 A 移至点 C。沿着刀具前进方向观察，在 G41 指令时，形成的新矢量指向直线左边，刀具中心偏向左边。在 G42 指令时，形成的新矢量指向直线右边，刀具中心偏向右边。

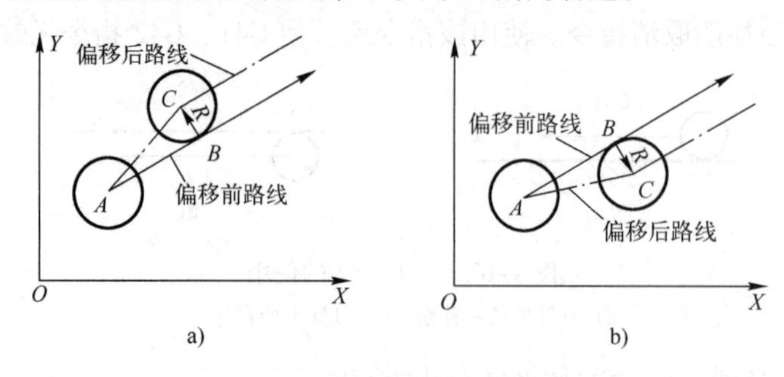

图 4-69　刀具半径补偿直线偏移情况

a）G41 偏移情况，b）G42 偏移情况

圆弧情况时（图 4-70），点 B 的偏移矢量垂直于直线 AB，圆弧上点 B 的偏移矢量与圆弧过点 B 的切线垂直。圆弧上每一点的偏移矢量方向总是变化的，由于直线 AB 与圆弧相切，所以在点 B，直线和圆弧的偏移矢量重合，方向一致，刀具中心都在点 C。若直线和圆弧不相切，则这两个矢量方向不一致，此时要进行拐角偏移圆弧插补。

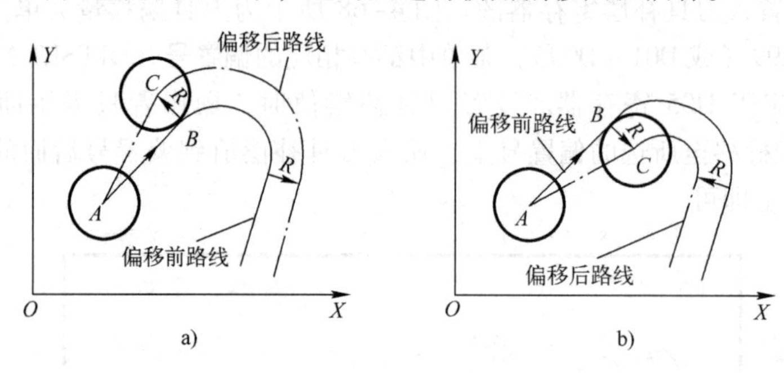

图 4-70　刀具半径补偿圆弧偏移情况

a）G41 偏移情况，b）G42 偏移情况

如图 4-69 和图 4-70 所示，刀具中心由点 A 移动到点 C 后，G41 或 G42 指令在 G01、G02 或 G03 指令配合下，刀具中心运动轨迹始终偏离编程轨迹一个刀具半径的距离，直到取消刀具半径补偿为止。

2）刀具半径补偿取消 G40。

格式：$G40\begin{Bmatrix}G00\\G01\end{Bmatrix}X\_\_Y\_\_;$

最后一段刀具半径补偿轨迹加工完成后，与建立刀具半径补偿类似，刀具应有一直线程序段 G00 或 G01 指令取消刀具半径补偿，以保证刀具从刀具半径补偿终点（刀补终点）运动到取消刀具半径补偿点（取消刀补点）。

指令中有 X、Y 时，X 和 Y 表示编程轨迹上取消刀补点的坐标值。如图 4-71a 所示，刀具欲从刀补终点 A 移至取消刀补点 B，当执行刀具半径补偿取消 G40 指令的程序段时，刀具中心将由点 C 移至点 B。

指令中无X、Y时，则刀具中心点 C 将沿旧矢量的相反方向运动到点 A（图4-71b）。

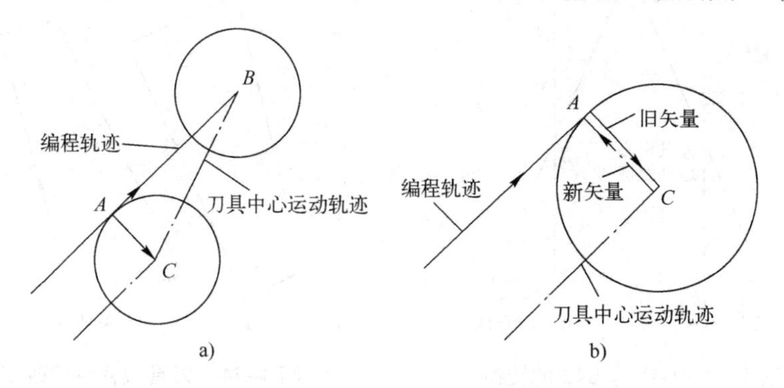

图4-71　G40指令取消刀补点的轨迹

a）指令中有X、Y时，b）指令中无X、Y时

例4-22　如图4-72所示 AB 轮廓曲线，若 ϕ20 mm的铣刀从点 O 开始移动，经过圆弧 AB，最终移动至点 C 取消半径补偿，其加工程序如下。

```
N10  G90  G41  G00  X18.0  Y24.0  H01;       O→A 建立补偿
N20  G02  X74.0  Y32.0  R40.0  F180;         A→B
N30  G40  G00  X84.0  Y0;                    B→C 取消补偿
N40  G00  X0;                                C→O
  ...
```

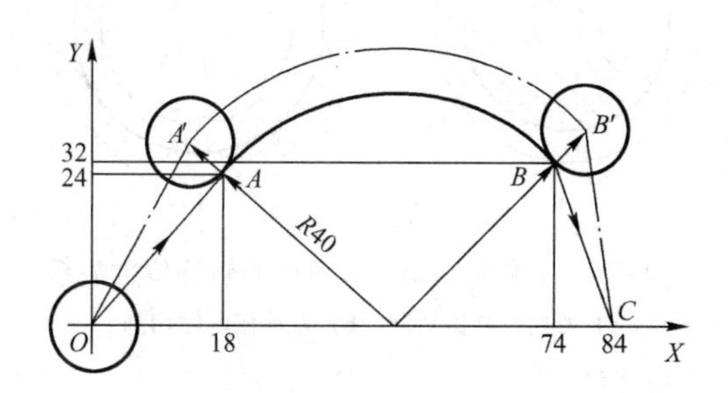

图4-72　刀具半径补偿应用举例

刀具半径补偿取消除用G40指令外，还可以用

$\begin{Bmatrix} G00 \\ G01 \end{Bmatrix}$X _Y _H00（或D00）;

如上例中N30程序段可变为

```
G00  X84.0  Y0  H00;
```

3）偏移状态的转换。刀具偏移状态从G41转换为G42或从G42转换为G41，通常都需要经过偏移取消状态，即G40程序段。但是在点定位G00或直线插补G01状态时，可以直接转换，此时刀具中心轨迹如图4-73所示。

4）刀具偏移量的改变。改变刀具偏移量通常要在偏移取消状态下、在换刀时进行。但在点定位G00或直线插补G01状态下也可以直接进行，如图4-74所示。

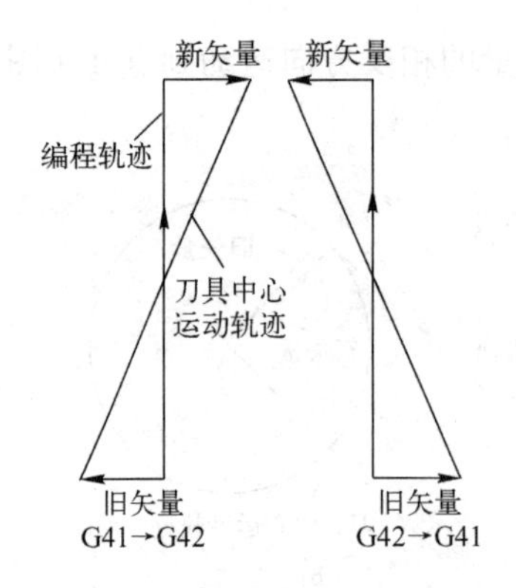

图 4-73　G41 与 G42 的转换

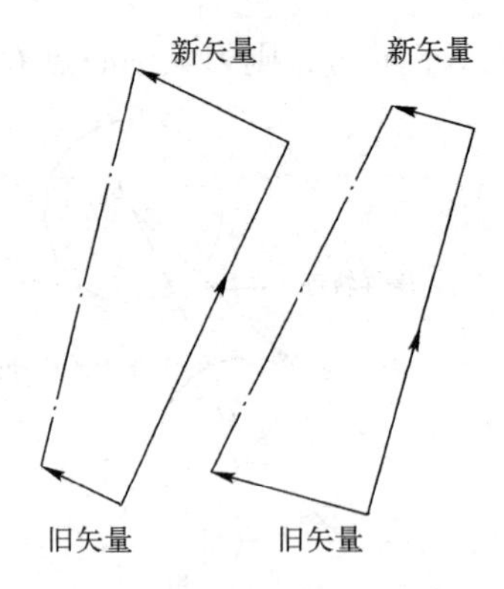

图 4-74　刀具偏移量的改变

5）偏移量正负与刀具中心轨迹位置关系。半径补偿偏移量可取正值，也可取负值。与刀具长度补偿类似，G41 和 G42 可以互相取代，只不过改变地址 H（或 D）中输入值的正负而已。如图 4-75 所示，在不改变补偿指令（G41/G42）的情况下，当偏移量取正值时，刀具沿工件外侧切削，如图 4-75a 所示；当偏移量为负值时，则刀具沿工件内侧切削，如图 4-75b 所示。反之当图 4-75b 中偏移量为正值时，则图 4-75a 中刀具的偏移量为负值。

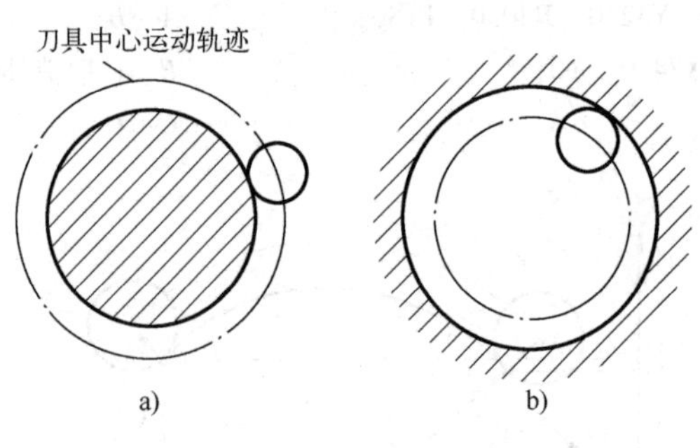

图 4-75　偏移量正负与刀具中心轨迹位置关系

a）刀具在外侧切削，b）刀具在内侧切削

6）拐角偏移圆弧插补 G39。

格式：G39　X＿Y＿；

在有刀具半径补偿时，若编程轨迹的相邻两直线（或圆弧）不相切，则必须进行拐角偏移圆弧插补，即要在拐角外产生一个以偏移值为半径的附加圆弧，此圆弧与刀具中心运动轨迹的相邻两直线（或圆弧）相切，如图 4-76 所示。

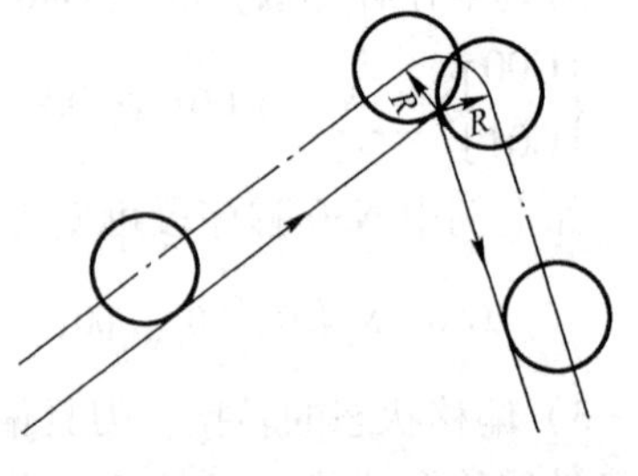

图 4-76　拐角偏移圆弧

对于刀具半径补偿 C 功能，CNC 系统可以自动实现零件轮廓各种拐角组合形式的折线型尖角过渡。

例 4-23　如图 4-77 所示，若 ϕ16 mm 的铣刀从起刀点 *O* 开始加工，其加工程序如下。

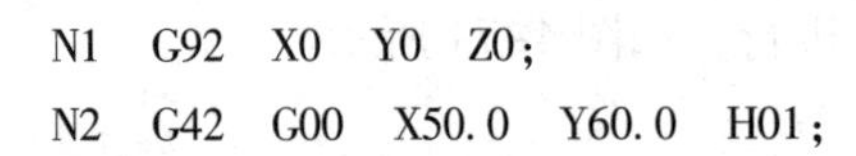

```
N1　G92　X0　Y0　Z0;
N2　G42　G00　X50.0　Y60.0　H01;
```

N3　G01　X150.0　F150;

N4　G03　Y140.0　R40.0;

N5　G01　X50.0;

N6　Y60.0;

N7　G40　G00　X0　Y0;

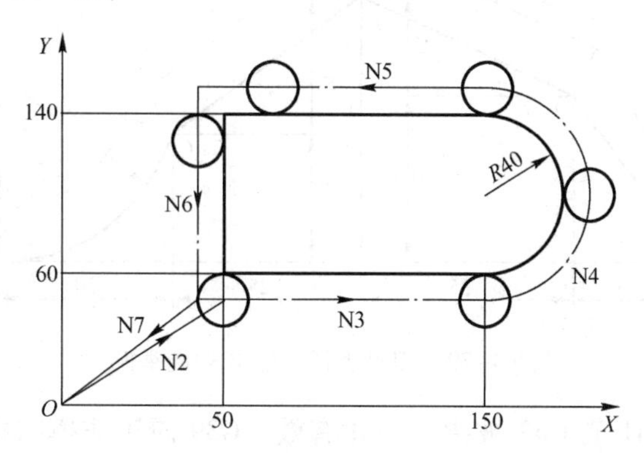

图 4-77　刀具半径补偿 C 功能

对于刀具半径补偿 B 功能　在零件的外拐角处必须人为编制出附加拐角偏移圆弧插补程序段 G39，才能实现拐角过渡。G39 指令中的 X 和 Y 为与新矢量垂直的直线上任一点的坐标值。

例 4-24　如图 4-78 所示，零件轮廓 *ABC* 的加工程序如下。

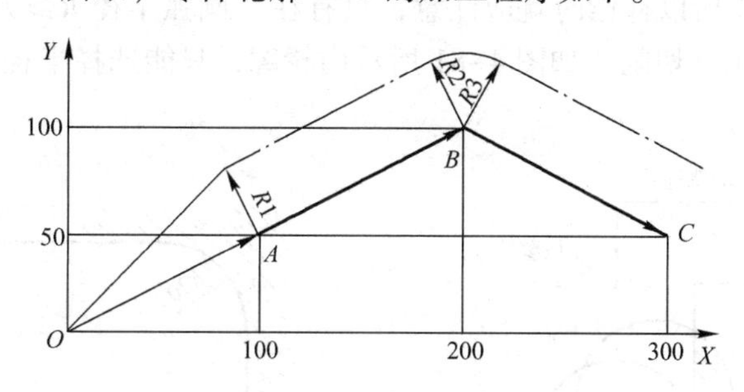

图 4-78　刀具半径补偿 B 功能

N1　G90　G17　G00　G41　X100.0　Y50.0　H08;	*O*→*A* 偏移 *R*1
N2　G01　X200.0　Y100.0　F150;	*A*→*B*,偏移 *R*2
N3　G39　X300　Y50;	拐角偏移 *R*3
N4　G01　X300.0　Y50.0;	*B*→*C*

例 4-25　如图 4-79 所示 *ABCD* 轮廓曲线，若刀具从起刀点 *O* 开始移动，则加工程序如下。

N1　G91　G17　G01　G41　X15.0　Y25.0　F200;

N2　G39　X35　Y15;　　（C 功能不用）

N3　G01　X35.0　Y15.0;

N4　G39　X25　Y-20;　　（C 功能不用）

N5　G01　X25.0　Y-20.0;

```
N6   G39   X0.0   Y-20.0;                    (C 功能不用)
N7   G03   X20.0   Y-20.0   R20.0;
N8   G40   G01   Y20.0;
```

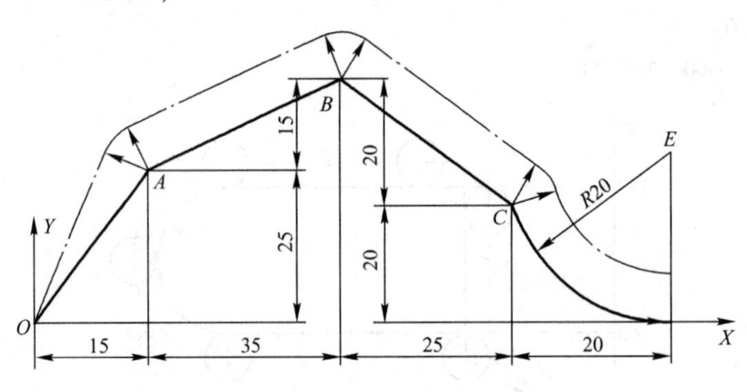

图 4-79 刀具半径补偿 B 功能举例

G39 指令只有在 G41 或 G42 被指令后才有效。G39 属于非模态指令，仅在它所指令的程序段中起作用。

7）半径补偿时的过切现象及防止。在程序中使用半径补偿功能时，可能会产生加工过切现象，下面分析产生过切现象的原因及具体防止措施。

① 加工半径小于刀具半径的内圆弧。当程序给定的圆弧半径小于刀具半径时，向圆弧圆心方向的半径补偿将会导致过切，如图 4-80 所示，这时机床的数控系统报警并停止在将要过切语句的起点上。所以补偿时就应注意，只有在“圆弧半径 $R \geqslant$ 刀具半径 r + 精加工余量”的情况下，才可正常切削。如图 4-81 所示内轮廓，只能选择半径为 10 mm 或更小的刀具加工。

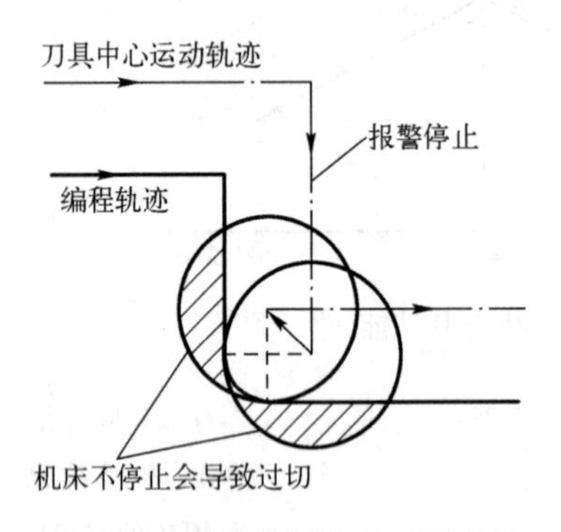

图 4-80 圆弧半径小于刀具半径

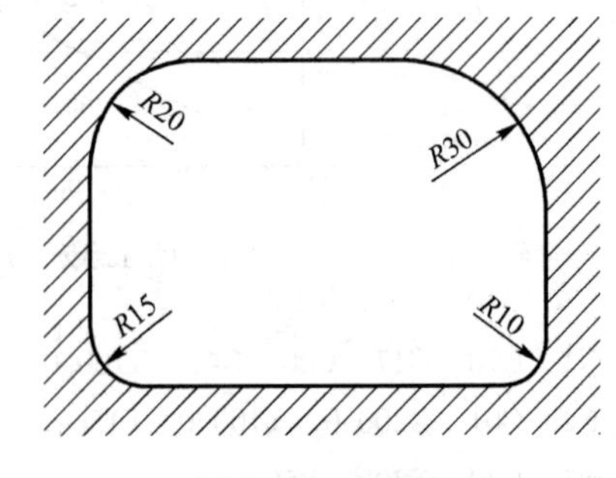

图 4-81 内轮廓

② 被铣削槽底宽度小于刀具直径。如图 4-82 所示，如果刀具半径补偿使刀具中心向编程路径反方向运动，将会导致过切。在这种情况下，机床的数控系统报警并停止在将要过切语句的起点上。

③ 无移动类指令。在半径补偿模式下，使用无坐标轴移动类指令，即两个或两个以上连续程序段内无指定补偿平面内的坐标移动，将会导致过切现象。无坐标轴移动类指令大致有以下几种：M 指令；S 指令；暂停指令；某些 G 指令，如 G90、G91 等。

例 4-26 如图 4-83 所示，在 *XY* 平面内使用半径补偿功能（有 *Z* 坐标轴移动）进行轮廓切削，设刀具起点在 X0、Y0、Z100 处，背吃刀量为 10 mm，*Z* 坐标轴进给速度为F100，

X、Y 坐标轴进给速度为 F200。

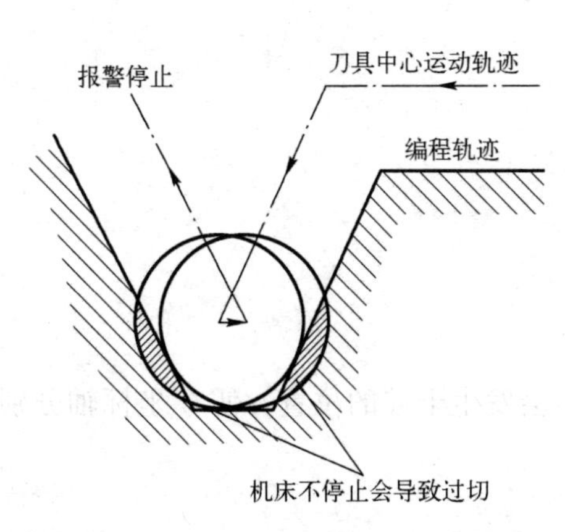

图 4-82　被铣削槽底宽度小于刀具直径

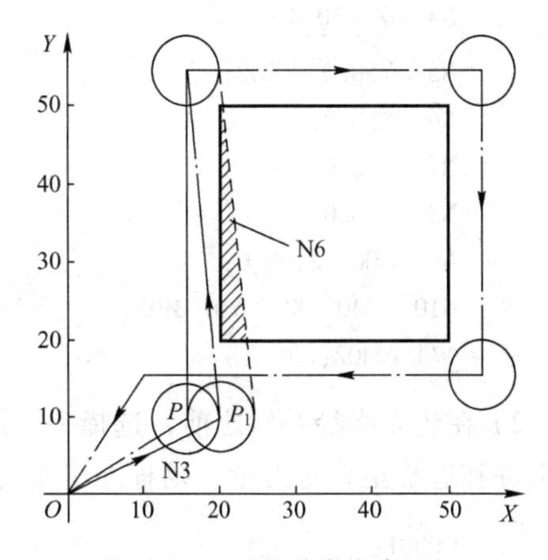

图 4-83　无移动类指令过切

当刀具半径补偿从起点开始时，由于接近工件及切削工件时要有 Z 坐标轴移动，这时容易出现过切现象。以下是一个过切程序。

```
O0001;
N1  G92  X0  Y0  Z100;
N2  G90  G17  M03  S1000;
N3  G41  G00  X20.0  Y10.0  D01;
N4  [Z2.0];
N5  G01  [Z-10.0]  F100;
N6  Y50.0  F200;
N7  X50.0;
N8  Y20.0;
N9  X10.0;
N10  G00  Z100.0;
N11  G40  X0  Y0  M05;
N12  M02;
```

当半径补偿从 N3 程序段开始建立的时候，数控系统只能预读两个程序段，而 N4、N5 两个程序段都为 Z 坐标轴移动，没有 XY 平面内的坐标移动，系统无法判断下一步补偿的矢量方向。这时系统并不发生报警，补偿照样进行，只是执行 N3 程序段后目标点发生变化，不再是点 P，而是点 P_1，其位置是 X20.0、Y10.0，这样执行 N6 程序段时就产生了过切（阴影线表示的区域）。要避免这种过切现象，可以用以下几种方法。

1）在建立半径补偿之后，选择一个安全位置，让刀具在 Z 坐标轴一次性进给至背吃刀量，则程序可改为

```
O0001;
N1  G92  X0  Y0  Z100;
N2  G90  G17  M03  S1000;
```

```
N3  G41  G00  X20.0  Y10.0  D01;
N4  [Z-10.0];
N5  Y50.0  F200;
N6  X50.0;
N7  Y20.0;
N8  X10.0;
N9  G00  Z100.0;
N10  G40  X0  Y0  M05;
N11  M02;
```

2）在建立半径补偿之前，选择一个绝对不会发生干涉的位置，使 Z 坐标轴分别快速接近工件和进给至背吃刀量，则程序可改为

```
O0001;
N1  G92  X0  Y0  Z100;
N2  G90  G17  M03  S1000;
N3  G00  X20.0  Y0;
N4  [Z5.0];
N5  [G01  Z-10]  F100;
N6  G41  X20.0  Y10.0  D01;
N7  Y50.0  F200;
N8  X50.0;
N9  Y20.0;
N10  X10.0;
N11  G00  Z100.0;
N12  G40  X0  Y0  M05;
N13  M02;
```

3）在建立半径补偿之前，先以 G00 模式使 Z 坐标轴快速接近工件，建立刀补之后再以 G01 模式使 Z 坐标轴进给至背吃刀量，则程序可改为

```
O0001;
N1  G92  X0  Y0  Z100;
N2  G90  G17  M03  S1000;
N3  G00  [Z5.0];
N4  G00  G41  X20.0  Y10.0  D01;
N5  [G01  Z-10.0]  F100;
N6  Y50.0  F200;
N7  X50.0;
N8  Y20.0;
N9  X10.0;
N10  G00  Z100.0;
N11  G40  X0  Y0  M05;
```

N12　M02；

注意：建立半径补偿和半径补偿取消都必须在 G00 或 G01 模式下，若在 G02 或 G03 模式下建立则机床会报警。

（14）机床坐标系选择 G53 和工件坐标系选择 G54 ~ G59

1）机床坐标系选择 G53。

格式：（G90）G53　X __Y __Z __；

机床坐标系是机床固有的坐标系，由机床来确定。在机床调整后，一般此坐标系是不允许变动的。当完成“手动返回参考点”操作之后，就建立一个以机床原点为坐标原点的机床坐标系，此时显示器上会显示当前刀具在机床坐标系中的坐标值。

当执行该指令时，刀具移动到机床坐标系中坐标值为 X、Y、Z 的点上。G53 是非模态指令，仅在它所在的程序段中和绝对值编程 G90 指令时有效；在增量值编程 G91 指令时无效。

当刀具要移动到机床上某一预选点（如换刀点或托板交换位置）时，则使用该指令。例如：

G00　G90　G53　X5.0　Y10.0；

表示将刀具快速移动到机床坐标系中坐标为（5，10）的点上。

注意：当执行 G53 指令时，取消刀具补偿；机床坐标系必须在 G53 指令执行前建立，即在电源接通后，至少回过一次参考点（手动或自动）。

2）工件坐标系选择 G54 ~ G59。若在工作台上同时加工多个相同零件时，可以设定不同的程序零点。如图 4-84 所示，可建立 G54 ~ G59 六个工件坐标系，其坐标原点（程序零点）可设在便于编程的某一固定点上，这样建立的工件坐标系，在系统断电后并不破坏，再次开机后仍有效，并与刀具的当前位置无关，只需按选择的坐标系编程。G54 ~ G59 指令可使其后的坐标值视为用工件坐标系 1 ~6 表示的绝对坐标值。

如图 4-85 所示，刀具初始位置在机床坐标系的任意点，移动轨迹为 $A \rightarrow B \rightarrow C$，程序如下。

G55　G01　X20.0　Y100.0；　　$A \rightarrow B$
　　　　　X40.0　Y20.0；　　$B \rightarrow C$

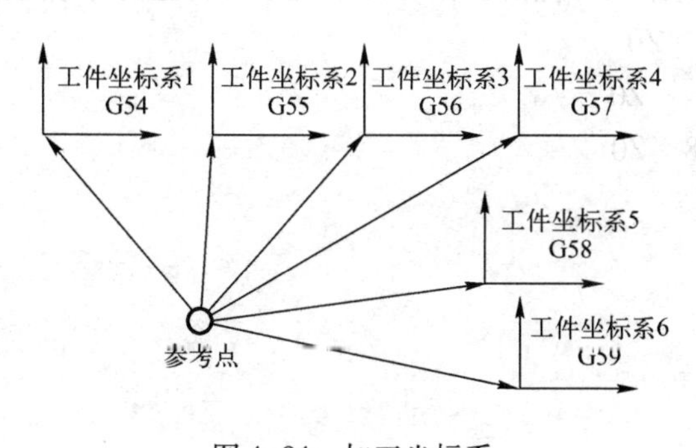

图 4-84　加工坐标系

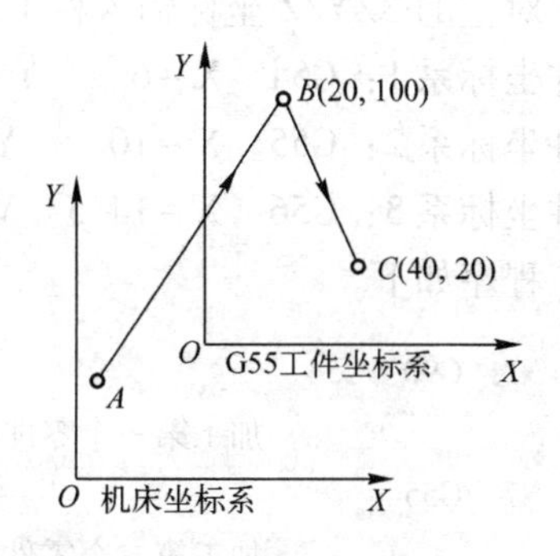

图 4-85　G55 工件坐标系

举例说明 G92 的应用。

例 4-27 图 4-86 所示为一个一次装夹加工三个相同零件的多程序原点与机床参考点之间的关系及偏移计算方法。

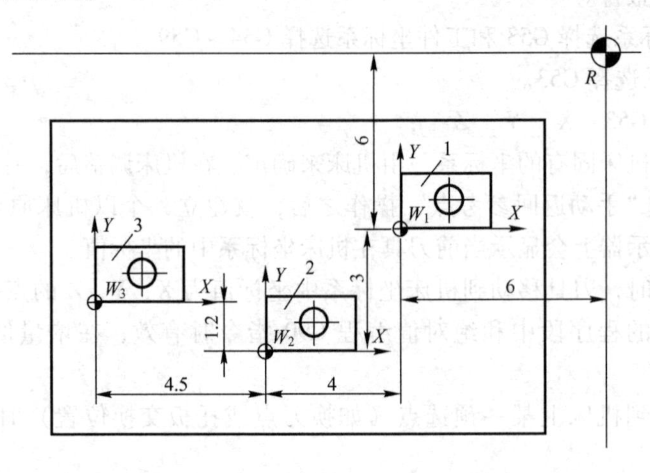

图 4-86　G92、G54 ~ G59 应用举例

先以 G92 为例，程序如下。

```
N1   G90;                        绝对值编程,刀具位于机床参考点 R
N2   G92   X6   Y6;              设定工件坐标系 W1
...                              加工第一个零件
N8   G00   X0   Y0;              快速返回工件坐标系 W1 的原点
N9   G92   X4   Y3;              设定工件坐标系 W2
...                              加工第二个零件
N13   G00   X0   Y0;             快速返回工件坐标系 W2 的原点
N14   G92   X4.5   Y-1.2;        设定工件坐标系 W3
...                              加工第三个零件
```

举例说明 G54 ~ G59 的应用。

设置 G54 ~ G59 零点偏移参数，输入界面如图 4-87 所示（以 SIEMENS 802D 为例），在该界面中对应的 X/Y/Z 坐标输入栏中，分别输入对应的数据，即可完成工件坐标系设置。

工件坐标系 1：G54　X-6　Y-6　Z0

工件坐标系 2：G55　X-10　Y-9　Z0

工件坐标系 3：G56　X-14.5　Y-7.8　Z0

加工程序如下。

```
N1   G90   G54
...              加工第一个零件
N7   G55
...              加工第二个零件
N10   G56
...              加工第三个零件
```

可设置零点偏移

WCS			MCS		
X	-0.000	mm	X	-0.000	mm
Y	0.000	mm	Y	0.000	mm
Z	-0.000	mm	Z	-0.000	mm

	X mm	Y mm	Z mm	X ┓	Y ┓	Z ┓
基本	0.000	0.000	0.000	0.000	0.000	0.000
G54	-6.000	-6.000	0.000	0.000	0.000	0.000
G55	-10.000	-9.000	0.000	0.000	0.000	0.000
G56	-14.500	-7.800	0.000	0.000	0.000	0.000
G57	0.000	0.000	0.000	0.000	0.000	0.000
G58	0.000	0.000	0.000	0.000	0.000	0.000
G59	0.000	0.000	0.000	0.000	0.000	0.000
程序	0.000	0.000	0.000	0.000	0.000	0.000
缩放	0.000	0.000	0.000			
镜像	0	0	0			
全部	0.000	0.000	0.000	-450.000	-250.000	-220.000

图 4-87　可设置零点偏移界面

4.3.4 固定循环指令

1）固定循环常由六个动作顺序组成（图 4-88）。动作①为 $A\to B$，是快速进给到 X、Y 指定的点；动作②为 $B\to R$，是快速趋近加工表面；动作③为 $R\to E$，是加工动作（如钻、镗和攻螺纹等）；动作④是在点 E 处执行一些相应动作（如暂停、主轴停和主轴反转等）；动作⑤为 $E\to R$，是返回到安全平面位置；动作⑥为 $R\to B$，是从安全平面返回到初始平面。

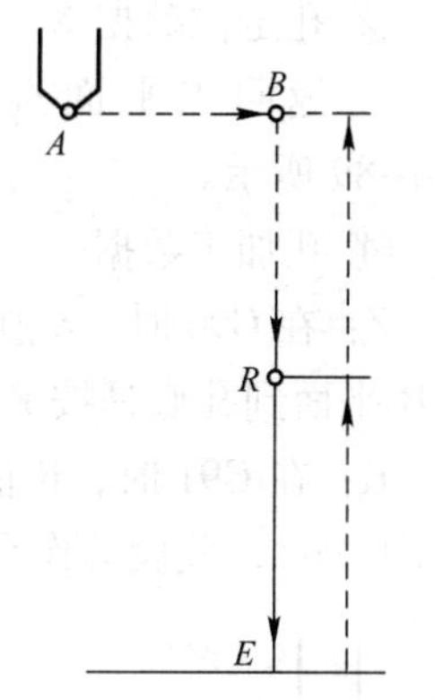

图 4-88　固定循环动作

- - -→ 表示快速进给

——→ 表示切削进给

2）定位平面及钻孔轴选择。定位平面决定于平面选择 G17、G18、G19 指令；其相应的钻孔轴分别平行于 Z 坐标轴、Y 坐标轴和 X 坐标轴。

对于立式数控铣床，定位平面只能是 XY 平面，钻孔轴平行于 Z 坐标轴。它与平面选择指令无关。下面只讨论立式数控铣床固定循环指令。

3）固定循环指令格式。

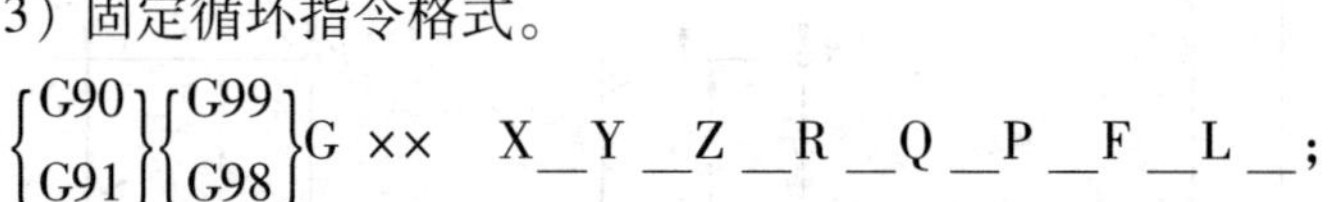

$$\begin{Bmatrix}G90\\G91\end{Bmatrix}\begin{Bmatrix}G99\\G98\end{Bmatrix}G\times\times\quad X\_\ Y\_\ Z\_\ R\_\ Q\_\ P\_\ F\_\ L\_;$$

其中，G ×× 为孔加工方式，对应于固定循环指令，X、Y 为孔定位数据，Z、R、Q、P、F 为孔加工数据，L 为重复次数。

① 孔加工方式。孔加工方式对应的指令见表 4-10。

表 4-11　孔加工方式对应的指令

G 指令	加工动作 -Z 方向	在孔底部动作	回退动作 +Z 方向	用　途
G73	间歇进给		快速进给	高速深孔钻削
G74	切削进给	主轴正转	切削进给	反转攻螺纹
G76	切削进给	主轴定向停止	快速进给	精镗循环（只用于第二组固定循环）

（续）

G 指令	加工动作 - Z 方向	在孔底部动作	回退动作 + Z 方向	用　途
G80				取消循环
G81	切削进给		快速进给	钻孔循环（定点钻）
G82	切削进给	暂停	快速进给	钻孔循环（锪钻）
G83	切削进给		快速进给	深孔钻削
G84	切削进给	主轴反转	切削进给	攻螺纹
G85	切削进给		切削进给	镗孔循环
G86	切削进给	主轴停止	快速进给	镗孔循环
G87	切削进给	主轴停止	手动操作或快速进给	反镗孔循环
G88	切削进给	暂停、主轴停止	手动操作或快速进给	镗孔循环
G89	切削进给	暂停	切削进给	镗孔循环

② 孔定位数据 X、Y。刀具以快速进给的方式到达 X、Y 指定的点。

③ 返回点平面选择。G98 指令返回到初始平面，G99 指令返回到 *R* 平面，如图 4-89 所示。

④ 孔加工数据。

Z：在 G90 时，Z 值为孔底的绝对值；在 G91 时，Z 是 R 平面到孔底的增量（图 4-90）。从 R 平面到孔底是按 F 指令所指定的速度进给。

R：在 G91 时，R 值为从初始平面（*B*）到点 *R* 的增量；在 G90 时，R 值为绝对坐标值（图 4-90），此段动作是快速进给。

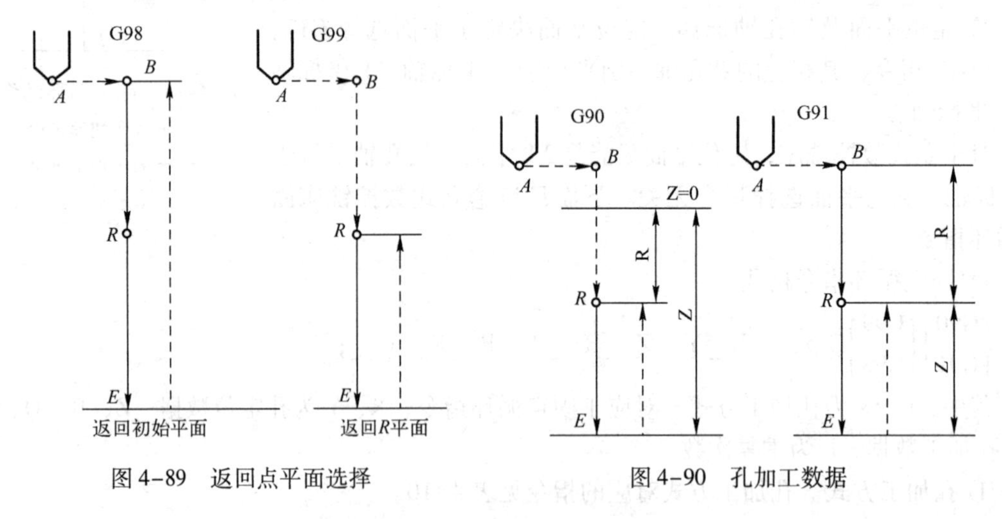

图 4-89　返回点平面选择　　　　图 4-90　孔加工数据

Q：在 G73 或 G83 方式中规定每次加工的深度以及在 G76 或 G87 方式中规定移动值。

P：规定在孔底的暂停时间，用整数表示，以 ms 为单位。

F：进给速度，以 mm/min 为单位。

L：重复次数，用 L 的值来规定固定循环的重复次数，执行一次可不写 L1，如果是 L0，则系统存储加工数据，但不执行加工。

上述孔加工数据，不一定全部都写，根据需要可省去若干地址和数据。

固定循环指令是模态指令，一旦指定，就一直保持有效，直到用 G80 取消指令为止。此外，G00、G01、G02、G03 也起取消固定循环指令的作用。

例 4-28 要钻出孔位在（50,30）、（60,10）和（-10,10）的孔，孔深为 Z=-20.0 mm，程序如下。

```
...
N1  G90  G99  G81  X50.0  Y30.0  Z-20.0  R5.0  F80;
N2  X60.0  Y10.0;
N3  X-10.0;
N4  G80;
...
```

4）各种孔加工方式说明。

① 深孔钻削循环。

G83：深孔往复排屑钻孔循环（不延时、快退）。

G73：高速深孔往复排屑钻孔循环（可延时、快退）。

格式：G83 X_Y_Z_R_Q_F_L_;

G73 X_Y_Z_R_Q_P_F_L_;

钻深孔时切屑不易排出，若不及时排出切屑，会因切屑堵塞使钻头断裂，所以要多次往复钻削，每次只能钻削 Q 值给出的深度，然后快退排屑。Q 值永远是增量值且为正值，在 G90 方式下也是。Q 值的大小与钻头直径有关，较粗的钻头 Q 值大些，但不能太大，太大会影响排屑，损坏钻头。

如图 4-91 所示，G73 用于深孔钻削，每次背吃刀量为 Q（用增量表示，根据具体情况由编程者确定）。退刀距离为 d，d 是 NC 系统内部设定的。到达点 *E* 的最后一次进给是进给若干个 Q 之后的剩余量，它小于或等于 Q。G73 指令是在钻孔时间断进给，有利于断屑、排屑，适用于深孔加工。

G73 动作顺序如图 4-91 所示。

快进到初始点；快进到 *R* 平面；工进钻削 Q 深度；快退返回 d 距离；工进 d 深度；工进 Q 深度；……快退返回初始点。

G83 也用于深孔钻削，Q 和 d 与 G73 相同。比较两者区别如下。

G73 钻到孔底时可停留 P 定义的时间，而 G83 不能。

G83 每次钻削 Q 深度后，钻头快速返回 *R* 平面，而 G73 只快速退回 d 给出的距离。

比较而言，G83 更利于排屑，但空行程较长，而 G73 排屑较差，但工艺更合理。

G83 动作顺序如图 4-92 所示。

快进到初始平面；快进到 *R* 平面；工进钻削 Q 深度；快退返回 *R* 平面；快进到 d 规定深度；工进钻削 d+Q 深度；……快退返回初始点。

② 攻螺纹循环。

G84：右旋攻螺纹循环指令

G74：左旋攻螺纹循环指令

格式：G84 X_Y_Z_R_P_F_L_;

G74 X_Y_Z_R_P_F_L_;

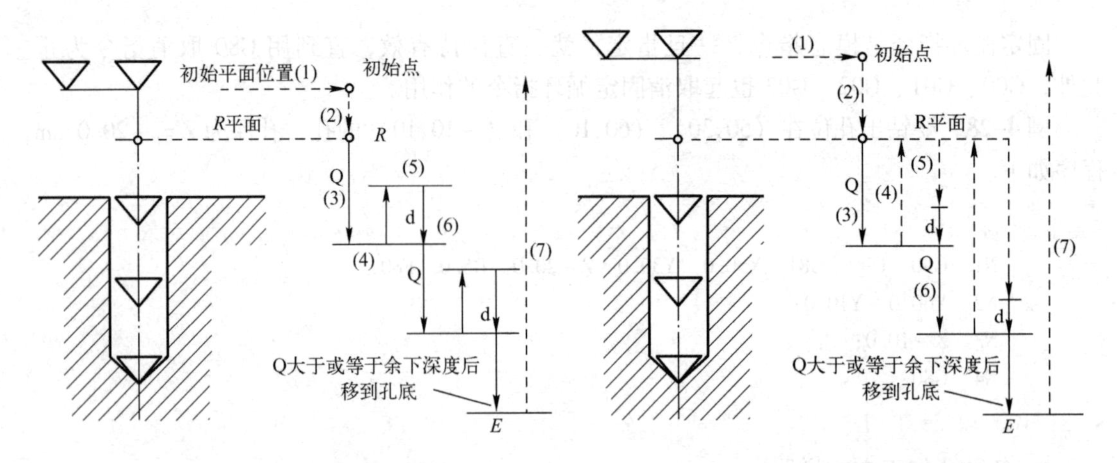

图 4-91　G73 深孔钻削循环　　　　图 4-92　G83 深孔钻削循环

程序中的 Z 为被攻螺纹孔的孔底坐标，P 为主轴更换旋转方向时的停留时间，F 为每转进给量，等于螺纹导程。

G84 指令和 G74 指令中的主轴旋向相反，其他均与 G84 指令相同。现以 G84 为例进行说明。

如图 4-93 所示。主轴在点 *R* 正转直至孔底，到达孔底后，暂停进给，主轴更换转向，反转返回。

动作顺序，如图 4-93 所示。

快进到初始平面；快进到 *R* 平面；主轴正转，工进到孔底；暂停 P 时间，主轴换向；主轴反转，工退到 *R* 平面；主轴正转；快退回初始平面；

③ 精镗循环。

G76：精镗循环（主轴停转，让刀，快退）

格式：G76　X _Y _Z _R _Q _P _F _L _；

如图 4-94 所示，P 表示暂停，OSS 表示主轴定向停止，⇒表示刀具移动。

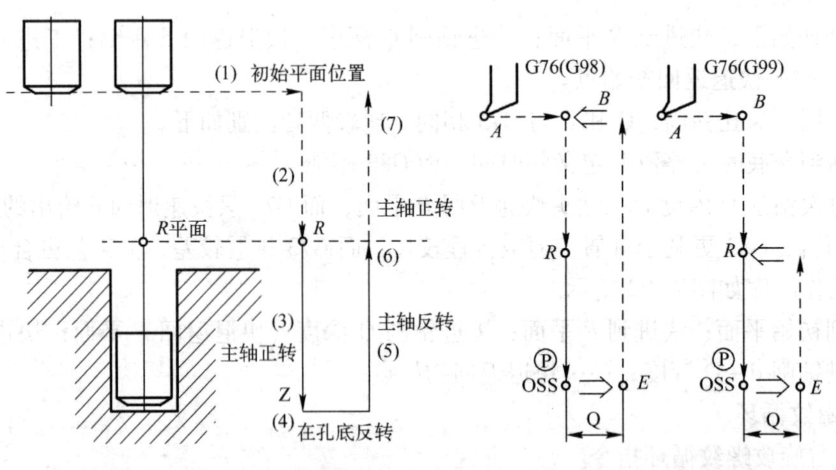

图 4-93　G84 右旋攻螺纹循环　　　　图 4-94　G76 精镗循环

在孔底，主轴停止在定向位置上，然后使刀头做离开加工面的移动之后拔出，这样可以高精度、高效率地完成孔加工而不损伤工件表面。刀具的移动量由地址 Q 来规定，Q 总是正数（负号不起作用），移动的方向由参数设定。

Q 值在固定循环方式期间是模态的，在 G73、G83 指令中作为背吃刀量使用。

④ 钻孔循环。

格式：G81　X _Y _Z _R _F _L _；

　　　G82　X _Y _Z _R _P _F _L _；

G81：钻孔循环（不延时，快退），如图 4–95 所示。

G82：钻孔循环（延时，快退），该指令使刀具在孔底暂停，暂停时间用 P 来指定，如图 4–96 所示。

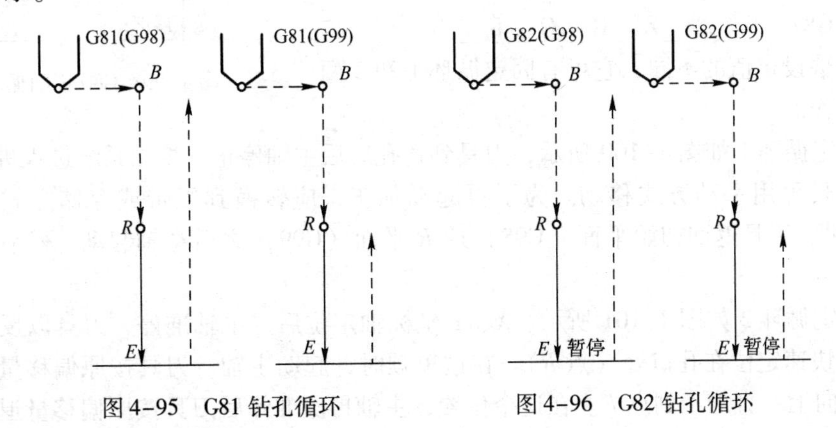

图 4–95　G81 钻孔循环　　图 4–96　G82 钻孔循环

⑤ 镗孔循环 G85 和 G89。

格式：G85　X _Y _Z _R _F _L _；

　　　G89　X _Y _Z _R _P _F _L _；

G85：镗孔循环（无暂停，工退），如图 4–97 所示。

G89：镗孔循环（延时，工退），如图 4–98 所示。

由于退出时是以加工速度退出，所以加工精度较高，为精镗循环。

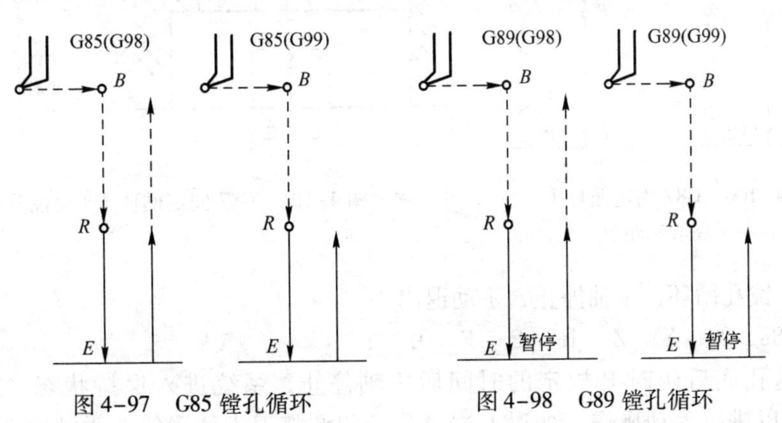

图 4–97　G85 镗孔循环　　图 4–98　G89 镗孔循环

⑥ 镗孔循环 G86。

格式：G86　X _Y _Z _R _P _F _L _；

G86：镗孔循环（主轴停止，快退），如图 4–99 所示。

加工到孔底后，主轴停止，刀具在孔底停留 P 规定时间，快退到 R 平面或初始平面后，主轴重新自动起动。

采用这种加工方式，如果连续加工的孔间距较小，可能出现刀具已经定位到下一个孔的加工位置而主轴转速尚未达到规定的转速，这种情况显然不允许出现，为此，可以在各孔动作之间加入暂停 G04 指令，使主轴达到规定的转速。

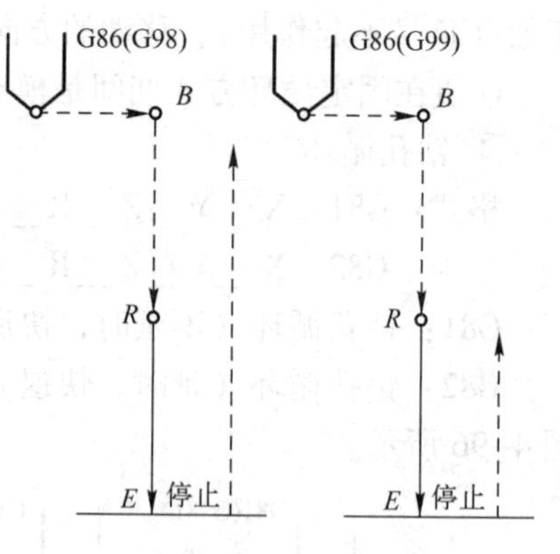

图 4-99　G86 镗削循环

⑦ 反镗孔循环

格式：G87　X＿Y＿Z＿R＿Q＿F＿；

根据参数设定值的不同，它可有固定循环 1 和 2 两种不同的动作。

G87 固定循环 1 如图 4-100 所示，刀具到达孔底后主轴停止，控制系统进入进给保持状态，此时刀具可用手动方式移动。为了再起动加工，应转换到纸带或存储方式，并且按“START”键，刀具返回初始平面（G98）或 R 平面（G99）之后主轴起动，然后继续下一段程序。

G87 固定循环 2 如图 4-101 所示。X、Y 坐标轴定位后，主轴准停，刀具以反刀尖的方向偏移，并快速定位在孔口处（点 R）。在这里顺时针起动主轴，刀具按原偏移量返回，在 Z 坐标轴方向上一直加工到点 E。在这个位置，主轴再次准停后刀具按原偏移量退回，并向孔的上方移出，然后返回原点并按原偏移量返回，主轴正转，继续执行下段程序。

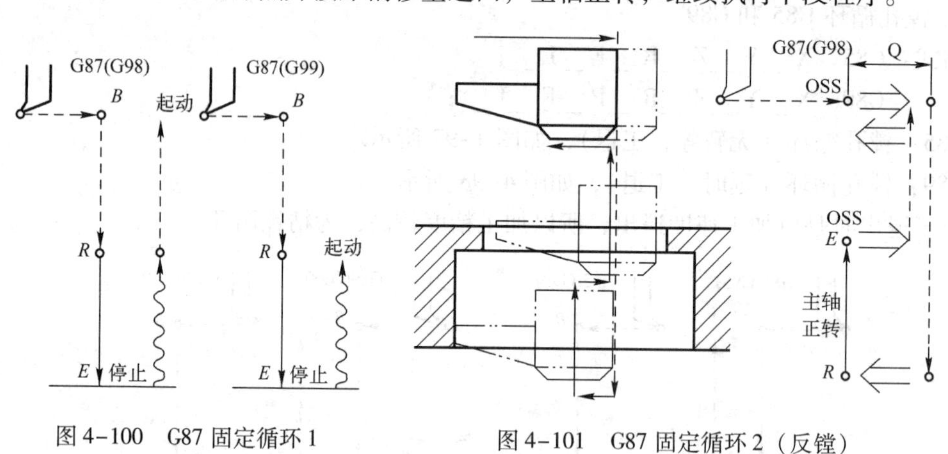

图 4-100　G87 固定循环 1

〰→表示手动操作

图 4-101　G87 固定循环 2（反镗）

⑧ G88：镗孔循环，主轴停止，手动退出。

格式：G88　X＿Y＿Z＿R＿P＿F＿L＿；

刀具到达孔底后延时 P 规定的时间后主轴停止，系统进入保持状态（程序暂停执行），这时可以进行手动操作，如退刀测量孔径和调整刀尖位置等，手动完毕，按起动按钮，系统会自动进入循环状态，继续执行退刀到点 R 或初始点，然后主轴起动，如图 4-102 所示。

5）重复固定循环。可用地址 L 规定重复次数，如可用来加工等距孔。L 最大值为 9999。L 只在其存在的程序段中有效。

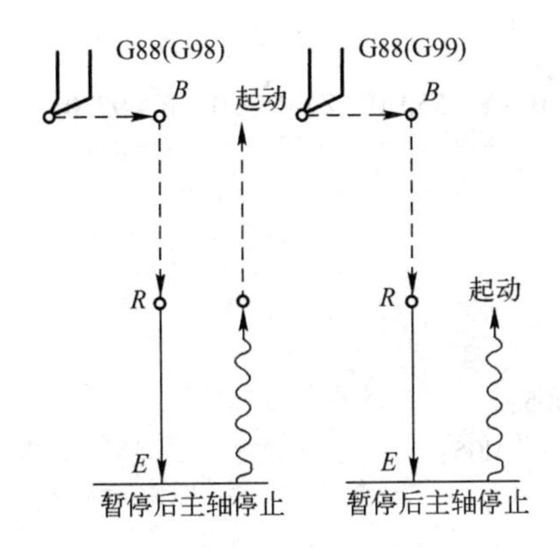

图 4-102　G88 镗孔循环
⟿ 表示手动操作

例 4-29　钻削图 4-103 所示的五个孔，加工程序如下。

…
N10　G00　G90　X0　Y0;
N11　G91　G81　G99　X10.0　Y5.0　Z-20.0　R-5.0　F80　L5;
…

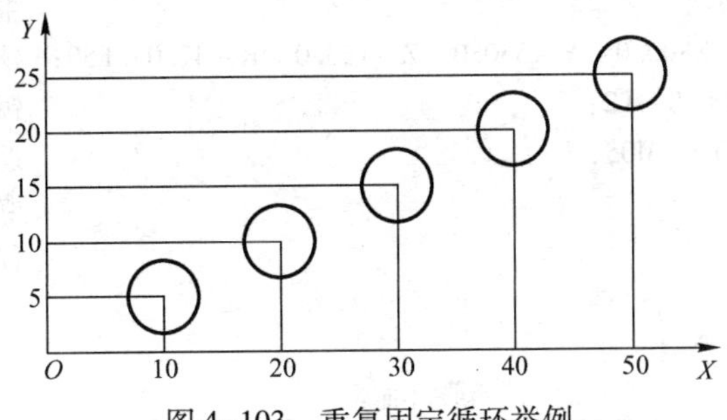

图 4-103　重复固定循环举例

注意：若 N11 段程序中 G91 改为 G90，则该加工程序将在 X10.0，Y5.0 点重复钻孔 5 次。

6）固定循环注意事项。

① 指定固定循环前，必须用 M 指令规定主轴转速。

② 在固定循环方式中，其程序段必须有 *X*、*Y*、*Z* 坐标轴（包括 *R* 平面）的位置数据，否则不执行固定循环。

③ 固定循环取消指令除了 G80 外，G00、G01、G02、G03 也能起取消作用，因此编写固定循环时要注意。

④ 在固定循环方式中，刀具偏移指令（G45～G48）不起作用。

⑤ 在固定循环方式中，G43、G44 仍起刀具长度补偿作用。

7）固定循环应用举例

例 4-30　图 4-104 所示为刀具长度补偿及固定循环应用举例。

程序如下。

N01　G92　X0　Y0　Z0;	设定工件坐标系
N02　G90　G00　Z250.0　T11　M06;	换刀
N03　G43　Z0　H11;	初始平面，刀具长度补偿

```
N04  S300  M03;                                                  主轴正转
N05  G99  G81  X400.0  Y-350.0  Z-153.0  R-97.0  F120;          钻#1 孔,返回 R 平面
N06       Y-550.0;                                               钻#2 孔,返回 R 平面
N07  G98  Y-750.0;                                               钻#3 孔,返回初始平面
N08  G99  X1200.0;                                               钻#4 孔,返回 R 平面
N09       Y-550.0;                                               钻#5 孔,返回 R 平面
N10  G98  Y-350.0;                                               钻#6 孔,返回初始平面
N11  G00  X0  Y0  M05;                                           回起刀点,主轴停止
N12  G49  Z250.0  T15  M06;                                      取消刀具补偿,换刀
N13  G43  Z0  H15;                                               初始平面,刀具长度补偿
N14  S200  M03;                                                  主轴正转
N15  G99  G82  X550.0  Y-450.0  Z-130.0  R-97.0  P300  F70;     钻#7 孔,返回 R 平面
N16  G98  Y-650.0;                                               钻#8 孔,返回初始平面
N17  G99  X1050.0;                                               钻#9 孔,返回 R 平面
N18  G98  Y-450.0;                                               钻#10 孔,返回初始平面
N19  G00  X0  Y0  M05;                                           回起刀点,主轴停止
N20  G49  Z250.0  T31  M06;                                      取消刀具补偿,换刀
N21  G43  Z0  H31;                                               初始平面,刀具长度补偿
N22  S100  M03;                                                  主轴正转
N23  G99  G85  X800.0  Y-350.0  Z-153.0  R-47.0  F50;           镗#11 孔,返回 R 平面
N24  G91  Y-200.0  L2;                                           镗#12、#13 孔,返回 R 平面
N25  G28  X0  Y0  M05;                                           返回参考点,主轴停止
N26  G49  Z0;                                                    取消刀具补偿
N27  M02;                                                        程序结束
```

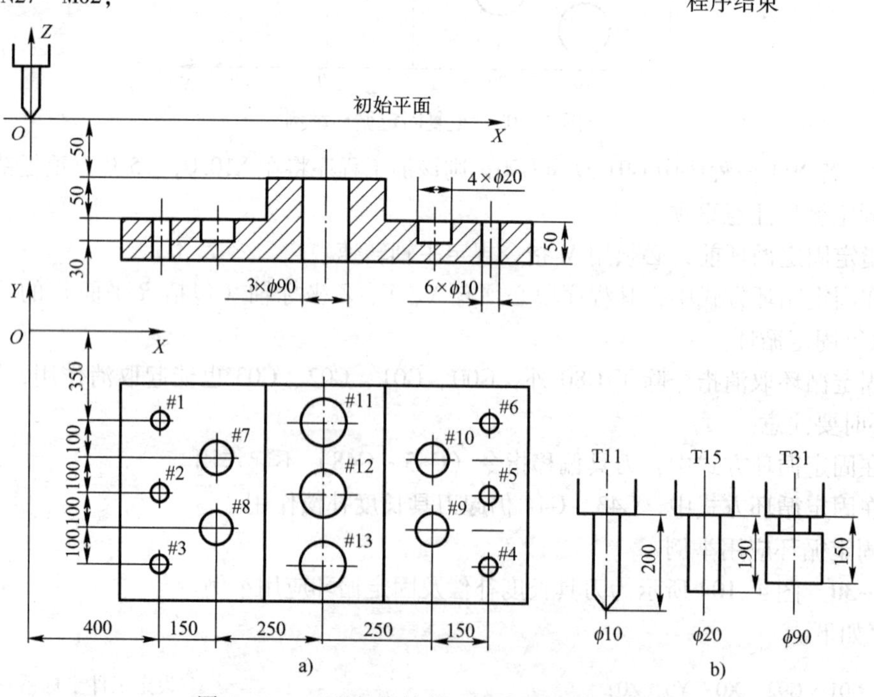

图 4-104　刀具长度补偿及固定循环应用举例

a）零件加工简图　b）刀具简图

4.3.5 数控铣床（加工中心）子程序格式及应用

在一个加工程序的若干位置上，如果存在按某一固定顺序重复出现的内容，为了简化程序，可以把这些内容抽出，按一定格式编成子程序，然后像主程序一样将它们输入到程序存储器中。主程序在执行过程中如果需要某一子程序，可以通过调用指令来调用子程序，执行完子程序后可再返回主程序，继续执行后面的程序段。

为了进一步简化程序，子程序还可以调用另一个子程序，这称为子程序的嵌套。

（1）子程序格式

```
O××××;
...
...
M99;
```

在程序的开头，地址 O 后规定了子程序号（由四位数字组成），M99 为子程序结束指令。M99 不一定要单独使用一个程序段，如“G00　X0　Y0　M99”也是允许的。

（2）子程序的调用

格式：M98　P__L__；

其中，P 为要调用的子程序号，L 为重复调用次数。

系统允许重复调用次数为 9999 次。如果省略了重复调用次数，则认为重复调用次数为 1。例如：“M98　P1000　L3”表示调用子程序号为 1000，重复执行 3 次。

（3）子程序的执行　子程序的执行过程举例说明如下。

```
主程序                          子程序
O0001;                          O1010;
…                               N1020…
N0020  M98  P1010  L2;          N1030…
…                               N1040…
N0040  M98  P1010;              N1050…
…                               N1060…
M02;                            N1070  M99;
```

主程序执行到 N0020 时转去执行 O1010 子程序，重复执行两次后返回主程序继续执行 N0020 后面的程序段，在执行到 N0040 时又转去执行 O1010 子程序，执行 1 次，然后返回主程序继续执行 N0040 后面的程序段。

例 4-31　如图 4-105 所示，用直径为 20 mm 的立铣刀加工零件，要求每次最大的背吃刀量不超过 10 mm。

（1）工艺分析　零件厚度为 40 mm，根据加工要求，每次背吃刀量为 10 mm，分四次切削加工。在这四次切削过程中，刀具在 *XY* 平面上的运动轨迹完全一致，所以把每层切削过程编写成子程序，通过主程序四次调用该子程序完成零件的切削加工，中间两孔为已加工的工艺孔，零件上表面的左下角为工件坐标系的原点。

（2）加工程序

主程序

```
O0004;
N010  M03  S800  T01  F200;
N020  G54;
N030  G00  Z0  M08;
N040  M98  P1010  L4;
N050  G00  Z300;
N060  X0  Y0;
N070  M05;
N080  M02;
```

子程序

```
O1010;
N010  G91  G01  Z-10;
N010  G90  G41  G01  X0  Y-10  D01;
N020  Y300;
N030  G02  X400  R200;
N040  G01  Y0;
N050  X300;
N060  G03  X100  R100;
N070  G01  X-10;
N080  G40  G01  X-50  Y-50;
N090  M99;
```

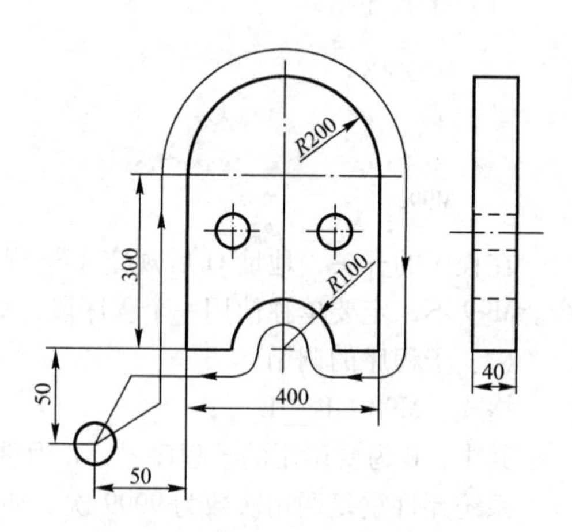

图 4-105　铣削加工子程序编程举例

4.3.6　加工中心编程指令

加工中心配备的数控系统，其功能和指令都比较齐全，本节只对一部分指令进行介绍，和前几节相同的部分不再重复说明。

（1）换刀程序　加工中心具有自动换刀装置，可以通过程序自动完成刀具的交换，不需要人工干涉。在加工中心换刀时，要用到选刀指令（T 指令）及换刀指令（M06）。多数加工中心都规定了换刀点的位置，即定距换刀。主轴只有运动到换刀点，机械手才能执行换刀动作。一般立式加工中心规定换刀点的位置在 Z0 处（即机床 *Z* 坐标轴零点），同时规定换刀时应有自动返回参考点 G28 指令。卧式加工中心规定换刀点的位置在 Z0 及 *XY* 平面的第二参考点处。当数控系统遇到选刀指令 T 时，自动按照刀号选刀，被选中的刀具处于刀库中的换刀位置上。接到换刀指令 M06 后，机械手执行换刀动作。换刀程序可采用两种方法设计。

方法一

```
N10  G28  Z0  T02;
N20  M06;
```

当刀具返回 *Z* 坐标轴换刀点的同时，刀库将 T02 号刀具选出，等待换刀，当执行到

M06 指令时，进行刀具交换，将 T02 号刀具换到主轴上。若选刀时间大于 Z 坐标轴回零时间，则 M06 指令要等 T02 号刀具旋转到换刀位置时才能执行。这种方法占用机动时间较长。

方法二

```
N10  G01  Z…T02;
…
N70  G28  Z0  M06;
N80  G01  Z…T03;
…
```

在 N70 程序段换上 N10 程序段选出的 T02 号刀具；在换刀后，紧接着选出下次要用的 T03 号刀具。在 N10 程序段和 N80 程序段执行选刀时，不占用机动时间，所以通常都使用这种方法。

另外，在编制程序时，通常都把换刀动作编制成一个换刀子程序，来实现刀库中当前换刀位置上的刀具与主轴上刀具的交换。下面就是两个换刀子程序。

换刀子程序 1

```
O8999;                    立式加工中心换刀子程序
M05  M09;                 主轴停止,切削液关
G80;                      固定循环取消
G91  G28  Z0;             自动返回参考点
G49  M06;                 长度补偿取消,换刀
M99;                      子程序结束
```

换刀子程序 2

```
O9999;                    立式加工中心换刀子程序
M05  M09;                 主轴停止,切削液关
G80;                      固定循环取消
G91  G28  Z0;             自动返回参考点
G91  G30  X0  Y0;         回到换刀原点(第二参考点)
G49  M06;                 长度补偿取消,换刀
M99;                      子程序结束
```

（2）准停检验 G09　含有 G09 指令的程序段在终点处进给速度减速到零，然后再执行下一程序段，用此指令可使加工零件在尖角处形成尖锐的棱角。

G09 指令为非模态指令，仅在所在的程序段有效。

（3）极坐标编程

G15：极坐标取消。

G16：极坐标设定。

极坐标平面选择用 G17、G18、G19 指定。

1）指定 XY 平面（G17）时，$+X$ 坐标轴为极轴，程序中坐标字 X 指令极径，Y 指令极角。

2）指定 ZX 平面（G18）时，$+Z$ 坐标轴为极轴，程序中坐标字 Z 指令极径，X 指令

极角。

3）指定 *YZ* 平面（G19）时，+*Y* 坐标轴为极轴，程序中坐标字 Y 指令极径，Z 指令极角。

极角单位是“度”，逆时针为“正”，顺时针为“负”。

极径和极角的值与增量方式还是绝对方式有关，也可以混用。

增量方式（G91）：极径的起点是刀具当前所在位置，极角是相对于上一次编程角度的增量值，在刚进入极坐标编程方式时，极角的起始边是当前有效平面的第一坐标轴，默认表示极角为零。

绝对方式（G90）：极径的起点总是坐标系的原点，极角的起始边永远是当前有效平面的第一坐标轴。

例 4-32 如图 4-106 所示，采用增量方式编程，程序如下。

```
…
N10  G00  X0  Y0;
N20  G91  G01  X10  Y10  F150;
N30  G16;
N40  X22  Y10;
N50  X15  Y260;
N60  G15;
N70  M30;
```

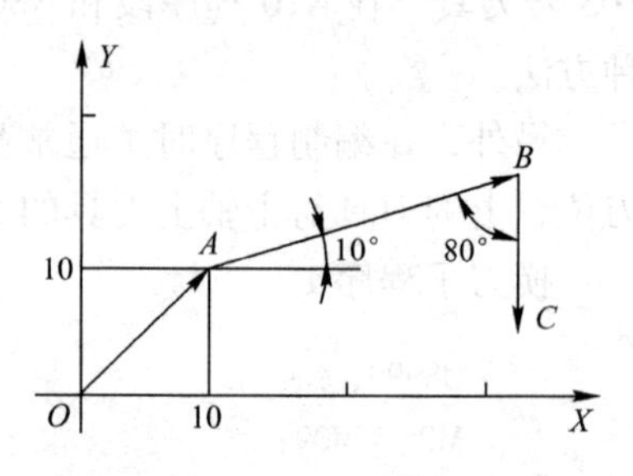

图 4-106 增量方式极坐标编程

例 4-33 如图 4-107 所示，采用绝对方式编程，程序如下。

```
…
N5  G00  X0  Y0;
N10  G90;
N20  G01  X10  Y10  F150;
N30  G16;
N40  X22  Y10;
N50  X15  Y80;
N60  G15;
N70  M30;
```

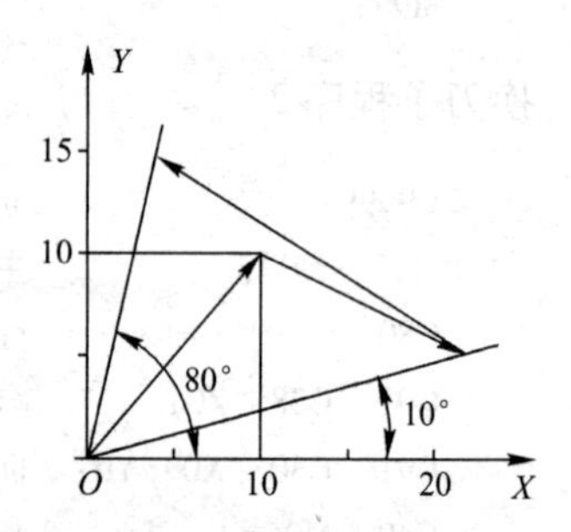

图 4-107 绝对方式极坐标编程

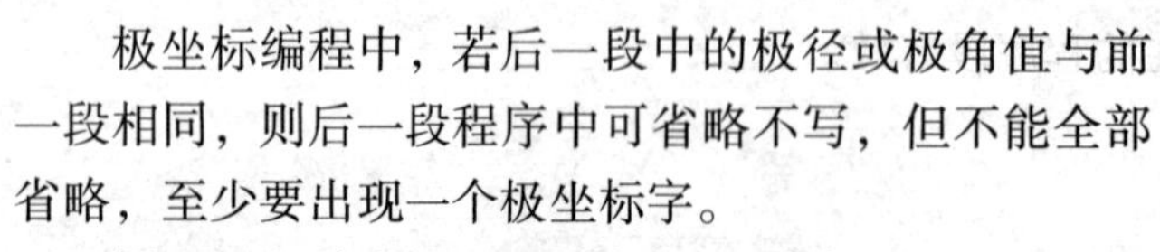
极坐标编程中，若后一段中的极径或极角值与前一段相同，则后一段程序中可省略不写，但不能全部省略，至少要出现一个极坐标字。

例 4-34 如图 4-108 所示，程序如下。

```
…
N10  G00  X10  Y5;
N20  G01  G91  G16  F100;
N30  X20  Y45;
```

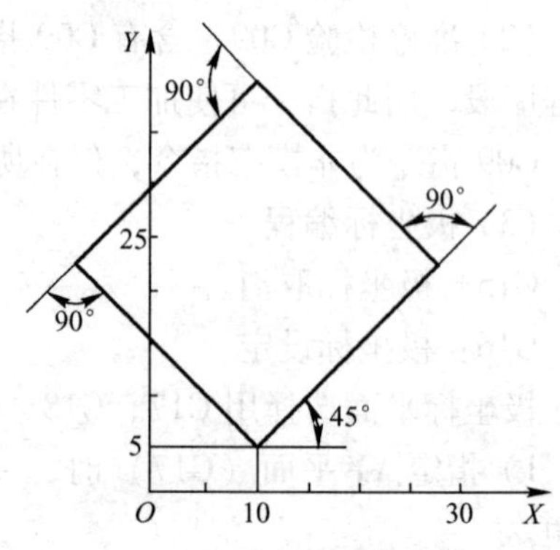

图 4-108 只有角度的极坐标编程

```
N40   Y90;
N50   Y90;
N60   Y90;
N70   M30;
```

或

```
...
N10   G00   X10   Y5;
N20   G01   G91   G16   F100;
N30   X20   Y45;
N40   Y90;
N50   X20;
N60   X20;
N70   M30;
```

极坐标编程允许使用混合编程，即极径用绝对方式（G90），极角用增量方式（G91）编程；或极径用增量方式（G91），极角用绝对方式（G90）编程。

例 4-35 混合编程（极径用绝对方式，极角用增量方式），如图 4-109 所示，程序如下。

```
...
N10   G90   G01   X0   Y0   Z0   F100;
N20   G16;
N30   G90   X10   Y0;
N40   G81   G91   Y30   Z10   R5   L12
N50   G15;
N60   M30
```

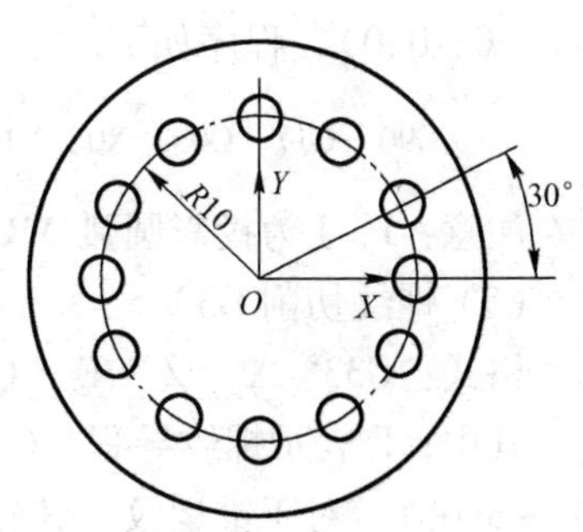

图 4-109　混合编程

例 4-36 混合编程（极径用增量方式，极角用绝对方式），如图 4-110所示，程序如下。

```
...
N10   G00   X0   Y0   F500;
N20   G90   G81   X3   Y0   Z10   R3;
N30   G16;
N40   G91   X4   G90   Y135;
N50   Y225;
N60   Y315;
N70   G15   X6   Y0;
N80   C16;
N90   G91   X8   G90   Y135;
N100   Y225;
N110   Y315;
N120   M30;
```

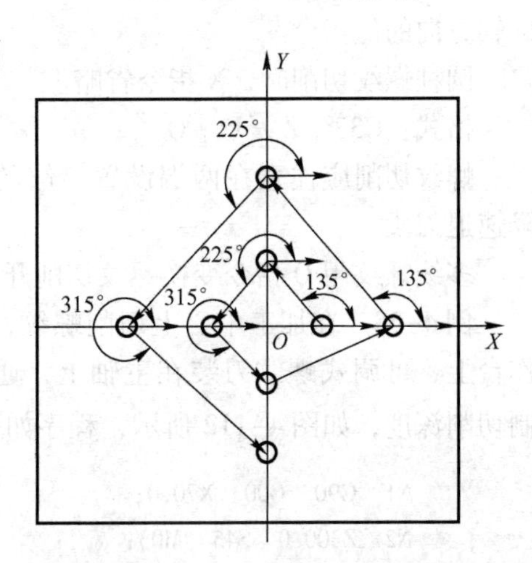

图 4-110　孔加工用极坐标编程

（4）螺旋切削　有些数控系统可利用 G02 和 G03 指令进行三维螺旋线加工，即在选定的插补平面内完成圆弧插补，同时在垂直于该平面的第三维方向上进行直线插补。

格式：

绕 Z 坐标轴的螺旋线是在 XY 平面内的圆弧插补和 Z 坐标轴的直线插补：

G17　G02(G03)　X _ Y _ Z _ I _ J _ (R _) F _;

绕 Y 坐标轴的螺旋线是在 XZ 平面内的圆弧插补和 Y 坐标轴的直线插补：

G18　G02(G03)　X _ Z _ Y _ I _ K _ (R _) F _;

绕 X 坐标轴的螺旋线是在 YZ 平面内的圆弧插补和 X 坐标轴的直线插补：

G19　G02(G03)　Y _ Z _ X _ J _ K _ (R _) F _;

X、Y、Z、I、J、K、R、F 与平面内圆弧插补的含义一致。

例 4-37　如图 4-111 所示，AB 为螺旋线，起点 $A(10,0,0)$，终点 $B(0,10,5)$，点 B 在 Y 坐标轴上的投影 $B'(0,10,0)$，程序如下。

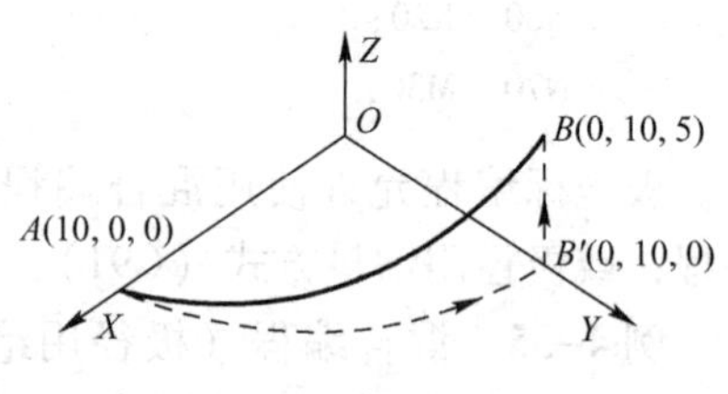

图 4-111　螺旋线加工

G90　G17　G03　X0　Y10　Z5　I-10　J0　F100;

注意：I、J 为投影圆弧 AB′的圆心相对于起点的增量值。

（5）螺纹切削 G33

格式：G33　X _ Z _ F _ Q _;

其中，F 表示螺纹导程，Q 表示螺纹切削开始角度（0°~360°）。对于锥螺纹，其斜角在 45°以下时，螺纹导程以 Z 坐标轴方向的值指令；45°~90°时，以 X 坐标轴方向的值指令。

圆柱螺纹切削时，X 指令省略。

格式：G33　Z _ F _ Q _;

螺纹切削应注意在两端设置足够的升速进刀段和降速退刀段。

多线螺纹用 Q 指令变换螺纹切削开始角度来切削。

例 4-38　在加工中心上切削螺纹，工件固定在工作台上，可调式螺纹刀装在主轴上，通过刀尖长度控制切削深度，如图 4-112 所示，程序如下。

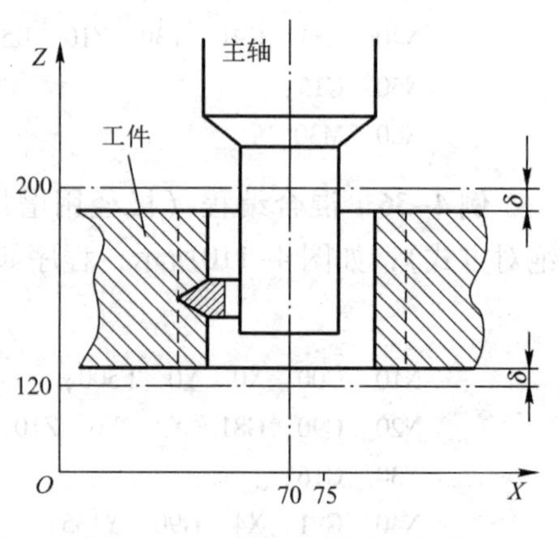

图 4-112　螺纹切削 G33 指令

N1　G90　G00　X70.0;	刀具定位于螺孔中心
N2　Z200.0　S45　M03;	主轴正转，刀具沿 Z 方向接近工件
N3　G33　Z120.0　F5.0;	第一次切削，导程 F=5
N4　M19;	主轴定向停止（使主轴每次停止在同一角度位置）
N5　G00　X75.0;	刀具沿 X 方向退刀
N6　Z200.0　M00;	刀具沿 Z 方向退回孔端，程序暂停，调整刀尖长度

```
N7   X70.0   M03;                 刀具对准孔中心,主轴起动
N8   G04   X2.0;                  暂停 2 s,便于主轴速度到达
N9   G33   Z120.0   F5;           第二次螺纹切削
N10   M19;                        主轴定向停止
N11   G00   X75.0;                刀具沿 X 方向退刀
N12   Z200.0   M00;               刀具沿 Z 方向退回孔端,程序暂停,调整刀尖长度
N13   X70.0   M03;                刀具对准孔中心,主轴起动
N14   G04   X2.0;                 暂停 2 s,便于主轴速度到达
N15   G33   Z120.0   F5;          第三次螺纹切削
N16   M19;                        主轴定向停止
…
N××   M02;                        程序结束
```

4.3.7 数控参数编程

对于几何形状相同、尺寸参数有所变化的零件，或轮廓为非圆曲线的零件，常采用参数编程的方法，下面分别以 SIEMENS 和 FANUC 系统为例，说明参数编程的应用。

（1）SIEMENS 系统的参数编程

1）R 参数。SIEMENS 系统的参数编程使用 R 参数作为变量参数，其参数地址为 R0 ~ R299，用户可以在以下数值范围内给参数赋值：±(0.0000001 ~ 99999999)。

例 4-39 如图 4-113 所示，加工一批相似零件，只有边长不同，可以采用参数编程，把边长定义为变量参数，边长改变时，只需改变参数值即可，程序如下。

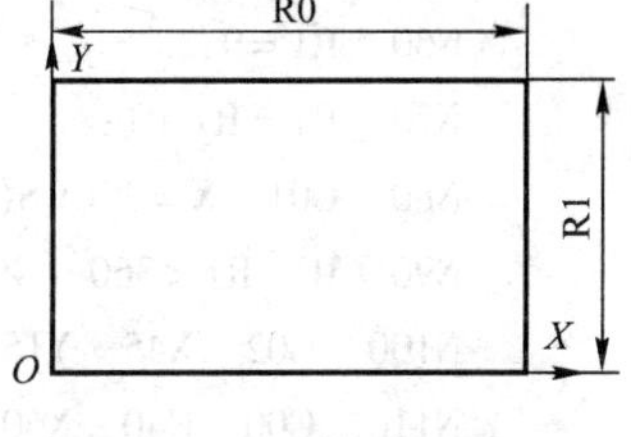

图 4-113 R 参数应用举例

```
…
N5   R0 = 100   R1 = 50;
N10   G01   X0   Y0;
N15   G01   X = R0   Y0;
N20   G01   X = R0   Y = R1;
N25   G01   X0   Y = R1;
N30   G01   X0   Y0;
…
```

2）程序跳转指令。

① 标记符（程序跳转目标）。标记符可以自由选取，但必须由 2 ~ 8 个字母或数字组成，其中开始两个符号必须是字母或下划线。标记符后面必须为冒号。标记符位于程序段段首。程序段号也可以作为标记符。

② 绝对跳转。程序运行到绝对跳转语句时，无条件跳转到该语句所指定的标记符处接着执行。绝对跳转语句必须占用一个单独的程序段。

GOTOF…；向前跳转（向程序结束的方向跳转）

GOTOB…；向后跳转（向程序开始的方向跳转）

③ 有条件跳转。用 IF 条件语句表示有条件跳转。如果满足条件则进行跳转，跳转目标只能是有标记符的程序段。

格式：IF 条件　GOTOF　标记符；向前跳转

　　　IF 条件　GOTOB　标记符；向后跳转

例 4-40　如图 4-114 所示，加工一个长轴半径 30 mm，短轴半径 20 mm 的椭圆台，凸台高度为 5 mm，以 SIEMENS 802D 数控铣床系统为例编写加工程序如下。

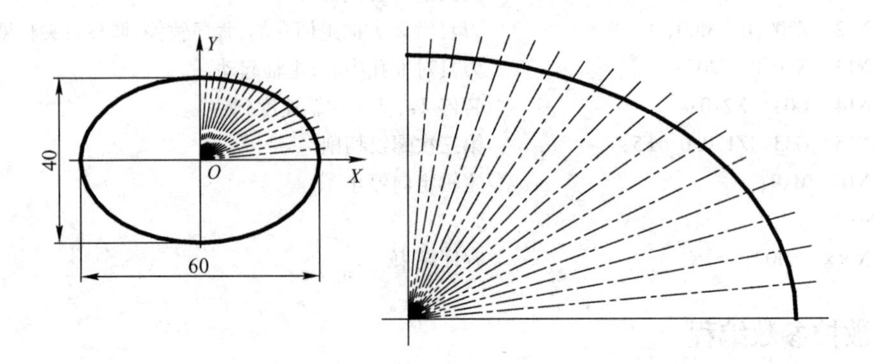

图 4-114　SIEMENS 椭圆编程

```
N10   G54   G64   F150   S800   M03   T1;
N20   G00   X60   Y0;
N30   Z-5;
N40   G00   G42   X45   Y-15;
N50   G02   X30   Y0   CR=15;
N60   R1=0;
N70   R1=R1+1;
N80   G01   X=30COS(R1)   Y=20SIN(R1);
N90   IF   R1<360   GOTOB   N70;
N100   G02   X45   Y15   CR=15;
N110   G00   G40   X60   Y0;
N120   G00   Z200;
N130   M02;
```

上边程序中 N60～N90 部分程序段可以替换为

```
N60   R1=1;
N70   G01   X=30COS(R1)   Y=20SIN(R1);
N80   R1=R1+1;
N90   IF   R1≤360   GOTOB   N70;
```

注意：椭圆计算公式：$X=a\cos\theta$，$Y=b\sin\theta$（其中 a 为长轴半径，b 为短轴半径）。G64 为连续路径加工，适于用小直线段逼近非圆曲线。

（2）FANUC 系统的参数编程　FANUC 系统的参数编程使用#参数作为变量参数，其参数地址为#0～#99。FANUC 系统的参数编程功能对照表见表 4-12。

表 4-12　FANUC 系统的参数编程功能对照表

G	H	功　能	定　义
G65	H01	定义、置换	#i = #j
G65	H02	加法	#i = #j + #k
G65	H03	减法	#i = #j − #k
G65	H04	乘法	#i = #j × #k
G65	H05	除法	#i = #j ÷ #k
G65	H11	逻辑加	#i = #j. OR. #k
G65	H12	逻辑乘	#i = #j. AND. #k
G65	H13	异或运算	#i = #j. XOR. #k
G65	H21	平方根	$\#i=\sqrt{\#j}$
G65	H22	绝对值	$\#i=\lvert \#j \rvert$
G65	H23	乘余数	#i = #j − trunc(#i/#j) × #k(trunc:小数部分舍去)
G65	H24	BCD 码→二进制码	#i = BIN(#j)
G65	H25	二进制码→BCD 码	#i = BCD(#j)
G65	H26	复合乘除运算	#i = (#j × #J) ÷ #k
G65	H27	复合平方根 1	$\#i=\sqrt{\#j^2+\#k^2}$
G65	H28	复合平方根 2	$\#i=\sqrt{\#j^2-\#k^2}$
G65	H31	正弦	#i = #jSIN(#k)
G65	H32	余弦	#i = #jCOS(#k)
G65	H33	正切	#i = #jTAN(#k)
G65	H34	反正切	#i = ATAN(#j/#k)
G65	H80	无条件转移	GOTOn
G65	H81	条件转移 1	IF　#j = #k，GOTOn
G65	H82	条件转移 2	IF　#j ≠ #k，GOTOn
G65	H83	条件转移 3	IF　#j > #k，GOTOn
G65	H84	条件转移 4	IF　#j < #k，GOTOn
G65	H85	条件转移 5	IF　#j ≥ #k，GOTOn
G65	H86	条件转移 6	IF　#j ≤ #k，GOTOn
G65	H99	发生 P/S 报警	发生 P/S500 + n 报警

例 4-41　（铣床）FANUC 系统椭圆编程举例。如图 4-115 所示，加工一个长轴半径 40 mm，短轴半径 20 mm 的椭圆台，凸台高度为 5 mm，加工程序如下。

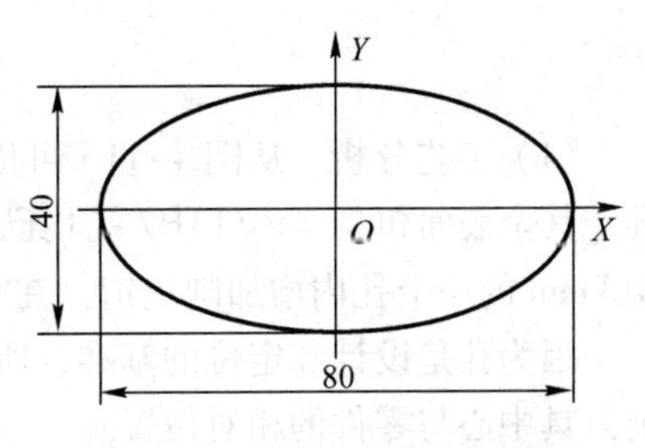

图 4-115　FANUC 系统椭圆编程

```
M03  S1000  F150  T1  D1;
G54  G64;
G0  X60  Y0;
Z3;
```

```
G1  Z-5;
G65  H01  P#100  Q0000;                      赋值#100=0(相当于R1=0)
N80  G65  H31  P#104  Q20000  R#100;         #104=20SIN(#100)
G65  H32  P#105  Q40000  R#100;              #105=40COS(#100)
G1  G42  X#105  Y#104;
G65  H02  P#100  Q#100  R1000;               #100=#100+1
G65  H84  P80  Q#100  R360000;               IF  #100<360  GOTOB  N80
G00  Z50;
G40  X60  Y0;
M05;
M02;
```

注意：FANUC 系统参数编程中的单位为 μm，因此数值要放大 1000 倍，即 $a=40000\ \mu m$，$b=20000\ \mu m$。

4.3.8 数控铣床（加工中心）编程实例

实例1 根据图 4-116 所示加工凸轮。

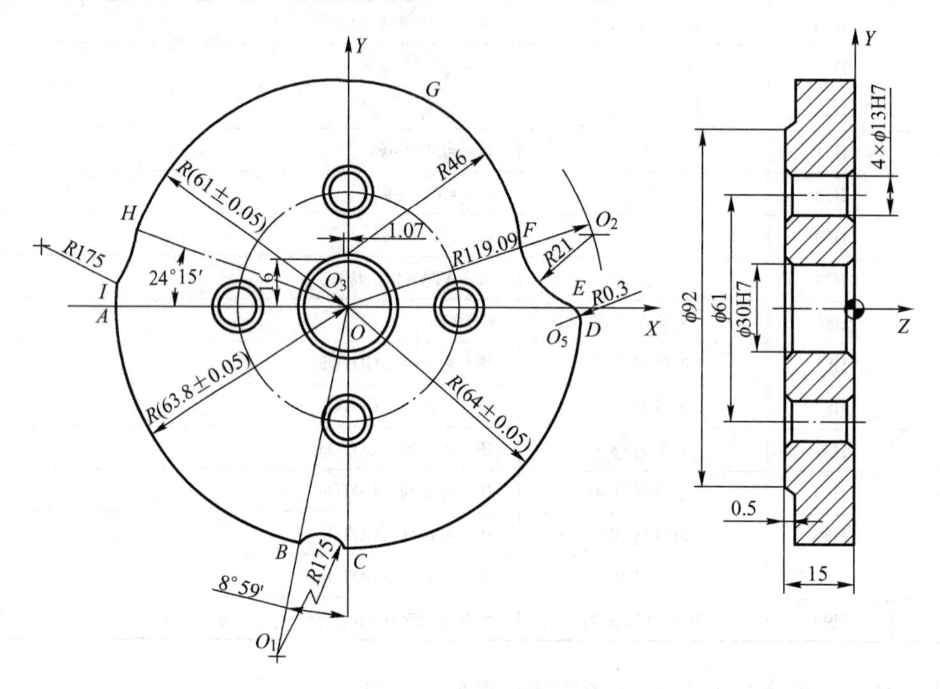

图 4-116 凸轮零件图

（1）工艺分析 从图 4-116 可以看出，凸轮曲线分别由几段圆弧组成，内孔为设计基准，其余表面包括 4×ϕ13H7 孔均已加工。故取内孔和一个端面作为主要定位面，在连接孔 ϕ13 mm 的一个孔内增加削边销，在端面上用螺母垫圈压紧。

因为孔是设计和定位的基准，所以对刀点选在孔中心线与端面的交点上，这样很容易确定刀具中心与零件的相对位置。

（2）加工调整 工件坐标系 X、Y 位于工作台中间，在 G53 坐标系中取 X = -400 mm，

$Y=-100$ mm。Z 坐标可以按刀具长度和夹具、零件高度决定，如选用 $\phi20$ mm 的立铣刀，零件上端面为 Z 向坐标零点，该点在 G53 坐标系中的位置为 $Z=-80$ mm 处，将上述三个数值设置到 G54 工件坐标系中。数控加工工序卡见表 4-13。

表 4-13　数控加工工序卡

数控加工工序卡	零件图号	零件名称	文件编号	第　页
	NC01	凸轮		共　页
		工序号	工序名称	材料
		50	铣周边轮廓	45
		加工车间	设备型号	
			XK5032	
		主程序名	子程序名	加工原点
		O100		G54
		刀具半径补偿	刀具长度补偿	
		H01 = 10	0	
工步号	工步内容	工	装	
1	数控铣周边轮廓	夹具	刀具	
		定心夹具	$\phi20$ mm 立铣刀	
		更改标记	更改单号	更改者/日期

工艺员		校对		审定		批准	

（3）数学处理　该凸轮加工的轮廓均为圆弧组成，因而只要计算出交点坐标，就可以编制程序。编程员可根据零件轮廓曲线，建立方程组，通过解方程组得出曲线交点坐标，这种方法效率比较低，准确性较差。目前比较常用的方法是采用计算机绘图求得交点坐标。编程员可根据现场条件和自身能力选择合适的方法。图 4-116 中各点的坐标计算结果见表 4-14。

表 4-14　交点坐标计算结果表

序　号	点　位	X	Y
1	A	-63.8	0
2	B	-9.96	-63.02
3	C	-5.57	-63.76
4	D	63.99	-0.28
5	E	63.72	0.03
6	F	44.79	19.60
7	G	14.79	59.18
8	H	-55.62	25.05
9	I	-63.02	9.97

（4）程序编制

```
N10  M03  S6000  F100  T01;                 进入加工坐标系
N20  G54;
N30  G00  X0  Y0  Z40;
N20  G90  G00  X-83.8  Y0;                  由起刀点快进到加工开始点
N30  G00  Z0;                               快速下切至零件表面
N40  G01  Z-16;                             下切至零件表面以下 16 mm
N50  G42  G01  X-63.8  Y20  H01;            建立半径补偿
N60  G01  X-63.8  Y0;                       沿切向切入零件至点 A
N70  G03  X-9.96  Y-63.02  R63.8;           切削 AB
N80  G02  X-5.57  Y-63.76  R175;            切削 BC
N90  G03  X63.99  Y-0.28  R64;              切削 CD
N100  G03  X63.72  Y0.03  R0.3;             切削 DE
N110  G02  X44.79  Y19.6  R21;              切削 EF
N120  G03  X14.79  Y59.18  R46;             切削 FG
N130  G03  X-55.26  Y25.05  R61;            切削 GH
N140  G02  X-63.02  Y9.97  R175;            切削 HI
N150  G03  X-63.80  Y0  R63.8;              切削 IA
N160  G01  X-63.80  Y-20;                   由点 A 沿切向切出零件
N170  G01  G40  X-83.8  Y0;                 半径补偿取消
N180  G00  Z40;                             Z 向抬刀
N190  M05;                                  主轴停止
N200  M02;                                  程序结束
```

实例 2　加工中心编程实例。

如图 4-117 所示，加工一个壳体零件，加工要求是：铣削上表面，保证尺寸 $60^{+0.2}_{0}$ mm；键槽宽 $10^{+0.1}_{0}$ mm；槽深 $6^{+0.1}_{0}$ mm；钻 4×M10 孔。加工工艺卡见表 4-15，刀具卡见表 4-16。

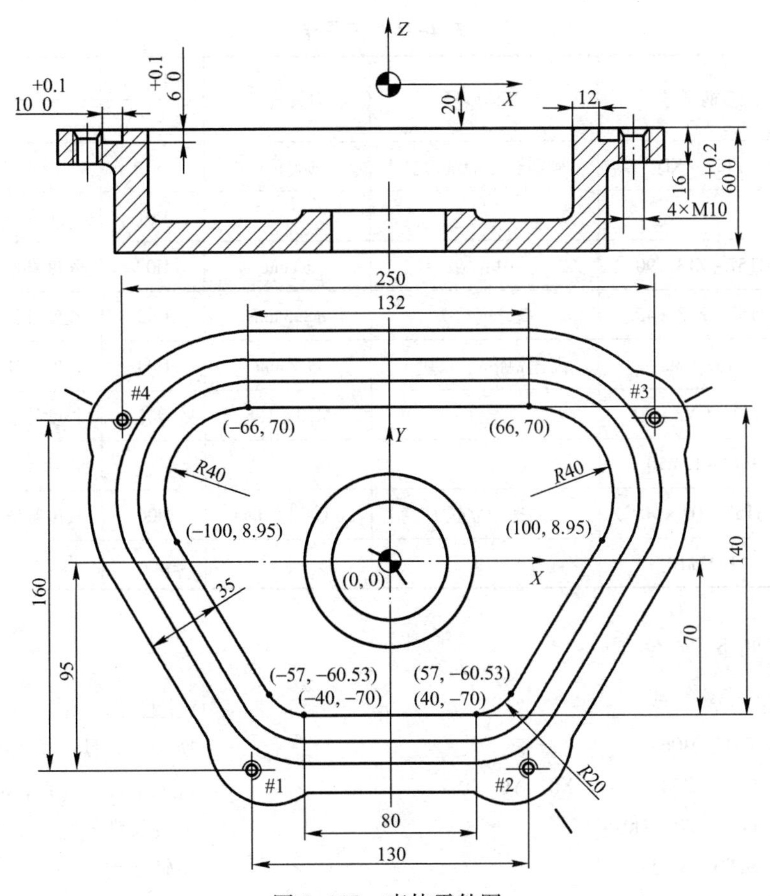

图 4-117　壳体零件图

表 4-15　加工工艺卡

零件号		零件名称	壳体			材料	HT200
程序号		机床型号	JCS－018				
工序内容	刀具号	刀具种类	刀具长度	主轴转速 S	进给速度 F	补偿量 D、H	备注
铣平面	T01	不重磨硬质合金端铣刀盘 ϕ80 mm		S280	F56	H01 D01	长度补偿 半径补偿
钻 4 × M10 中心孔	T02	ϕ3 mm 中心钻		S1000	F100	H02	长度补偿
钻 4 × M10 孔	T03	ϕ8. 5 mm 高速钢钻头		S500	F50	H03	长度补偿
螺纹倒角	T04	ϕ18 mm 高速钢钻头（90°）		S500	F50	H04	长度补偿
攻螺纹 4 × M10（F1. 5）	T05	M10（F1. 5）丝锥		S60	F90	H05	长度补偿
铣槽	T06	$\phi10^{+0.03}_{0}$ mm 高速钢立铣刀		S300	F30	H06	长度补偿
						D06	半径补偿作位置偏置用 D06 = 17

表 4-16　刀具卡

刀具号	刀柄型号	刀具型号	刀具直径	偏置值	备注
T01	JT57 - XD	硬质合金端铣刀盘	ϕ80 mm	H01	长度补偿
				D01	半径补偿
T02	JT57 - Z13 × 90	中心钻	ϕ3 mm	H02	长度补偿，带自紧钻夹头
T03	JT57 - Z13 × 45	高速钢钻头	ϕ8.5 mm	H03	长度补偿，带自紧钻夹头
T04	JT57 - M2	高速钢钻头（90°）	ϕ18 mm	H04	长度补偿，带自紧钻夹头
T05	JT57 - GM3 - 12	丝锥	M10 × 1.5	H05	长度补偿，带自紧钻夹头
	GT3 - 12M10				
T06	JT57 - Q2 × 90	高速钢立铣刀	$\phi 10^{+0.03}_{0}$ mm	H06	长度补偿，带自紧钻夹头
	HQ2ϕ10			D06	

加工程序如下。

```
O002;                                        (主程序)
N10  T01  M06;                               换 T01 刀具
N20  G90  G54  G00  X0  Y0  T02;             进入工件坐标系,预选 T02 刀具
N30  G43  Z0  H01;                           刀具长度补偿
N40  S280  M03;                              主轴起动
N50  G01  Z-20  F40;                         下切
N60  G01  Y70  G41  D01  F56;                刀具半径补偿
N70  M98  P0100;                             调用铣槽子程序铣平面
N80  G40  Y0;                                取消刀具半径补偿
N90  G28  Z0  M06;                           Z 轴返回参考点,换 T02 刀具
N100  G00  X-65  Y-95  T03;                  定位到#1 孔位,预选 T03 刀具
N110  G43  Z0  H02  F100;                    刀具长度补偿
N120  S1000  M03;                            主轴起动
N130  G99  G81  Z-24  R-17;                  钻#1 中心孔
N140  M98  P0200;                            调用子程序,钻#2、#3、#4 中心孔
N150  G80  G28  G40  Z0  M06;                返回参考点,换 T03 刀具
N160  G43  Z0  H03  F50  T04;                刀具长度补偿,预选 T04 刀具
N170  S500  M03;                             主轴起动
N180  G99  G81  X-0.5  Y87  Z-25.5  R-17;    钻铣槽时下切的工艺孔
N190  X-65  Y-95  Z-40;                      钻#1 孔
N200  M98  P0200;                            调用子程序,钻#2、#3、#4 孔
N210  G80  G28  G40  Z0  M06;                返回参考点,换 T04 刀具
N220  G43  Z0  H04  F50  T05;                刀具长度补偿,预选 T05 刀具
N225  S500  M03;                             主轴起动
```

```
N230 G99 G82 X-65 Y-95 Z-26 R-17 P500;   #1 孔倒角
N240 M98 P0200;                          调用子程序,#2、#3、#4 孔倒角
N250 G80 G28 G40 Z0 M06;                 返回参考点,换 T05 刀具
N260 G43 Z0 H05 F90 T06;                 刀具长度补偿,预选 T06 刀具
N270 S60 M03;                            主轴起动
N280 G99 G84 X-65 Y-95 Z-40 R-10;        #1 孔攻螺纹
N290 M98 P0200;                          调用子程序,#2、#3、#4 孔攻螺纹
N300 G80 G28 G40 Z0 M06;                 返回参考点,换 T06 刀具
N310 S300 M03;                           主轴起动
N320 G00 X-0.5 Y150 T00;                 到铣槽起始点
N330 G41 D26 Y70;                        刀具半径补偿
N340 G43 Z0 H06;                         刀具长度补偿
N350 X0;                                 到 X0、Y70 点
N360 G01 Z-26.05 F30;                    下切
N370 M98 P0100;                          调用铣槽子程序铣槽
N380 G28 G40 Z0 M06;                     返回参考点,换刀
N390 G28 X0 Y0;                          机床回零
N400 M30;                                程序结束

O0100;                                   (铣槽子程序)
N10 X66 Y70;                             直线切削至 X66、Y70
N20 G02 X100 Y8.95 R40;                  铣削圆弧
N30 G01 X57 Y-60.53;                     直线切削至 X57、Y-60.53
N40 G02 X40 Y-70 R20;                    铣削圆弧
N50 G01 X-40;                            直线切削至 X-40、Y-70
N60 G02 X-57 Y-60.53 R20;                铣削圆弧
N70 G01 X-100 Y8.95;                     直线切削至 X-100、Y8.95
N80 G02 X-66 Y70 R40;                    铣削圆弧
N90 G01 X0.5;                            直线切削至 X05、Y70
N100 M99;                                子程序结束,返回主程序

O0200;                                   (#2、#3、#4 中心孔子程序)
N1 X65;                                  #2 孔位
N2 X125 Y65;                             #3 孔位
N3 X-125;                                #4 孔位
N4 M99;                                  子程序结束,返回主程序
```

设置 D01 = 0 、D06 = 17。

复习思考题

4-1 简述数控机床编程的一般步骤。

4-2　简述数控加工的程序结构与格式。

4-3　简述模态指令与非模态指令的区别。

4-4　怎样确定数控机床坐标系？

4-5　机床参考点、机床坐标系、工件坐标系之间有何区别？

4-6　数控车床编程有何特点？

4-7　机床坐标系是如何建立的？显示器上显示的坐标值表示什么？

4-8　工件坐标系是怎样建立的？试通过 G92、G50、G54～G59 分别加以说明。

4-9　建立工件坐标系（执行 G50 指令）之前，对刀具位置有何要求？如何调整数控机床？

4-10　简述圆弧顺逆方向判别原则。

4-11　多重复合循环指令（G71、G72、G73）适合于加工哪类毛坯？

4-12　数控铣床中建立或取消半径补偿时，刀具中心轨迹与编程轨迹有何相对位置关系？

4-13　何谓定距换刀？定距换刀是否占用加工时间？

4-14　在极坐标编程中，说明采用 G90 或 G91 时，极径与极角的含义。

4-15　何谓对刀点、刀位点、换刀点？

4-16　说明数控车床、数控铣床、加工中心分别适合的加工范围。

4-17　写出加工中心中的两种换刀程序，比较两种程序哪种更好？为什么？

4-18　如果已在机床坐标系中设置了如下两个坐标系：G57，X＝－40，Y＝－40，Z＝－20；G58，X＝－80，Y＝－80，Z＝－40。试用坐标简图表示出各坐标系的位置，并写出刀具中心从机床坐标系的零点运动到 G57 坐标系零点，再到 G58 坐标系零点的程序段。

4-19　根据图 4-118～图 4-120，编写程序。

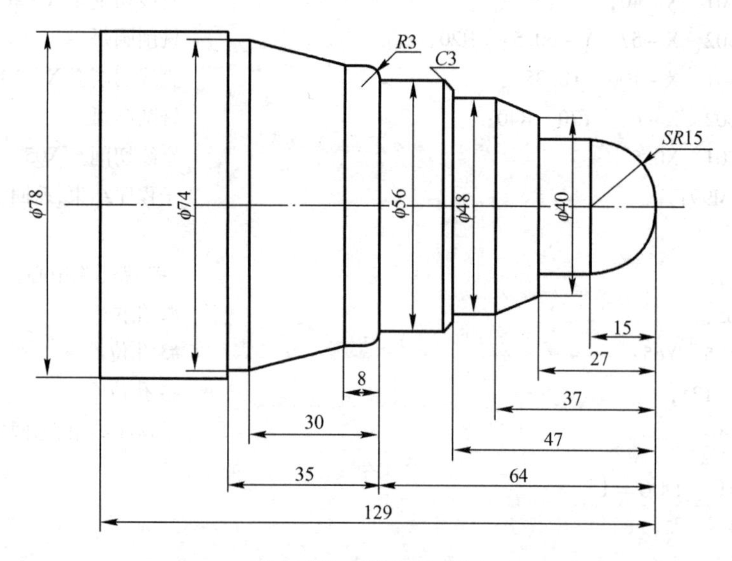

图 4-118　题 4-19 图 1

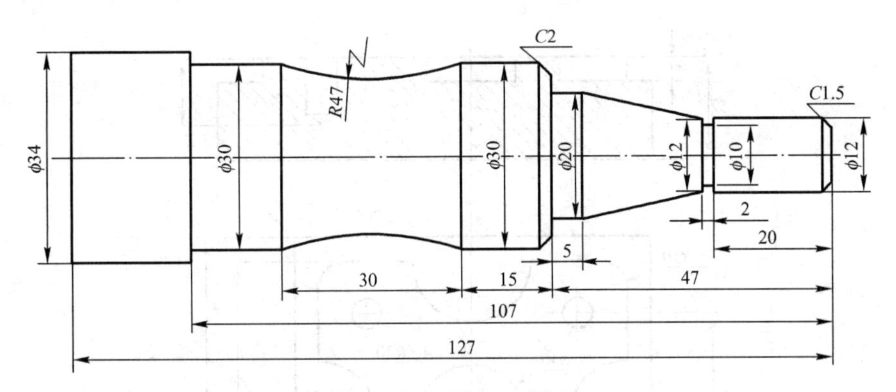

图 4-119　题 4-19 图 2

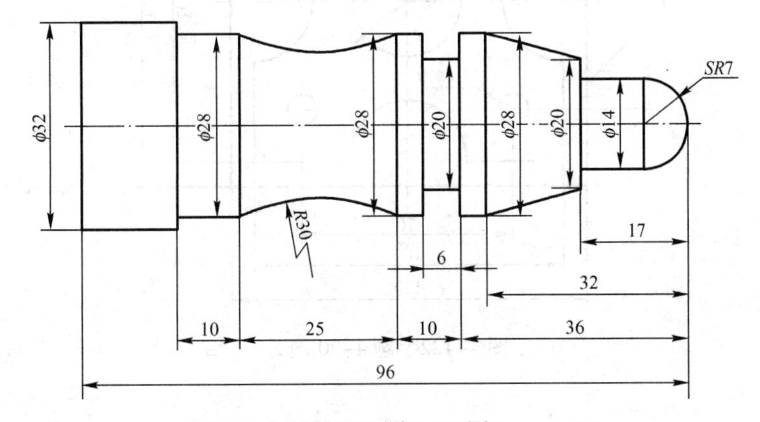

图 4-120　题 4-19 图 3

4-20　根据图 4-121 ~ 图 4-123，编写程序。

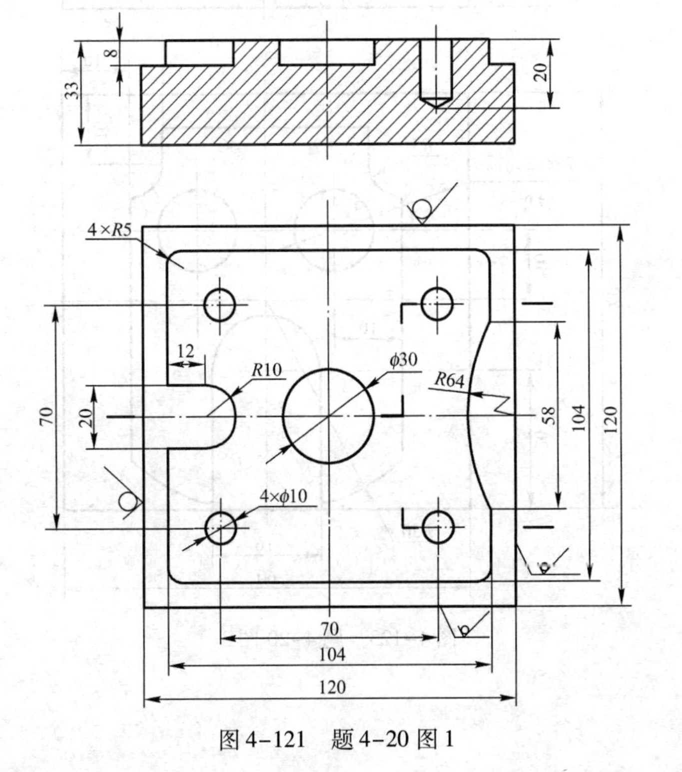

图 4-121　题 4-20 图 1

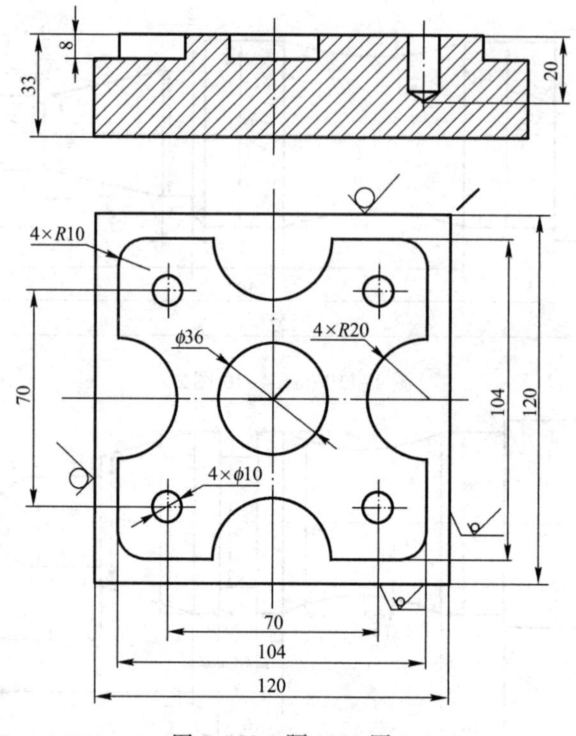

图 4-122　题 4-20 图 2

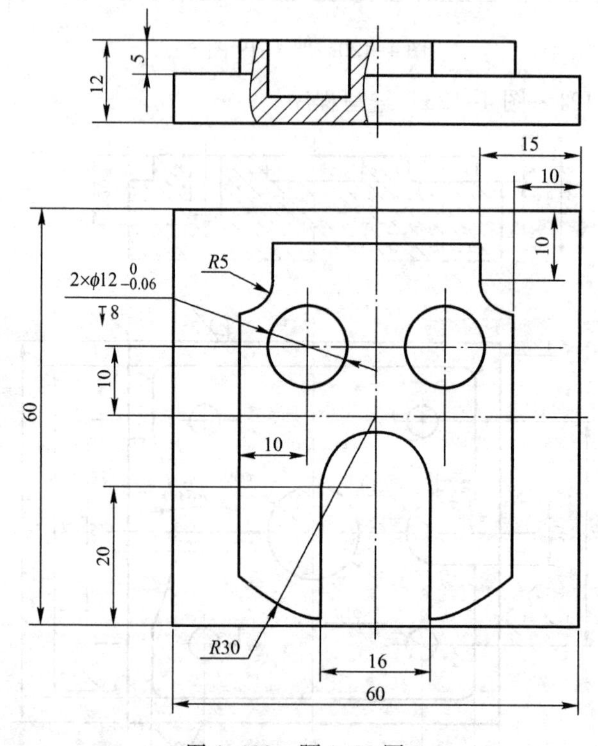

图 4-123　题 4-20 图 3

第5章　轮廓加工的数学基础

在数控机床上进行轮廓加工的各种零件，大部分由直线和圆弧这种简单、基本的曲线构成。若加工的轮廓由其他二次曲线和高次曲线组成，也可以采用一小段直线或圆弧来拟合，通常能满足精度要求。这种拟合的方法就是“插补”。它是数控系统依据编程时的有限数据，按照一定方法在轮廓线的起点到终点之间再密集计算出有限个坐标点，刀具沿着这些坐标点移动，来逼近理论轮廓的过程。

因此对于轮廓控制系统来说，最重要的功能是插补。插补的任务就是根据进给速度的要求，在轮廓起点和终点之间计算出若干个中间点的坐标值。由于每个中间点计算所需的时间直接影响系统的控制速度，而中间点坐标值的计算精度又影响到数控系统的控制精度，所以插补算法是整个数控系统控制的核心。

目前应用的插补算法主要有脉冲增量插补和数字增量插补两大类。

（1）脉冲增量插补　它又称为行程标量插补或基准脉冲插补。这类插补算法的特点是每次插补结束只产生一个行程增量，以一个个脉冲的方式输出给步进电动机。这类插补的实现方法比较简单，通常只用加法和位移即可完成插补，故其易用硬件实现且运算速度很快；目前也有用软件来完成这类算法的，但仅适用于一些中等精度（0.01 mm）或中等速度（1 ~3 m/min）要求的数控系统。

脉冲增量插补方法有以下几种：逐点比较法、数字积分法、数字脉冲乘法器插补法、矢量判别法、比较积分法、最小偏差法、目标点跟踪法、单步追踪法和直接函数法。

（2）数字增量插补　它又称为时间标量插补或数据采样插补。这类插补算法的特点是插补运算分两步完成：第一步是粗插补，即在给定起点和终点之间插入若干个点，用若干条微小直线段来逼近给定的曲线，每一条微小直线段的长度 ΔL 相等，且与给定的进给速度有关。粗插补在每个插补运算周期中计算一次，因此，每一条微小直线段的长度 ΔL 与进给速度 F 和插补周期 T 有关，即 $\Delta L = FT$。第二步为精插补，它是在粗插补算出的每一条微小直线段的基础上再做“数据点的密化”工作，这一步相当于对直线的脉冲增量插补。

此方法适用于闭环位置采样控制系统。粗插补在每个插补周期内计算出坐标实际位置增量值，而精插补则在每个采样周期内采样闭环位置增量值及插补输出的指令位置增量值，然后算出各坐标轴相应的插补指令位置和实际反馈位置，并将两者相比较，求得跟随误差。根据所求得的跟随误差算出相应轴的进给速度，并输出给驱动装置。一般粗插补运算用软件来实现；而精插补运算可以用软件，也可以用硬件来实现。数字增量插补方法很多，下面几种插补方法是常用的：直线函数法、扩展数字积分法、二阶递归扩展插补法、双数字积分插补法和角度逼近圆弧插补法。

在普通的数控系统中，逐点比较法和数字积分法得到了广泛的应用。这些插补方法最初是用在硬件数控装置中，现在也用软件来实现。本章重点介绍这两种插补算法的原理。

5.1 逐点比较法

逐点比较法起初称为区域判别法，又称为代数运算法，或称为醉步式近似法。这种方法每走一步都要和给定轨迹上的坐标值进行一次比较，根据偏差决定下一步的进给方向，使刀具轨迹趋近于给定轨迹。逐点比较法是以折线来逼近直线、圆弧或各类曲线的。它与规定的直线或圆弧之间的最大误差不超过一个脉冲当量。因此，只要将脉冲当量取得足够小，就可达到加工精度的要求。

5.1.1 逐点比较法插补直线

1. 直线插补原理

直线插补时，以直线的起点为坐标原点，给出终点坐标 $E(X_e,Y_e)$，如图 5-1 所示，则直线方程为

$$\frac{X}{Y}=\frac{X_e}{Y_e}$$

改写为

$$X_eY-XY_e=0$$

式中，X、Y 为该直线上任意一点的坐标。

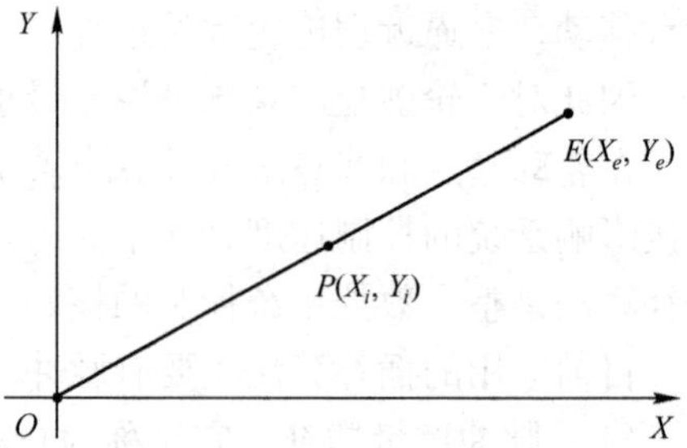

Y
E(X_e, Y_e)
P(X_i, Y_i)
O
X

图 5-1　第一象限直线

(1) 偏差判别　设 $P(X_i,Y_i)$ 为加工动点，则

若点 P 位于该加工直线上，有 $X_eY_i-X_iY_e=0$。

若点 P 位于该加工直线上方，有 $X_eY_i-X_iY_e>0$。

若点 P 位于该加工直线下方，有 $X_eY_i-X_iY_e<0$。

由此，取偏差判别函数 F_i 为

$$F_i=X_eY_i-X_iY_e \tag{5-1}$$

则有：当 $F_i=0$ 时，加工动点在给定直线上；当 $F_i>0$ 时，加工动点在给定直线上方；当 $F_i<0$ 时，加工动点在给定直线下方。

(2) 坐标进给（以第一象限直线为例）　坐标进给是趋向于使偏差缩小的方向。根据这个原则，就有：

当 $F_i>0$ 时，在 $+X$ 方向进给一步，使点接近给定直线；当 $F_i<0$ 时，则在 $+Y$ 方向进给一步，使点接近给定直线；当 $F_i=0$ 时，可任意在 $+X$ 方向或 $+Y$ 方向进给，但通常是按 $F_i>0$ 处理。

在某方向进给一步，就是由插补装置发出一个进给脉冲，来控制向某一方向进给一步。

(3) 偏差计算　若直接依据偏差判别式（5-1）进行偏差计算，则要进行乘法和减法计算，还要对动点 P 的坐标进行计算。不论是硬件插补，还是用软件进行插补，都比较复杂，所以为了便于计算机的计算，在插补运算的新偏差计算中采用递推公式来进行，即设法找出相邻两个加工动点偏差值间的关系，每进给一步后，新加工动点的偏差可以用前一加工动点的偏差推算出来，而起点是给定直线上的点，即 $F_0=0$。这样所有加工动点的偏差都可以从起点开始一步步推算出来。

若给定直线在第一象限，则有：

当 $F_i \geqslant 0$，加工动点向 $+X$ 方向进给一步，即加工动点由点 P_i 沿 $+X$ 方向移动到点 P_{i+1}，而新加工动点 P_{i+1} 的偏差 F_{i+1} 为

$$F_{i+1} = X_e Y_{i+1} - X_{i+1} Y_e$$

又因为点 P_{i+1} 的坐标为

$$X_{i+1} = X_i + 1$$

$$Y_{i+1} = Y_i$$

所以 $$F_{i+1} = X_e Y_i - (X_i + 1) Y_e = X_e Y_i - X_i Y_e - Y_e$$

则 $$F_{i+1} = F_i - Y_e$$

当 $F_i < 0$ 时，加工动点向 $+Y$ 方向进给一步，同理可得

$$F_{i+1} = F_i + X_e$$

上述公式就是第一象限直线插补偏差计算的递推公式。从中可以看出，偏差 F_{i+1} 的计算只用到了终点坐标(X_e, Y_e)，而不必计算每一加工动点的坐标，而且只有加法和减法运算，形式简单。

（4）终点判别　终点判别的方法一般有以下两种。

方法一：每进给一步都要计算 $|X_i - X_0|$ 和 $|Y_i - Y_0|$ 的值，并判断 $|X_i - X_0| = |X_e - X_0|$ 且 $|Y_i - Y_0| = |Y_e - Y_0|$ 是否成立，若成立则插补结束，否则继续。

方法二：把被加工线段的 $X_e - X_0$、$Y_e - Y_0$ 的长度换算成脉冲数值（若长度为mm，则把上述的坐标增量值除以脉冲当量），然后求出各坐标方向所需的脉冲数总和 $n = |X_e - X_0| + |Y_e - Y_0|$，计算机无论向哪一个方向输出一个脉冲都做 $n-1$ 计算，直到 $n=0$ 为止。

（5）插补计算过程　综上所述，插补计算时，每进给一步，都要进行以下四个步骤（又称为四个节拍）的数学运算或逻辑判断，其工作循环图如图5-2所示。

偏差判别：根据加工偏差确定加工点相对于给定直线的位置，以确定进给方向。

坐标进给：根据判定的方向，向该坐标轴方向发出一进给脉冲。

偏差计算：每进给一步到达新的坐标点，按偏差公式计算新的偏差。

终点判别：判别是否到达终点，若到达终点就结束插补运算，如未到达再重复上述的循环步骤。

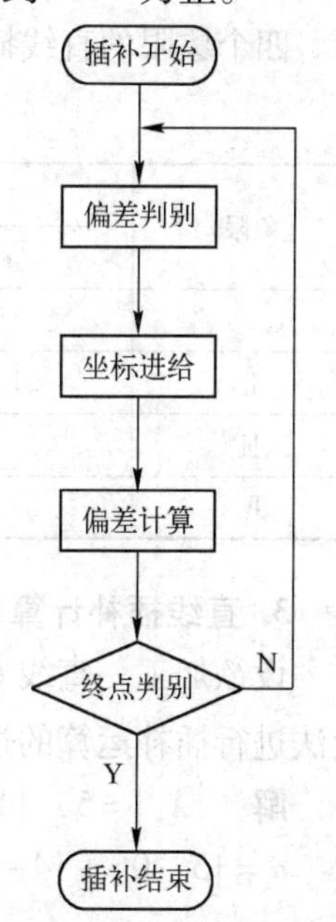

图5-2　逐点比较法工作循环图

2. 四个象限的直线插补计算

前面所述均为第一象限直线的插补方法。第一象限直线插补方法经适当处理后可推广到其余象限的直线插补。为适用于四个象限的直线插补，在偏差计算时，无论哪个象限的直线，都用其坐标的绝对值计算。由此，可得到偏差符号如图5 3所示。当动点位于直线上时的偏差 $F=0$，动点不在直线上且偏向 Y 坐标轴一侧时 $F>0$，偏向 X 坐标轴一侧时 $F<0$。由图5-3还可以看出，当 $F \geqslant 0$ 时应沿 X 坐标轴进给一步，第一、四象限向 $+X$ 方向进给，第二、三象限向 $-X$ 方向进给；当 $F<0$ 时应沿 Y 坐标轴进给一步，第一、二象限向 $+Y$ 方向进给，第三、四象限向 $-Y$ 方向进给。

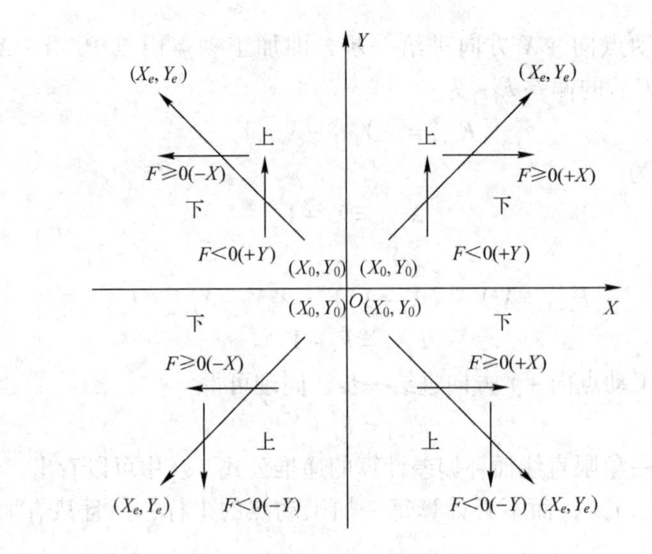

图 5-3　偏差符号

对于四个象限的直线可共用如下的判别式。

向 X 方向进给一步，则

$$F_{i+1} = F_i - |Y_e|$$

向 Y 方向进给一步，则

$$F_{i+1} = F_i + |X_e|$$

四个象限的直线插补偏差计算的递推公式见表 5-1。

表 5-1　四个象限的直线插补偏差计算的递推公式

象限	坐标进给		偏差计算	
	$F\geqslant 0$	$F<0$	$F\geqslant 0$	$F<0$
Ⅰ	$+X$	$+Y$	$F_{i+1}=F_i-\|Y_e\|$	$F_{i+1}=F_i+\|X_e\|$
Ⅱ	$-X$	$+Y$		
Ⅲ	$-X$	$-Y$		
Ⅳ	$+X$	$-Y$		

3. 直线插补计算举例

设欲加工一直线 OA，起点在原点，终点 $A(5,4)$，脉冲当量 $\delta_X=\delta_Y=1$，写出用逐点比较法进行插补运算的过程。

解　$|X_e|=5$，$|Y_e|=4$。

$n=|5-0|+|4-0|=9$，直线插补计算过程见表 5-2，直线插补轨迹如图 5-4 所示。

表 5-2　直线插补计算过程

序　号	工作节拍			
	偏差判别	坐标进给	偏差计算	终点判别
1	$F_0=0$	$+X$	$F_1=F_0-\|Y_e\|=0-4=-4$	$n=9-1=8$
2	$F_1=-4<0$	$+Y$	$F_2=F_1+\|X_e\|=-4+5=1$	$n=8-1=7$

（续）

序　号	工作节拍			
	偏差判别	坐标进给	偏差计算	终点判别
3	$F_2=1>0$	$+X$	$F_3=F_2-\|Y_e\|=1-4=-3$	$n=7-1=6$
4	$F_3=-3<0$	$+Y$	$F_4=F_3+\|X_e\|=-3+5=2$	$n=6-1=5$
5	$F_4=2>0$	$+X$	$F_5=F_4-\|Y_e\|=2-4=-2$	$n=5-1=4$
6	$F_5=-2<0$	$+Y$	$F_6=F_5+\|X_e\|=-2+5=3$	$n=4-1=3$
7	$F_6=3>0$	$+X$	$F_7=F_6-\|Y_e\|=3-4=-1$	$n=3-1=2$
8	$F_7=-1<0$	$+Y$	$F_8=F_7+\|X_e\|=-1+5=4$	$n=2-1=1$
9	$F_8=4>0$	$+X$	$F_9=F_8-\|Y_e\|=4-4=0$	$n=1-1=0$

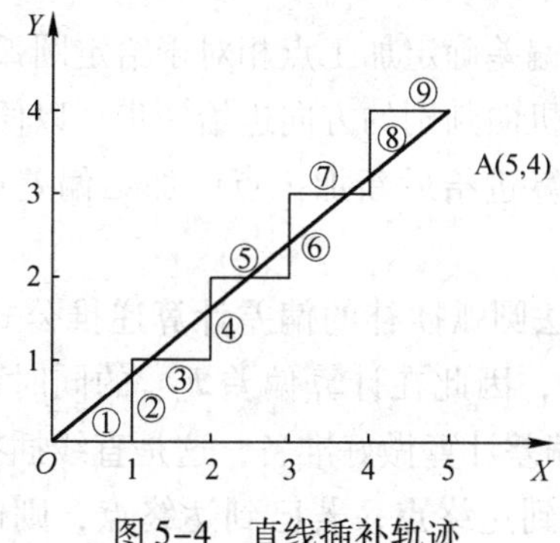

图 5-4　直线插补轨迹

5.1.2　逐点比较法插补圆弧

1. 圆弧插补原理

如图 5-5 所示，加工圆弧$\widehat{AB}$，已知起点 A 坐标为 (X_0, Y_0)、终点 B 坐标为 (X_e, Y_e)，以圆心 O 建立坐标系，则圆的方程可表示为 $X^2+Y^2=R^2$。

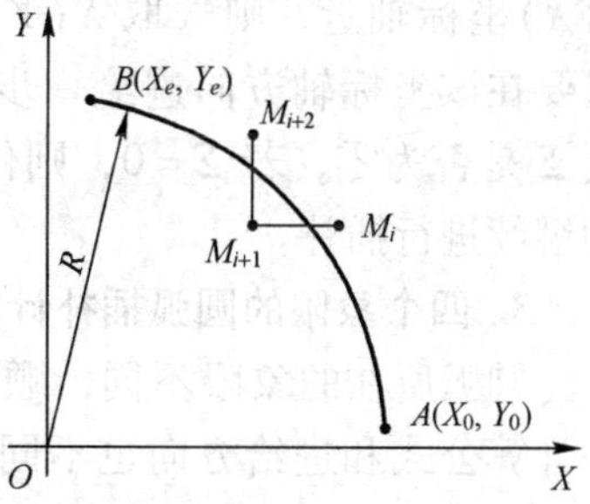

设刀具已位于点 M_i，则点 M_i 对圆弧$\widehat{AB}$的位置有三种情况。

1）M_i在圆弧外侧，则 $OM_i>R$，$X_i^2+Y_i^2-R^2>0$。

2）M_i在圆弧上，则 $OM_i=R$，$X_i^2+Y_i^2-R^2=0$。

3）M_i在圆弧内侧，则 $OM_i<R$，$X_i^2+Y_i^2-R^2<0$。

图 5-5　第一象限逆圆弧

则判别式为

$$F_i=X_i^2+Y_i^2-R^2$$

若 $F_i>0$，则点 M_i在圆弧外侧，对于图 5-5 所示逆圆弧，刀具应向 $-X$ 方向进给一个脉冲当量的距离，到达点 M_{i+1}，点 M_{i+1}对应坐标为 $X_{i+1}=X_i-1$、$Y_{i+1}=Y_i$，其判别式为

$$\begin{aligned}F_{i+1}&=X_{i+1}^2+Y_{i+1}^2-R^2\\&=(X_i-1)^2+Y_i^2-R^2\\&=X_i^2-2X_i+1+Y_i^2-R^2\\&=F_i-2X_i+1\end{aligned}$$

若 $F_{i+1}<0$，则点 M_{i+1} 在圆弧内侧，所以刀具应向 $+Y$ 方向进给一个脉冲当量的距离，到达 M_{i+2} 点，点 M_{i+2} 对应坐标为 $X_{i+2}=X_{i+1}$、$Y_{i+2}=Y_{i+1}+1$，其判别式为

$$\begin{aligned}F_{i+2}&=X_{i+2}^2+Y_{i+2}^2-R^2\\&=X_{i+1}^2+(Y_{i+1}+1)^2-R^2\\&=X_{i+1}^2+Y_{i+1}^2+2Y_{i+1}+1-R^2\\&=F_{i+1}+2Y_{i+1}+1\end{aligned}$$

若 $F_{i+2}>0$，则应向 $-X$ 方向进给一步；若 $F_{i+2}<0$，则应再向 $+Y$ 方向进给一步。

2. 圆弧插补计算过程

前面讨论了逐点比较法圆弧插补原理，与直线插补相同，圆弧插补每进给一步，也要进行四个节拍的工作。

（1）偏差判别　根据加工偏差确定加工点相对于给定圆弧的位置，以确定进给方向。

（2）坐标进给　控制电动机向判别的方向进给一步，以便加工点逼近给定的圆弧。

（3）偏差及坐标计算　计算进给后新加工点的加工偏差和坐标值，为下一次判别和计算提供依据。

需要指出的是，逐点比较法圆弧插补的偏差计算递推公式中含有前一加工动点坐标 X_i 和 Y_i，由于加工动点是变化的，因此在计算偏差 F_{i+1} 的同时，还要计算动点的坐标 X_{i+1} 和 Y_{i+1}，以便为下一加工动点的偏差计算做好准备，这是直线插补所不需要的。

（4）终点判别　判别是否到达终点，若已到达终点，则停止插补；若未到达终点，则重复上述循环过程。终点判别常用的方法有如下两种：一种是用 X、Y 方向应进给总数之和 Σ，每进给一步，则 Σ 减 1，直到 $\Sigma=0$ 停止插补；另一种是用圆弧末端来选取，如末端离 $Y(X)$ 坐标轴近，则选取 $X(Y)$ 的坐标值作为 Σ，只要在该坐标轴方向进给一步，则使 Σ 减 1，判断 Σ 是否为零，若 $\Sigma=0$，则停止插补，不为零，则继续进行插补。

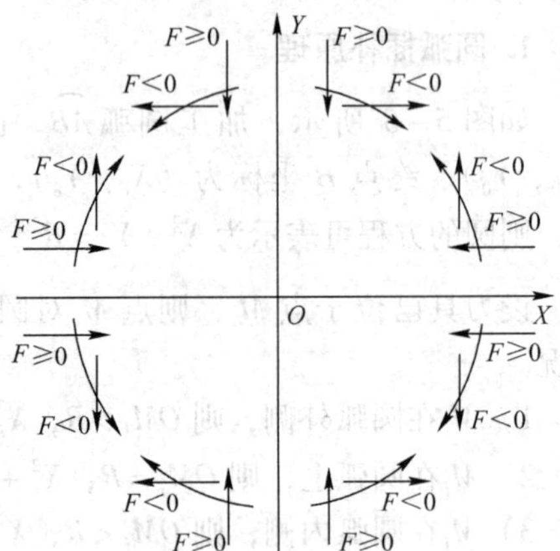

图 5-6　四象限圆弧插补进给方向判断

3. 四个象限的圆弧插补计算

圆弧所在的象限不同，顺逆方向不同，则插补计算公式和进给方向也不同。进给方向可根据图 5-6 进行判断，插补计算公式归纳起来有如下四种情况。

（1）沿 $+X$ 方向进给一步

$$X_{i+1}=X_i+1$$
$$F_{i+1}=F_i+2X_i+1$$

（2）沿 $-X$ 方向进给一步

$$X_{i+1}=X_i-1$$
$$F_{i+1}=F_i-2X_i+1$$

（3）沿 $+Y$ 方向进给一步

$$Y_{i+1}=Y_i+1$$

$$F_{i+1} = F_i + 2Y_i + 1$$

（4）沿 $-Y$ 方向进给一步

$$Y_{i+1} = Y_i - 1$$

$$F_{i+1} = F_i - 2Y_i + 1$$

4. 圆弧插补计算举例

欲加工第一象限逆时针走向的圆弧 $\widehat{AB}$，起点 $A(4,0)$，终点 $B(0,4)$，如图 5-7 所示，脉冲当量 $\delta_X = \delta_Y = 1$，写出用逐点比较法进行插补计算的过程。

解 用第一种方法进行终点判别，则 $\Sigma = (4-0) + (4-0) = 8$，起点在圆弧上，则 $F_0 = 0$，$X_0 = 4$，$Y_0 = 0$，其计算过程见表 5-3，插补轨迹如图 5-7 所示。

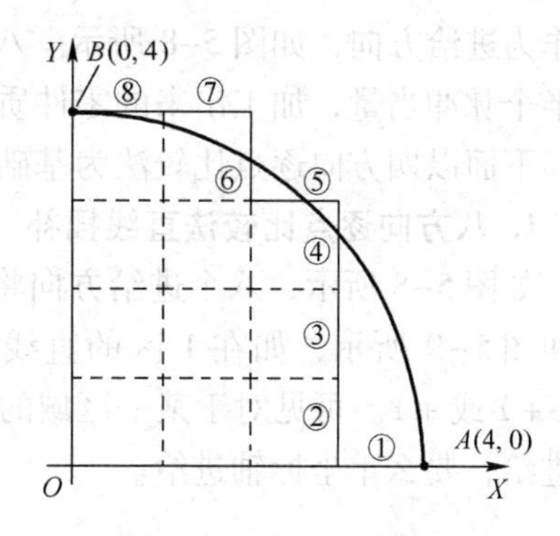

图 5-7 圆弧插补轨迹

表 5-3 圆弧插补计算过程

序号	偏差判别	坐标进给	偏差计算	终点判别
0			$F_0 = 0$	$\Sigma = 8$
1	$F_0 = 0$	$-X$	$F_1 = 0 - 2 \times 4 + 1 = -7$ $X_1 = 4 - 1 = 3 \quad Y_1 = 0$	$\Sigma = 8 - 1 = 7$
2	$F_1 = -7 < 0$	$+Y$	$F_2 = -7 + 2 \times 0 + 1 = -6$ $X_2 = X_1 = 3 \quad Y_2 = Y_1 + 1 = 1$	$\Sigma = 7 - 1 = 6$
3	$F_2 = -6 < 0$	$+Y$	$F_3 = -6 + 2 \times 1 + 1 = -3$ $X_3 = X_2 = 3 \quad Y_3 = Y_2 + 1 = 2$	$\Sigma = 6 - 1 = 5$
4	$F_3 = -3 < 0$	$+Y$	$F_4 = -3 + 2 \times 2 + 1 = 2$ $X_4 = X_3 = 3 \quad Y_4 = Y_3 + 1 = 3$	$\Sigma = 5 - 1 = 4$
5	$F_4 = 2 > 0$	$-X$	$F_5 = 2 - 2 \times 3 + 1 = -3$ $X_5 = X_4 - 1 = 2 \quad Y_5 = Y_4 = 3$	$\Sigma = 4 = 1 = 3$
6	$F_5 = -3 < 0$	$+Y$	$F_6 = -3 + 2 \times 3 + 1 = 4$ $X_6 = X_5 = 2 \quad Y_6 = Y_5 + 1 = 4$	$\Sigma = 3 - 1 = 2$
7	$F_6 = 4 > 0$	$-X$	$F_7 = 4 - 2 \times 2 + 1 = 1$ $X_7 = X_6 - 1 = 1 \quad Y_7 = Y_6 = 4$	$\Sigma = 2 - 1 = 1$
8	$F_7 = 1 > 0$	$-X$	$F_8 = 1 - 2 \times 1 + 1 = 0$ $X_8 = X_7 - 1 = 0 \quad Y_8 = Y_7 = 4$	$\Sigma = 1 - 1 = 0$

5.1.3 逐点比较法的改进

从以上介绍可以看出，逐点比较法每插补一次，要么在 X 方向进给一步，要么在 Y 方向进给一步，进给方向为 $+X$、$-X$、$+Y$、$-Y$ 这四个方向之一。因此它可称为四方向逐点比较法。四方向逐点比较法插补结果以垂直的折线逼近给定的轨迹，插补误差小于或等于一个脉冲当量。

八方向逐点比较法与四方向逐点比较法相比，不仅以 $+X$、$-X$、$+Y$、$-Y$ 作为进给方向，而且两个坐标轴可以同时进给，即四个合成方向 $+X+Y$、$-X+Y$、$-X-Y$、$+X-Y$ 也作为进给方向，如图 5-8 所示。八方向逐点比较法以 45°折线逼近给定轨迹，逼近误差小于半个脉冲当量，加工出来的零件质量要比四方向逐点比较法高。

下面以四方向逐点比较法为基础，导出八方向逐点比较法插补原理及算法。

1. 八方向逐点比较法直线插补

如图 5-8 所示，八个进给方向将四个象限分为八个区域。在各个区域中的直线进给方向如图 5-9 所示，如在 1 区的直线进给方向为 $+X+Y$ 或 $+X$，在 2 区的直线进给方向为 $+X+Y$ 或 $+Y$。可见对于某一区域的直线来说，进给方向也只有两种可能，要么两坐标轴同时进给，要么单坐标轴进给。

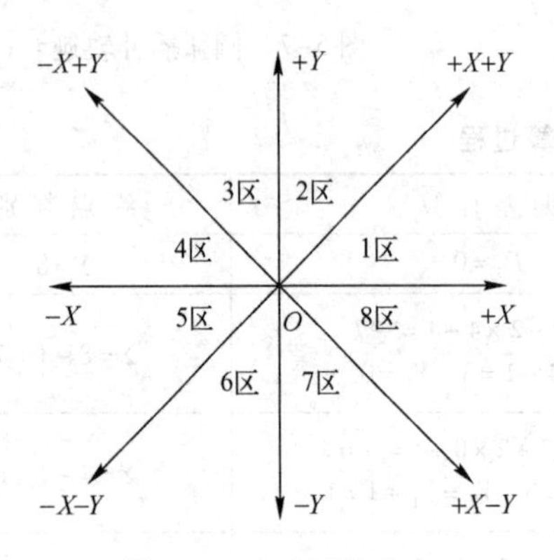

图 5-8　八个进给方向

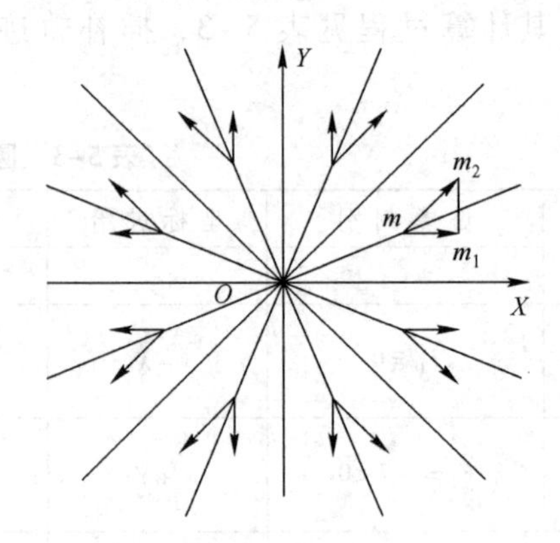

图 5-9　直线进给方向

这里以 1 区的直线插补为例，设动点为 m，如向 $+X$ 方向进给一步，到达点 m_1，此点的偏差为 F_{m1}；如两坐标轴同时进给，到达点 m_2，此点的偏差为 F_{m2}。由四方向直线插补可知，向 $+X$ 方向进给一步，则偏差为

$$F_{m1} = F_m - Y_e$$

再由点 m_1 向 $+Y$ 方向走一步，偏差为

$$F_{m2} = F_{m1} + X_e$$

比较两个偏差绝对值的大小，如果 $|F_{m1}| > |F_{m2}|$，则表示单坐标轴进给偏差大，应两坐标轴同时进给，并保留 F_{m2} 作为下一步的偏差；反之则单坐标轴进给，保留 F_{m1} 作为下一步的偏差。

同理，对于 2 区的直线，向 $+X$ 方向进给一步，偏差为

$$F_{m2} = F_{m1} - Y_e$$

按四方向逐点比较法的处理方式，均以坐标的绝对值计算，进给方向正负由数据处理程序直接传给驱动程序，则 4、5、8 区的直线插补算法与 1 区的直线插补算法一致，3、6、7 区的直线插补算法与 2 区的直线插补算法一致。

八方向逐点比较法终点判别，可以用两个坐标轴总的进给数作为终点判别计数器的初值，单坐标轴进给时减 1，双坐标轴进给时减 2，计数器为 0 时停止插补。

八方向逐点比较法直线插补的流程图如图 5-10 所示。

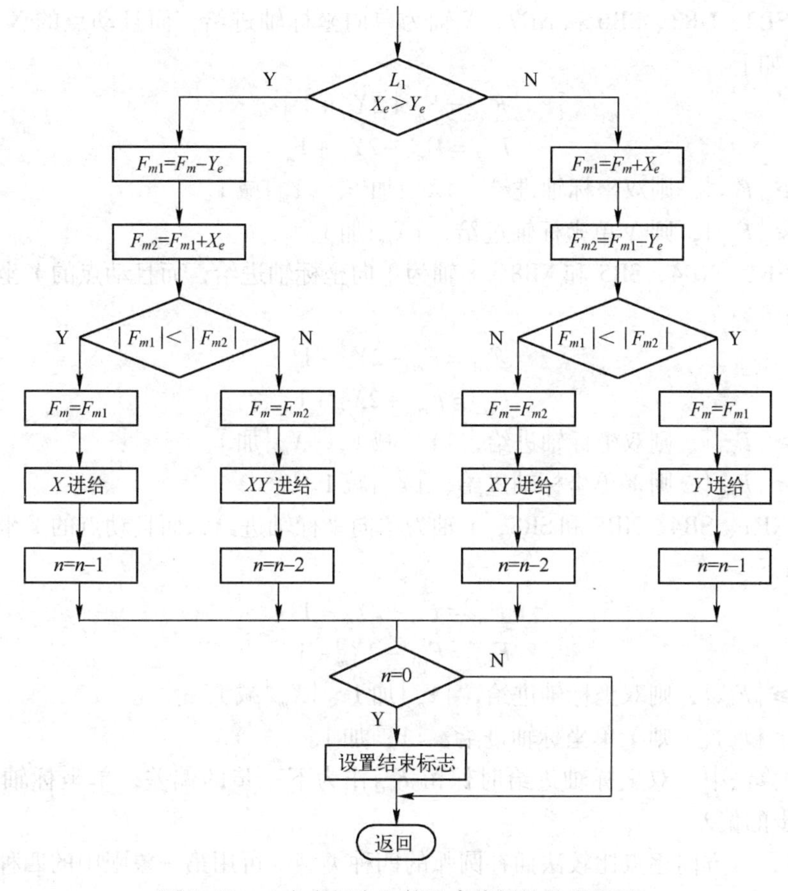

图 5-10　八方向逐点比较法直线插补的流程图

2. 八方向逐点比较法圆弧插补

用八方向逐点比较法，在八个区域中共有十六种圆弧。如图 5-11 所示。各种圆弧的进给方向都在图 5-11 上标出，仍按四方向逐点比较法处理方式，用坐标绝对值进行计算，进给方向的正负由数据处理程序直接传给驱动程序，不由插补程序处理。八方向逐点比较法圆弧插补计算可分为四种算法。

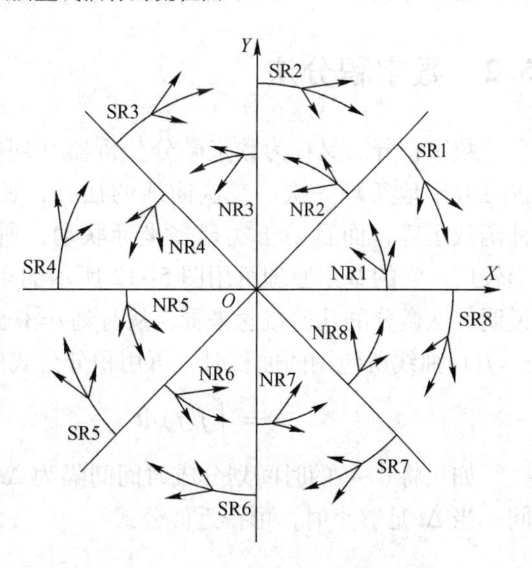

图 5-11　十六种圆弧及进给方向

1）圆弧 NR2、SR3、NR6 和 SR7，X 轴为单向坐标轴进给，而且动点的 X 坐标值呈减小趋势，算法如下。

$$F_{m1}=F_m-2X_m+1$$
$$F_{m2}=F_{m1}+2Y_m+1$$

若 $|F_{m1}| \geqslant |F_{m2}|$，则双坐标轴进给，$|X_m|$减 1，$|Y_m|$加 1。

若 $|F_{m1}| < |F_{m2}|$，则 X 单坐标轴进给，$|X_m|$减 1。

2）圆弧 SR2、NR3、SR6 和 NR7，X 轴为单向坐标轴进给，而且动点的 X 坐标值呈增加趋势，算法如下。

$$F_{m1}=F_m+2X_m+1$$
$$F_{m2}=F_{m1}-2Y_m+1$$

若$|F_{m1}|\geqslant|F_{m2}|$，则双坐标轴进给，$|X_m|$加 1，$|Y_m|$减 1。

若$|F_{m1}|<|F_{m2}|$，则 X 单坐标轴进给，$|X_m|$加 1。

3）圆弧 SR1、NR4、SR5 和 NR8，Y 轴为单向坐标轴进给，而且动点的 Y 坐标值呈减小趋势，算法如下。

$$F_{m1}=F_m-2Y_m+1$$
$$F_{m2}=F_{m1}+2X_m+1$$

若$|F_{m1}|\geqslant|F_{m2}|$，则双坐标轴进给，$|Y_m|$减 1，$|X_m|$加 1。

若$|F_{m1}|<|F_{m2}|$，则 Y 单坐标轴进给，$|Y_m|$减 1。

4）圆弧 NR1、SR4、NR5 和 SR8，Y 轴为单向坐标轴进给，而且动点的 Y 坐标值呈增大趋势，算法如下。

$$F_{m1}=F_m+2Y_m+1$$
$$F_{m2}=F_{m1}-2X_m+1$$

若$|F_{m1}|\geqslant|F_{m2}|$，则双坐标轴进给，$|Y_m|$加 1，$|X_m|$减 1。

若$|F_{m1}|<|F_{m2}|$，则 Y 单坐标轴进给，$|Y_m|$加 1。

以上四种算法中，双坐标轴进给时保留 F_{m2} 作为下一步的偏差，单坐标轴进给时保留 F_{m1} 作为下一步的偏差。

综上所述，八方向逐点比较法插补圆弧的四种类型，可用第一象限中的四种圆弧作为代表，即可分 SR1、NR1、SR2 和 NR2 四种插补方式。

5.2 数字积分法

数字积分法又称为数字微分分析器（DDA）。它不仅可方便地实现一次、二次曲线的插补，还可用于各种函数运算，而且易于实现多坐标联动，所以使用范围较广。它的基本原理可用图 5-12 所示的函数积分来说明。从微分的几何概念来看，从时刻 $t=0$ 到 t 求函数 $y=f(t)$ 曲线所包围的面积时，可用积分公式

$$S=\int_0^t f(t)\,\mathrm{d}t$$

如果将 0 ~ t 的时间划分成时间间隔为 Δt 的有限区间，当 Δt 足够小时，可得近似公式

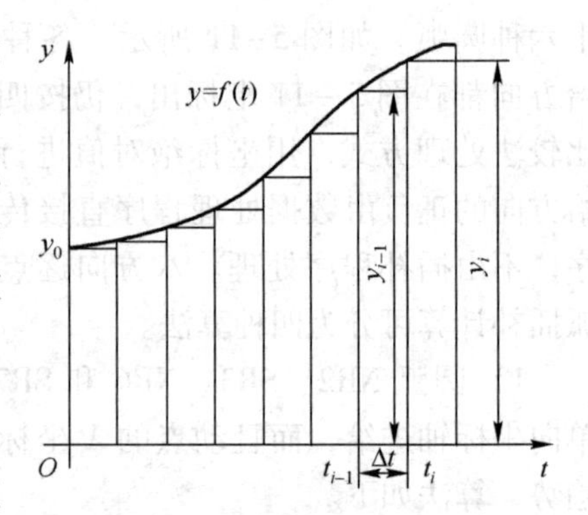

图 5-12　数字积分法基本原理

$$S=\int_0^t f(t)\,\mathrm{d}t=\sum_{i=1}^{n} y_i\Delta t$$

式中，y_i是 $t=t_i$时的 $f(t)$值。此式说明，求积分的过程就是用数的累加来近似代替，其几何意义就是用一系列微小矩形面积之和来近似表示函数 $f(t)$ 以下的面积。在数字计算时，若 Δt 一般取最小的基本单位“1”，上式则称为矩形公式，并简化为

$$S = \sum_{i=1}^{n} y_i$$

如果将 Δt 取得足够小，就可以满足所需要的精度。实现这种近似积分法的数字积分器称为矩形数字积分器。

5.2.1 数字积分法插补直线

1. 直线插补原理

设在平面中有一直线 OA，其起点为坐标原点 O，终点 $A(x_e, y_e)$，则该直线的方程为

$$y = \frac{y_e}{x_e}x$$

将上式化为对时间 t 的参量方程为

$$x = Kx_e t \quad y = Ky_e t$$

式中，K 是比例参数。

再对参量方程中的 t 求微分得

$$\mathrm{d}x = Kx_e \mathrm{d}t \quad \mathrm{d}y = Ky_e \mathrm{d}t$$

然后再积分可得

$$x = \int \mathrm{d}x = K\int x_e \mathrm{d}t \quad y = \int \mathrm{d}y = K\int y_e \mathrm{d}t$$

上式积分如果用累加的形式表达，则近似为

$$x = \sum_{i=1}^{n} Kx_e \Delta t \quad y = \sum_{i=1}^{n} Ky_e \Delta t$$

式中，$\Delta t = 1$。写成近似微分形式为

$$\Delta x = Kx_e \Delta t \quad \Delta y = Ky_e \Delta t$$

动点从原点出发走向终点的过程，可以看作是各坐标轴每隔一个单位时间 Δt，分别以增量 Kx_e 及 Ky_e 同时对两个累加器累加的过程。当累加值超过一个坐标单位（脉冲当量）时产生溢出。溢出脉冲驱动伺服系统进给一个脉冲当量，从而走出给定直线。

若经过 m 次累加后，x 和 y 分别到达终点（x_e，y_e），即

$$x = \sum_{i=1}^{m} Kx_e = Kx_e m = x_e$$

$$y = \sum_{i=1}^{m} Ky_e = Ky_e m = y_e$$

由此可见，比例系数 K 和累加次数之间有如下关系，即

$$Km = 1$$

$m = 1/K$。

K 的数值与累加器的容量有关。累加器的容量应大于各坐标轴的最大坐标值。一般两者的位数相同，以保证每次累加最多只溢出一个脉冲量。设累加器有 n 位，则

$$K = \frac{1}{2^n}$$

故累加次数 $m = 1/K = 2^n$

上述关系表明，若累加器的位数为 n，则整个插补过程中要进行 2^n 次累加才能到达直线的终点。

因为 $K=1/2^n$（n 为寄存器的位数），对于存放于寄存器中的二进制数来说，Kx_e（或 Ky_e）与 x_e（或 y_e）是相同的，可以看作前者小数点在最高位之前，而后者的小数点在最低位之后。所以，可以用 x_e 直接对 X 坐标轴累加器进行累加，用 y_e 直接对 Y 坐标轴的累加器进行累加。

2. DDA 直线插补器

图 5-13 所示为直线的插补运算框图。它由两个数字积分器组成，每个坐标轴的积分器由累加器和被积函数寄存器组成。被积函数寄存器存放终点坐标值。每隔一个时间间隔 Δt，将被积函数的值向各自的累加器中累加。X 坐标轴的累加器溢出的脉冲驱动 X 进给，Y 坐标轴累加器溢出的脉冲驱动 Y 进给。

不同象限的直线数字积分法采用与逐点比较法相同的处理方法，把符号与数据分开，取数据的绝对值作为被积函数，而以符号作为进给方向控制信号处理，便可对所有象限的直线进行插补。

3. 直线插补计算举例

设有一直线 OA，起点为原点，终点 A（8，10），累加器和寄存器的位数为四位，其最大容量为 $2^4=16$。试用数字积分法进行插补计算并画出进给轨迹图。

解 直线插补计算过程见表 5-4。为加快插补，累加器初值为累加器容量的一半。直线插补进给轨迹图如图 5-14 所示。此图中的（1）~（16）对应于表 5-4 中的累加次数。

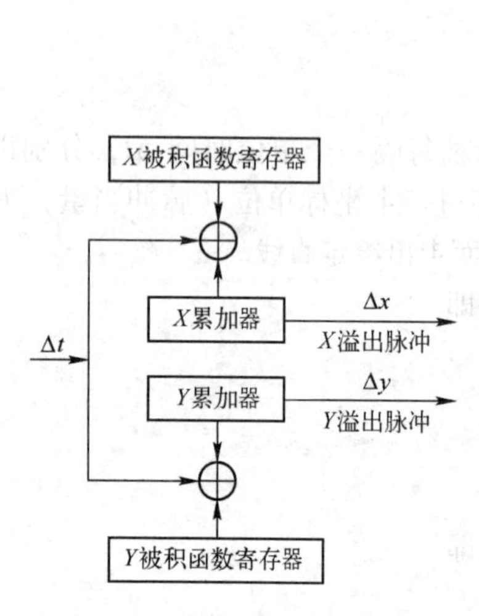

图 5-13 直线的插补运算框图

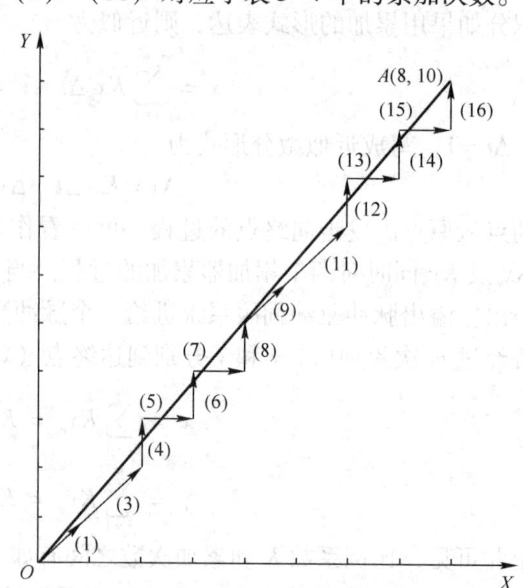

图 5-14 直线插补进给轨迹图

表 5-4 直线插补计算过程

累加次数	X 坐标轴数字积分器			Y 坐标轴数字积分器		
	X 被积函数寄存器	X 累加器	X 累加器溢出脉冲	Y 被积函数寄存器	Y 累加器	Y 累加器溢出脉冲
0	8	8	0	10	8	0
1	8	16 - 16 = 0	1	10	18 - 16 = 2	1

（续）

累加次数	X 坐标轴数字积分器			Y 坐标轴数字积分器		
	X 被积函数寄存器	X 累加器	X 累加器溢出脉冲	Y 被积函数寄存器	Y 累加器	Y 累加器溢出脉冲
2	8	8	0	10	12	0
3	8	16 - 16 = 0	1	10	22 - 16 = 6	1
4	8	8	0	10	16 - 16 = 0	1
5	8	16 - 16 = 0	1	10	10	0
6	8	8	0	10	20 - 16 = 4	1
7	8	16 - 16 = 0	1	10	14	0
8	8	8	0	10	24 - 16 = 8	1
9	8	16 - 16 = 0	1	10	18 - 16 = 2	1
10	8	8	0	10	12	0
11	8	16 - 16 = 0	1	10	22 - 16 = 6	1
12	8	8	0	10	16 - 16 = 0	1
13	8	16 - 16 = 0	1	10	10	0
14	8	8	0	10	20 - 16 = 4	1
15	8	16 - 16 = 0	1	10	14	0
16	8	8	0	10	24 - 16 = 8	1

5.2.2 数字积分法插补圆弧

1. 圆弧插补原理

由上面的叙述可知：DDA 直线插补的物理意义是使动点沿速度矢量的方向前进，这同样适用于 DDA 圆弧插补。

如图 5-15 所示，圆的方程为

$$x^2 + y^2 = R^2$$

式中 R——常数；

x、y——以时间 t 为参数的变量。

等式两边同时对 t 求导数，则有

$$2x\frac{\mathrm{d}x}{\mathrm{d}t} + 2y\frac{\mathrm{d}y}{\mathrm{d}t} = 0$$

$$\frac{\mathrm{d}y}{\mathrm{d}t}\bigg/\frac{\mathrm{d}x}{\mathrm{d}t} = -\frac{x}{y}$$

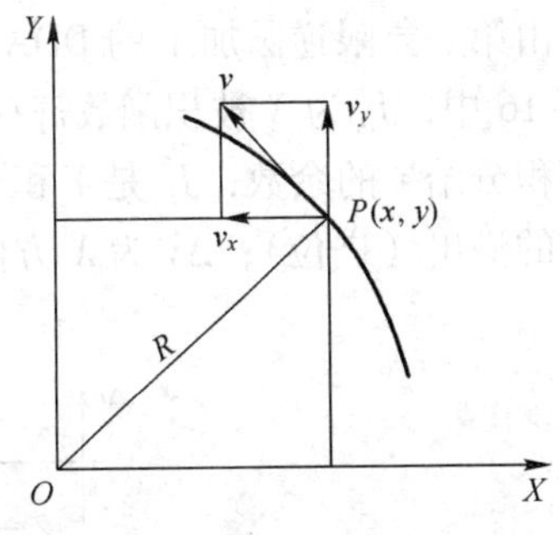

图 5-15　XY 平面 DDA 圆弧插补

由此可导出第一象限逆圆加工时动点沿坐标轴方向的速度分量为

$$v_x = \frac{\mathrm{d}x}{\mathrm{d}t} = -y$$

$$v_y = \frac{\mathrm{d}y}{\mathrm{d}t} = x$$

上式表明：速度分量 v_x 和 v_y 是随动点的变化而变化的。坐标轴方向的位移增量为

$$\begin{cases}\Delta x = -y\Delta t \\ \Delta y = x\Delta t\end{cases} \tag{5-2}$$

上式为逆圆加工情况，若为顺圆加工，上式变为

$$\begin{cases}\Delta x = y\Delta t \\ \Delta y = -x\Delta t\end{cases} \tag{5-3}$$

根据式（5-2）可写出第一象限逆圆加工时的 DDA 插补表达式为

$$\begin{cases}x = \int_0^t (-y)\mathrm{d}t = -\sum_{i=1}^{n} y_i \Delta t \\ y = \int_0^t x\mathrm{d}t = \sum_{i=1}^{n} x_i \Delta t\end{cases} \tag{5-4}$$

同理，根据式（5-3）可写出第一象限顺圆加工的 DDA 插补表达式为

$$\begin{cases}x = \int_0^t y\mathrm{d}t = \sum_{i=1}^{n} y_i \Delta t \\ y = \int_0^t (-x)\mathrm{d}t = -\sum_{i=1}^{n} x_i \Delta t\end{cases} \tag{5-5}$$

式（5-2）和（5-3）以及式（5-4）和（5-5）表明：

1）在圆弧插补时，X 方向的被积函数和 Y 方向的被积函数均为动点值。

2）在圆弧插补时，$\pm X$ 方向进给，由 Y 方向的被积函数控制；$\pm Y$ 方向进给，由 X 方向的被积函数控制。

圆弧插补的终点判别，由计算出的动点坐标轴位置 $\Sigma\Delta_x$，$\Sigma\Delta_y$ 值和圆弧的终点坐标做比较，当某个坐标轴到终点时，该坐标轴不再有进给脉冲发出，当两坐标轴都到达终点后，运算结束。

2. DDA 圆弧插补器

由第一象限逆圆加工的 DDA 插补表达式可得到其圆弧插补器框图，如图 5-16 所示。图 5-16 中，J_{vx} 为 X 被积函数寄存器；J_{vy} 为 Y 被积函数寄存器；J_{Rx} 是 X 积分累加器，存放 X 方向积分结果的余数；J_{Ry} 是 Y 积分累加器，存放 Y 方向积分结果的余数；Δx 为 Y 方向积分结果的溢出（进位）；Δy 为 X 方向积分结果的溢出（进位）。其工作过程如下。

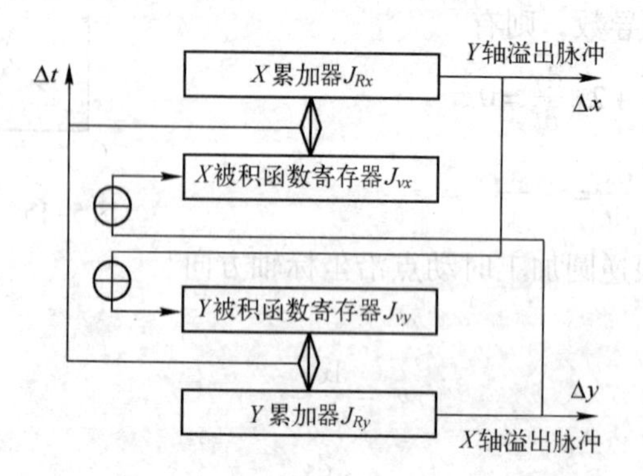

图 5-16　第一象限逆圆加工圆弧插补器框图

1）运算开始时，X 和 Y 被积函数寄存器分别存放 x、y 的初值 x_0、y_0。

2）X 被积函数寄存器累加得到的溢出脉冲发到 Y 方向，而 Y 被积函数寄存器累加得到的溢出脉冲则发到 $-X$ 方向。

3）每发出一个进给脉冲后，必须将被积函数寄存器内的坐标值加以修正，其修正方法是：当 X 方向发出进给脉冲时，使 X 被积函数寄存器的内容减 1，这是因为 X 进给一步时，X 坐标减小；当 Y 方向发出进给脉冲时，使 Y 被积函数寄存器的内容加 1，这是因为 Y 进给一步时，Y 坐标增大，即使被积函数寄存器内随时存放着坐标的瞬时值。

3. 其他象限圆弧的 DDA 插补

其他象限圆弧插补的原理与第一象限逆圆插补类似，其不同之处有二：进给方向不同；被积函数的修正不同。顺、逆圆进给方向及修正符号见表 5-5。

表 5-5　顺、逆圆进给方向及修正符号

	NR1	NR2	NR3	NR4	SR1	SR2	SR3	SR4
X 进给方向（x_e-x_0）	$-\Delta x$	$-\Delta x$	$+\Delta x$	$+\Delta x$	$+\Delta x$	$+\Delta x$	$-\Delta x$	$-\Delta x$
Y 进给方向（y_e-y_0）	$+\Delta y$	$-\Delta y$	$-\Delta y$	$+\Delta y$	$-\Delta y$	$+\Delta y$	$+\Delta y$	$-\Delta y$
被积函数 J_{vx}（x_i）修正符号	-	+	-	+	+	-	+	-
被积函数 J_{vy}（y_i）修正符号	+	-	+	-	-	+	-	+

表 5-5 中共有八种，分别为顺圆第一、二、三、四象限（符号为 SR1、SR2、SR3 和 SR4）和逆圆第一、二、三、四象限（符号为 NR1、NR2、NR3 和 NR4）。“+”号表示修正被积函数时该被积函数加 1，“-”号表示修正被积函数时该被积函数减 1。$+\Delta x$ 表示在 X 的正向进给，$-\Delta x$ 表示在 X 的负向进给，$+\Delta y$ 表示在 Y 的正向进给，$-\Delta y$ 表示在 Y 的负向进给。被积函数值和余数值均为无符号数，即按绝对值处理。

复习思考题

5-1　什么是插补？目前应用的插补主要分为哪两大类？

5-2　写出逐点比较法的插补计算步骤。

5-3　设欲加工一直线 OA，起点在原点，终点为 $A(-6,5)$，脉冲当量为 $\delta_X=\delta_Y=1$，写出用逐点比较法进行插补计算的过程。

5-4　欲加工第一象限逆时针走向的圆弧 $\overset{\frown}{AB}$，起点 $A(6,0)$，终点 $B(0,6)$，圆心在原点，脉冲当量为 $\delta_X=\delta_Y=1$，写出用逐点比较法进行插补计算的过程。

5-5　为何要用八方向逐点比较法来改进四方向逐点比较法？

第6章　CAD/CAM技术

计算机辅助设计（Computer Aided Design）和计算机辅助制造（Computer Aided Manufacturing），简称为CAD/CAM，是以计算机作为主要技术手段来生成和运用各种数字信息与图形信息，以进行产品的设计和制造。CAD/CAM的基本内容很广泛，包括二维绘图，三维线框、曲面、实体造型，特征设计，数控加工编程，数控测量和工艺过程设计等。

6.1　CAD/CAM概述

从传统意义上看，产品从需求分析开始，经过产品设计、工艺设计和制造等环节，最终形成用户所需要的产品。在产品设计阶段，借助计算机完成各项设计、分析计算等工作，称为CAD；在工艺设计阶段，依靠计算机完成各种工艺编排等工作，称为CAPP；在生产阶段，借助计算机完成编程、加工等工作，称为CAM。CAD/CAM产品生产过程如图6-1所示。

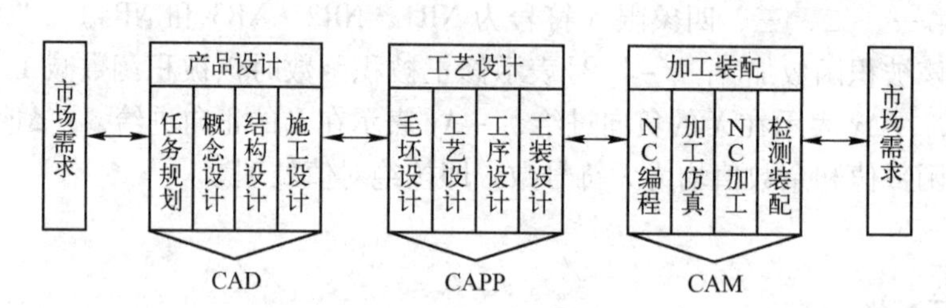

图6-1　CAD/CAM产品生产过程

集成是指将基于信息技术的资源及应用（计算机软硬件、接口及机器）聚集成一个协同工作的整体。集成包含功能交互、信息共享以及数据通信三个方面的管理与控制。上述定义揭示了集成的内涵，即集成应包括信息资源及应用两方面的集成。

集成应具备三个基本特征：数据共享；系统集成化；开放性。

从CAD/CAM系统集成技术的实际应用上看，集成有两种方式。一种方式是系统的集成，即CAD/CAM Integration。它是将不同功能、不同开发商的单元系统集成到一起，形成一个完整的CAD/CAM系统。这种应用系统的优点是单元系统配置灵活，选择余地大，可以选择单元技术最优秀的系统进行组合。另外，在系统升级换代时，可有选择地保留一些不太落后的单元，与新的系统集成。因此它是应用非常广泛的一种方式。另一种方式是集成的系统，即Integrated CAD/CAM。它是在系统设计一开始，就将系统未来要用的功能都考虑周全，并将这些功能的实现全都集成到一个系统中，特别是采用统一的产品数据模型的共享机制，因此不会有任何连接的痕迹。

将计算机辅助设计和制造作为一个整体来规划和开发，制造中所需的信息和数据许多来自设计阶段，许多信息和数据对制造和设计来说是共享的。实践证明，将计算机辅助设计和制造作为一个整体来规划和开发，可以取得更明显的效益。目前许多企业的 CAD/CAM 技术还不能直接传送给与其相关的其他系统，但随着生产技术的发展，不同功能的 CAD 和 CAM 模块的信息将能够相互传递，最终把 CAD 和 CAM 功能融合为一体。

CAD/CAM 集成模式如图 6-2 所示。它是把所有的 CAD/CAM 功能都与一个公共数据库相连，应用程序使用存储在公共数据库里的信息，实现产品设计、工艺规程编制、生产过程控制、质量控制和生产管理等产品生产全过程的信息集成。

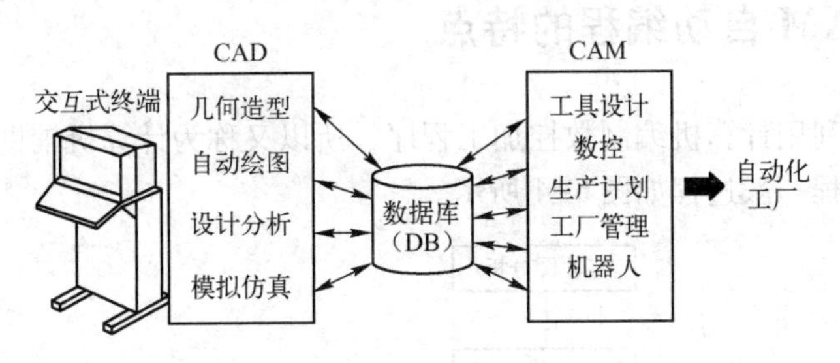

图 6-2　CAD/CAM 集成模式

CAD/CAM 集成系统的基本组成如图 6-3 所示。

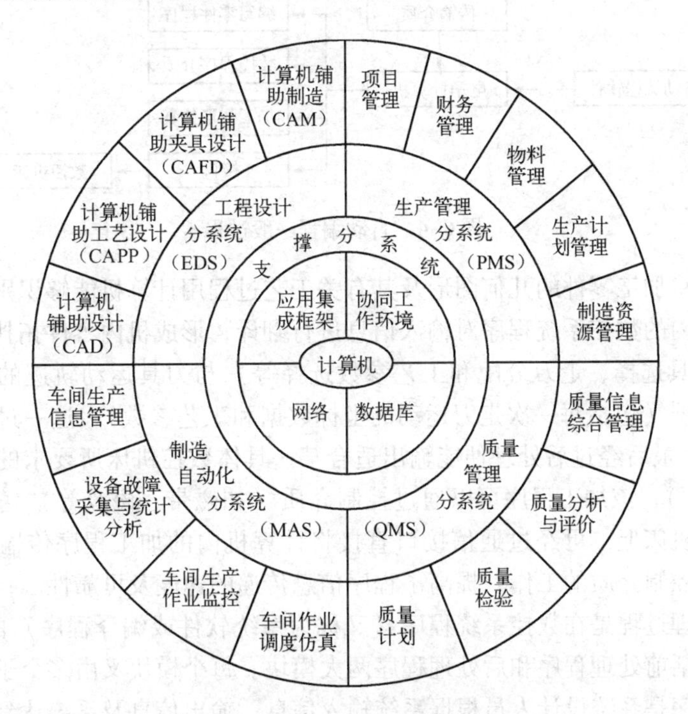

图 6-3　CAD/CAM 集成系统的基本组成

（1）生产管理分系统（PMS）　它包括制造资源管理、生产计划管理、物料管理、财务管理和项目管理五个子系统。

（2）工程设计分系统（EDS）　它包括计算机辅助设计（CAD）、计算机辅助工艺设计（CAPP）、计算机辅助夹具设计（CAFD）和计算机辅助制造（CAM）四个子系统。

（3）制造自动化分系统（MAS） 它包括车间生产信息管理、设备故障采集与统计分析、车间生产作业监控和车间作业调度仿真四个子系统。

（4）质量管理分系统（QMS） 它包括质量信息综合管理、质量分析与评价、质量检验和质量计划四个子系统。

（5）支撑分系统 它包括计算机硬件与系统软件、网络、数据库、应用集成框架和协同工作环境五个子系统。

6.2 CAD/CAM 自动编程的特点

自动编程就是利用计算机编制数控加工程序，所以又称为计算机辅助编程或计算机零件程序编制。自动编程一般过程如图 6-4 所示。

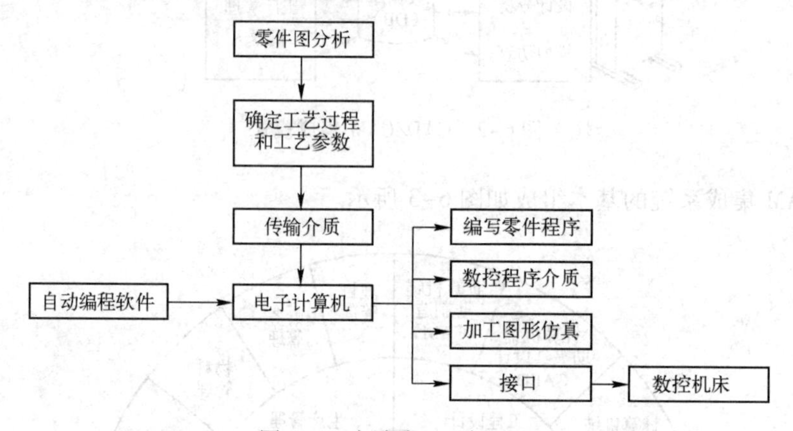

图 6-4 自动编程一般过程

编程员首先将加工零件的几何图形及其有关工艺过程用计算机能够识别的形式输入计算机，利用计算机内的数控系统程序对输入信息进行翻译，形成机内零件拓扑数据；然后进行工艺处理（如刀具选择、走刀分配和工艺参数选择等）与刀具运动轨迹的计算，生成一系列的刀具位置数据（包括每一次走刀运动的坐标数据和工艺参数），这一过程称为主信息处理（或前处理）；最后经过后处理便能输出适合某一具体数控机床所要求的零件数控加工程序（NC 加工程序），该加工程序可以通过控制介质（如磁带、磁盘等）送入机床的控制系统。在现代数控机床上，可经过通信接口直接将计算机内的加工程序传输给机床的数控系统，免去了制备控制介质的工作，提高了程序信息传递的速度及可靠性。

整个系统处理过程是在数控系统程序（又称为系统软件或编译程序）的控制下进行的。数控系统程序包括前处理程序和后处理程序两大模块。每个模块又由多个子模块及子处理程序组成。这些程序是系统设计人员根据系统输入信息、输出信息及系统达到处理过程，事先用计算机高级语言（如 FORTRAN）开发的一种系统软件。计算机有了这套处理程序，才能识别、转换和处理全过程，它是系统的核心部分。

自动编程的主要类型和特点如下。

自动编程根据编程信息的输入与计算机对信息处理方式不同，主要有以自动编程语言为基础的自动编程方法和以计算机绘图为基础的自动编程方法。

以自动编程语言为基础进行自动编程时，编程员依据所用数控语言的编程手册以及零件图，编写零件源程序，以表达加工的全部内容，再把这些内容全部输入到计算机中进行处理，制作出可以直接用于数控加工设备的NC加工程序。以计算机绘图为基础进行自动编程时，编程员首先对零件图进行工艺分析，在确定构图方案后利用自动编程软件本身的自动绘图功能，在CRT显示器上以人机对话的方式构建出零件几何图形，然后利用软件的CAM功能，制作出NC加工程序。这种自动编程方式目前大多以人机交互方式进行，所以又称为图形交互式自动编程，其主要特点如下。

1）图形编程将加工零件的几何造型、刀位计算、图形显示和后处理等结合在一起，有效地解决了编程数据来源、几何显示、走刀模拟和交互修改等问题，弥补了单一利用数控编程语言进行编程的不足。

2）不需要编制零件加工源程序，用户界面友好，使用简便、直观、准确，便于检查。因为编程过程是在计算机上直接面向零件的几何图形以光标指点、菜单选择及交互对话的方式进行的，其编程的结果也以图形的方式显示在计算机上。

3）编程方法简单易学，使用方便。整个编程过程是交互进行的，有多级功能“菜单”引导用户进行交互操作。

4）有利于实现与其他功能的结合。可以把产品设计与零件编程结合起来，也可以与工艺过程设计、刀具设计等过程结合起来。

6.3 UG CAM自动编程一般步骤

UG CAM典型编程流程如图6-5所示。

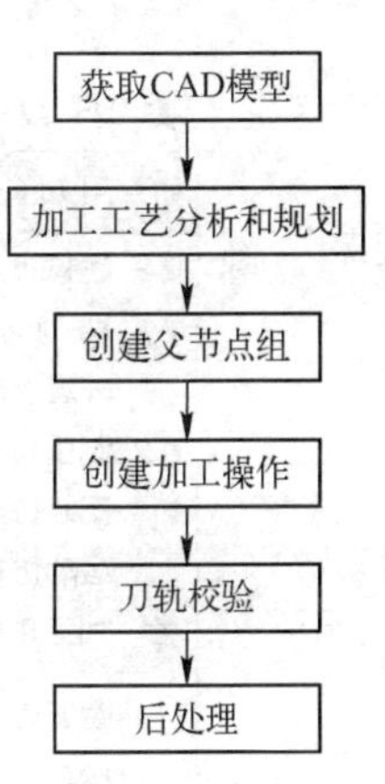

图6-5 UG CAM典型编程流程

（1）获取CAD模型　可以直接利用UG建模功能建立CAD模型，还可以利用其他三维软件（如Pro/ENGINEER、CATIA、SolidEdge等）并通过数据接口转换获取。

（2）加工工艺分析和规划　数控编程由编程员或工艺员完成。加工零件之前，必须参考常规工艺路线的拟订过程，将零件的全部工艺过程、工艺参数和位移数据等规划完毕。数控加工的工艺路线设计，最初需要找出零件所有的加工表面并逐一确定各表面的加工方法，其每一步相当于一个工步。然后将所有工步内容按一定原则排列成先后顺序。再确定哪些相邻工步可以划分为一个工序，即进行工序的划分。最后将所需的其他工序，如常规工序、辅助工序和热处理工序等插入，衔接于数控加工工序中，就得到了要求的工艺路线。

（3）创建父节点组　为了提高编程效率，常把CAM中需要设置的共同选项定义为父节点组，如刀具数据和几何体等。凡是在父节点组中指定的信息都可以被操作所继承。

父节点组不是必须设置的，也可以在创建加工操作时单独设置，用户可以根据个人习惯选择使用。

（4）创建加工操作　选择合适的加工方法，如平面铣、型腔铣、固定轴曲面铣和多轴加工等，用以完成某一工序的加工，并设置合理的加工参数，最终生成刀具轨迹。

（5）刀轨校验　通过刀轨仿真对加工过程进行切削仿真，并通过过切检查功能检验是否存在过切现象。

刀轨仿真包括重播、3D 动态和 2D 动态三种方法。其中重播只显示二维路径，不能看到实际切削；3D 动态可以进行三维切削仿真，并可以进行放大、缩小和旋转等操作；2D 动态只可以进行三维切削仿真，不能进行放大、缩小和旋转等操作。

（6）后处理　使用输出 CLSF 格式，用户可以将内部刀轨导出到刀位源文件 CLSF 中，供图形后处理模块（Graphics Postprocessor Module，GPM）或其他后处理器使用，也可以借助后处理构造器功能，自定义后处理文件（POST），将刀轨及后处理命令转换为数控代码。

6.3.1　进入 CAM 加工模块

在“开始”下拉菜单中选择“加工”命令即可进入加工模块，如图 6-6 所示；也可以使用快捷键〈Ctrl〉+〈Alt〉+M 进入。

注意： *在加工模块中可以进行简单的建模，如构建直线和圆弧等。*

当一个零件首次进入加工模块时，系统会弹出“加工环境”对话框，如图 6-7 所示，要求先指定 CAM 会话配置和要创建的 CAM 设置。

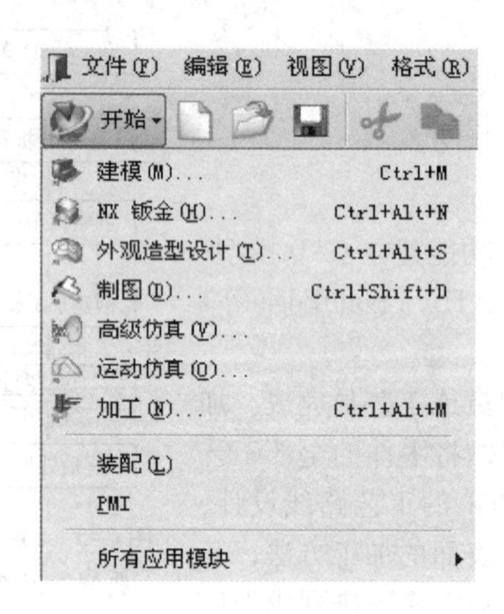

图 6-6　进入加工模块

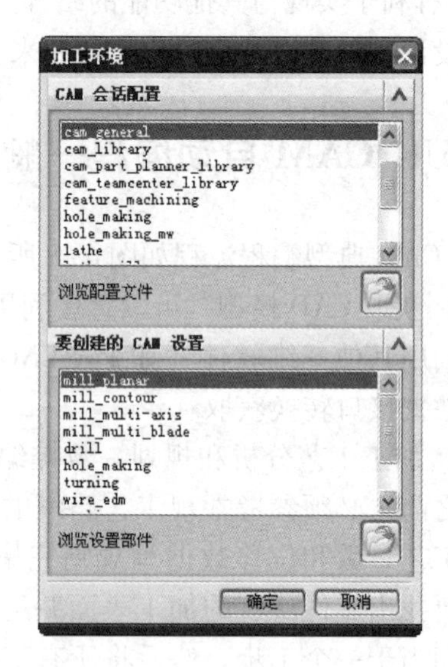

图 6-7　“加工环境”对话框

6.3.2　工具栏介绍

进入加工模块以后，除了显示常用的工具栏外，还将显示在加工模块中专用的四个工具栏，即刀片工具栏、操作工具栏、导航器工具栏和对象操作工具栏。

1. 刀片工具栏

刀片工具栏如图 6-8 所示。它提供新建数据的模板，可以创建程序、刀具、几何体和方法等。刀片工具栏的功能也可以在“插入”下拉菜单中选择，如图 6-9 所示。

图 6-8　刀片工具栏

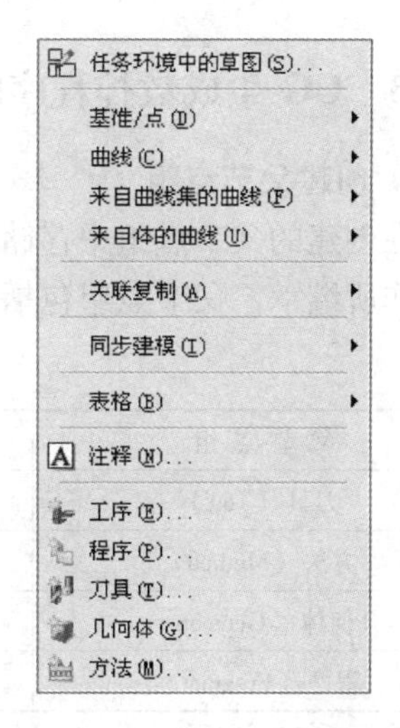

图 6-9　“插入”下拉菜单

2. 操作工具栏

如图 6-10 所示，此工具栏提供与刀具轨迹有关的功能，方便用户针对选取的操作生成刀具轨迹；或者针对已生成的刀具轨迹进行操作，如编辑、删除、重新显示或者切削模拟。

3. 导航器工具栏

如图 6-11 所示，此工具栏提供已创建内容的重新显示，被选择命令将会显示于导航窗口中。

图 6-10　操作工具栏

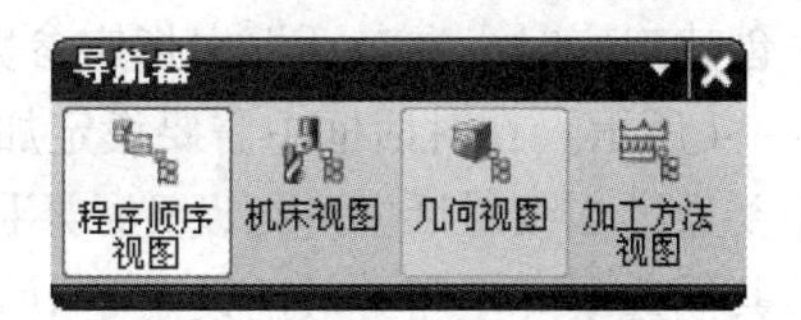

图 6-11　导航器工具栏

（1）程序顺序视图　它分别列出每个程序组下面的各个操作。此视图是系统默认视图，并且输出到后处理器或 CLFS 文件也是按此顺序排列的。

（2）机床视图　它是按刀具进行排序显示，即按所使用的刀具组织视图排列。

（3）几何视图　它是按几何体和加工坐标排列。

（4）加工方法视图　它是对用相同的加工参数值的操作进行排序显示，即按粗加工、精加工和半精加工方法分组列出。

4. 对象操作工具栏

如图 6-12 所示，此工具栏提供操作导航窗口中所选择对象的编辑、剪切和显示等功能。

图 6-12　对象操作工具栏

6.3.3 UG 生成数控程序的一般步骤

1. 创建父节点组

在创建的父节点组中存储加工信息，如刀具数据。凡是在父节点组中指定的信息都可以被操作所继承。父节点组包括四种类型，见表 6-1。

表 6-1 父节点组类型

父节点组	包含的数据内容
刀具（Tool）	刀具尺寸参数
方法（Method）	加工方法，如进给速度、主轴转速和公差等
几何体（Geometry）	加工对象几何体数据，如零件、毛坯、坐标系和安全平面等
程序（Program）	决定输出操作的顺序

注意：父节点组创建不是 CAM 编程所必需的工作，也就是说父节点组可以为空而直接在创建操作时在创建操作对话框中的组设置中进行设置；但是对于需要建立多个程序来完成加工的零件来说，使用父节点组可以减少重复性的工作。

2. 创建工序

在创建工序前先指定这个工序的子类型、程序、刀具、几何体和方法，并指定工序的名称，如图 6-13 所示。

3. 指定工序参数

创建工序时，在对话框中指定参数，这些参数将对刀轨产生影响。“平面铣”对话框如图 6-14 所示。在对话框中需要设定加工的几何对象、切削参数和控制选项等，并且很多选项需要通过二级对话框进行设置。不同的工序需要设定的工序参数也有所不同，同时也存在很多共同选项。工序参数的设定是 UG 编程中最主要的工作内容，包括：

图 6-13 “创建工序”对话框

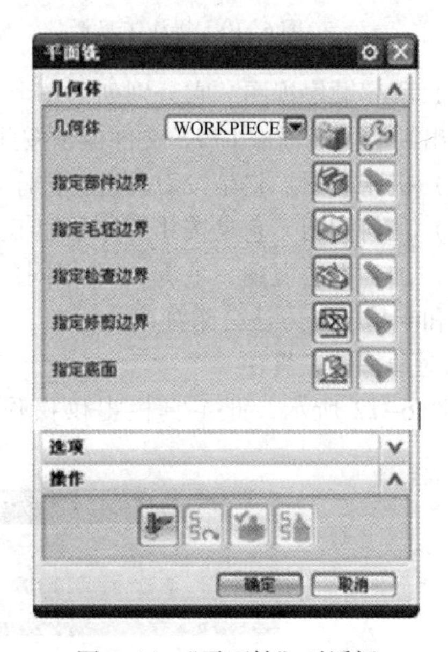

图 6-14 “平面铣”对话框

（1）加工对象的定义　选择加工几何体、检查几何体、毛坯几何体、边界几何体、区域几何体和底面几何体等。

（2）加工参数的设置　包括走刀方式、切削行距、背吃刀量、加工余量和进刀/退刀方式的设置等。

（3）工艺参数的设置　包括角控制、避让控制、机床控制和进给率设定等。

提示：使用UG进行编程操作时，对话框的设置应按照从上到下的顺序依次进行，防止遗漏。对于某些可能影响刀轨的参数即使可以直接使用默认值，也要确认，以防万一因某参数变化造成该参数的默认值发生了变化，在刀轨生成后也要仔细检查，确认无误后再做后处理输出。

4. 生成刀轨

当设置了所有必需的工序参数后，单击“确定”按钮，就可以进行刀轨生成了。在操作工具栏中，如图6-10所示，有“生成刀轨”按钮，用来生成刀轨。

5. 刀轨校验

对创建的操作和刀轨满意后，通过对屏幕视角的旋转、平移和缩放等操作来调整对刀轨的不同观察角度，单击“重播刀轨”按钮，进行回放以确认刀轨的正确性。对于某些刀轨还可以用UG的“确认刀轨”按钮进一步检查刀轨。

6. 后处理和建立车间工艺文件

接下来对所有的刀轨进行后处理，生成符合机床标准格式的数控程序。最后建立车间工艺文件，把加工信息送达需要的使用者。

6.3.4　创建刀具

1. 刀具的建立

在加工模式下，通过选择下拉菜单的“插入”→“刀具”命令，或者在刀片工具栏中单击“创建刀具”按钮，即可弹出“创建刀具”对话框。在创建操作时，单击“刀具”→“新建”按钮，也可弹出“创建刀具”对话框。另外，通过操作导航器的机床视图可以对刀具进行创建、删除、修改、复制和重命名等操作。

在新建刀具时，要求选择刀具的类型、子类型，不同的刀具类型使用的场合有所不同，其所需设置的参数也会有所区别。在选择类型并指定刀具名称后，将进入“刀具参数”对话框，输入相应的参数后即可完成刀具的创建。

下面以一实例来说明刀具的创建过程。

1）在刀片工具栏中单击“创建刀具”按钮。

2）系统弹出“创建刀具”对话框，在“类型”下拉列表框中选择“mill_planar”，单击“刀具子类型”中的按钮，并在刀具“名称”文本框中输入“D63R6”，最后单击“确定”按钮，如图6-15所示。

技巧：刀具名称建议选取直观明了而又简洁的名称，如D32R6，表示直径为32 mm的R角铣刀，使用R6 mm的刀片；B12表示直径为12 mm的球头刀。

3）在弹出的“铣刀-5参数”对话框中，在刀具“直径”文本框中输入“63”，“下半径”文本框中输入“6”，其余参数按默认设置，单击“确定”按钮，完成刀具的创建，如图6-16所示。

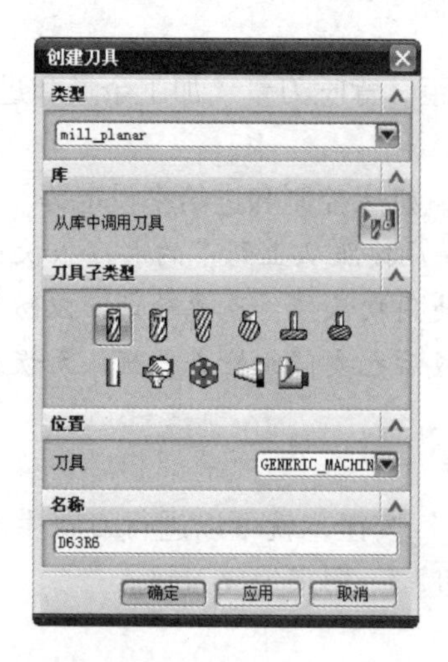

图 6-15 “创建刀具”对话框

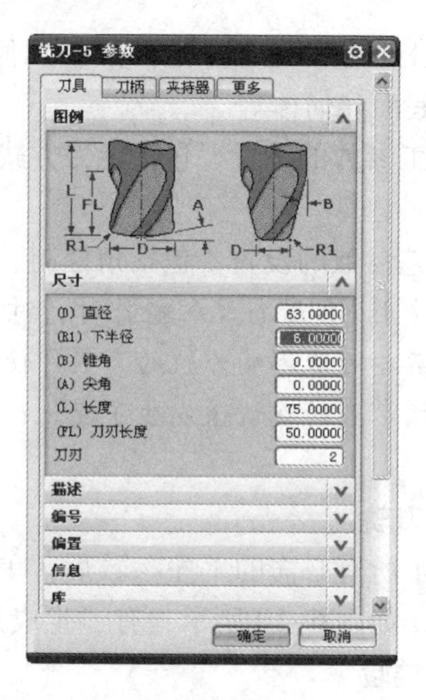

图 6-16 “铣刀-5 参数”对话框

4）在工序导航器的机床视图中将出现新建的刀具 D63R6，如图 6-17 所示。

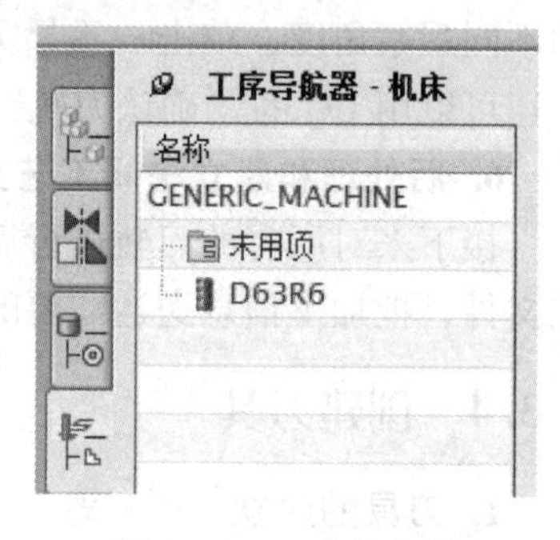

图 6-17 工序导航器

2. 夹持器的建立

夹持器即刀柄，建立刀柄参数有利于对于危险零部件（如深腔零件）加工时的干涉检查。在如图 6-18 所示“铣刀-5 参数”对话框中单击“夹持器”即可显示“夹持器”选项卡。

根据实际选用夹持器的尺寸参数，将夹持器的直径、长度、锥角和拐角半径参数输入，单击“确定”按钮即可完成夹持器的建立，如图 6-19 所示。

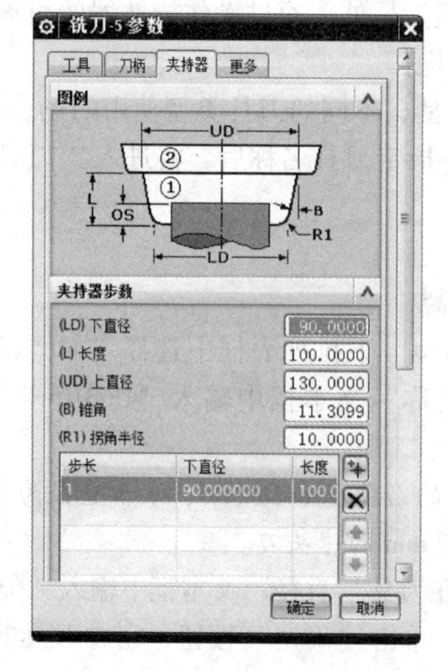

图 6-18 “夹持器”选项卡

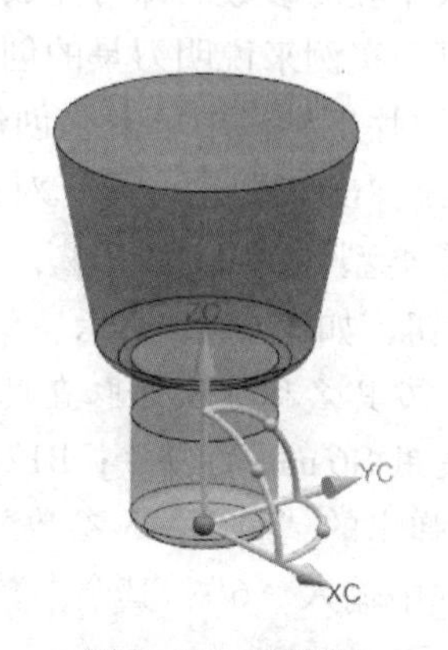

图 6-19 夹持器

6.3.5 创建几何体

创建几何体主要是在零件上定义要加工的几何对象和指定零件在机床上的加工方位。创建几何体包括定义加工坐标系、工件、边界和切削区域等。创建几何体所建立的几何对象，可指定为相关操作的加工对象。实际上，在各加工类型的操作对话框中，也可以用几何按钮指定操作的加工对象。但是，在操作对话框中指定的加工对象，只能为本操作使用，而用创建几何体创建的几何对象，可以在多个操作中使用，而无须在各操作中分别指定。

1. 创建几何体的一般步骤

在刀片工具栏中单击“创建几何体”按钮，或在下拉菜单中选择“插入”→“几何体”命令，弹出如图6-20所示对话框。由于不同模板类型包含的几何模板不同，当在“类型”下拉列表框中选择不同的模板类型时，对话框的“几何体子类型”区域会显示所选模板类型包含的几何模板按钮。

（1）创建几何体步骤　根据加工类型，在“类型”下拉列表框中选择合适的模板类型。根据要创建的加工对象的类型，在“几何体子类型”区域中选择要创建的几何体子类型。在“几何体”下拉列表框中选择几何父本组，并在“名称”文本框中输入新建几何体的名称，如果不指定新的名称，系统则使用默认名称。最后单击“确定”或“应用”按钮。

系统根据所选几何模板类型，弹出相应的对话框，供用户进行几何对象的具体定义。在各对话框中完成对象选择和参数设置后，单击“确定”按钮，完成几何体创建，则在选择的父本组下创建了指定名称的几何体，并显示在工序导航器的几何视图中。新建几何体的名称可在工序导航器中修改，对于已建立的几何体也可以通过工序导航器的相应指令进行编辑和修改。

（2）几何体的参数继承关系　在创建几何体时，选择的父本组确定了新建几何体与存在几何体的参数继承关系。父本组下拉列表框列出了当前加工类型适合继承其参数的几何体名称，选择某个几何体作为父本组后，新建的几何体将包含在所选父本组内，同时继承父本组中的所有参数。例如：在图6-21所示对话框中，用户先前创建了一个工件几何体WORKPIECE_1，并在其中指定了零件几何体和毛坯几何体，如创建几何体时选择WORKPIECE_1作为父本组，则新建立的边界几何体（MILL_BND）将继承WORKPIECE_1工件几何体中的零件属性和毛坯属性。

图6-20　“创建几何体”对话框

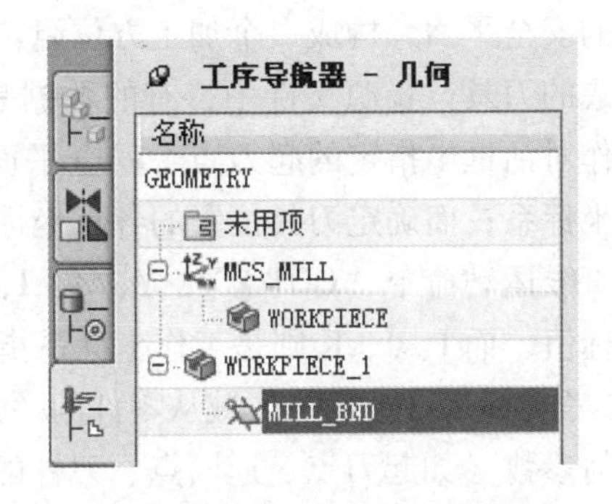

图6-21　工序导航器的几何视图

在工序导航器的几何视图中，各几何体的相对位置决定了它们之间的参数继承关系，下一级几何体继承上一级几何体的参数。当几何体的位置发生变化时，继承的参数随着位置变化而变化。因此，可以在工序导航器中用剪切和粘贴方式或者直接拖动改变其位置，修改几何体的参数继承关系。

随着加工类型的不同，在"创建几何体"对话框中可以创建不同类型的几何体。在铣削操作中可创建的几何体有加工坐标系（MCS）、工件（WORKPIECE）、铣削区域（MILL_AREA）、铣削边界（MILL_BND）、铣削字体（MILL_TEXT）、孔加工几何体（HOLE_BOSS_GEOM）和铣削几何体（MILL_GEOM），如图6-22所示。这里仅介绍铣削操作中加工坐标系及几何体的创建方法。

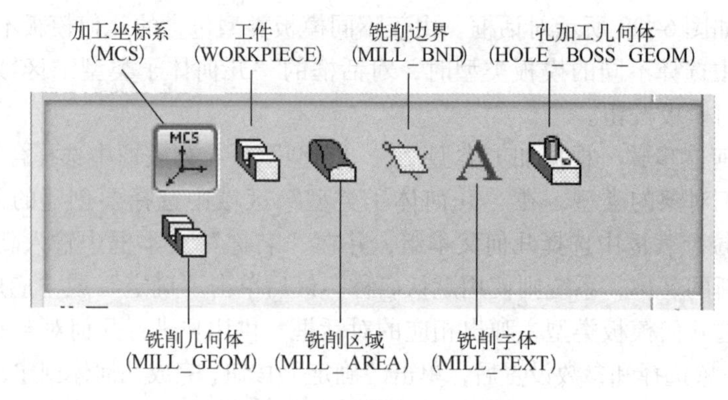

图6-22　可创建的几何体

2. 创建加工坐标系

（1）加工坐标系和参考坐标系　在UG加工应用中，除了使用工作坐标系WCS以外，还使用两个加工独有的坐标系，即加工坐标系MCS和参考坐标系RCS。

1）加工坐标系。加工坐标系是所有后续刀轨各坐标点的基准位置。在刀轨中，所有坐标点的坐标值均与加工坐标系关联，如果移动加工坐标系，则重新确立了后续刀轨输出坐标点的基准位置。

加工坐标系的坐标轴用 *XM*、*YM*、*ZM* 表示。其中 *ZM* 坐标轴特别重要，如果不另外指定刀杆矢量方向，则 *ZM* 坐标轴为默认的刀杆矢量方向。

提示：系统在进行加工初始化时，加工坐标系MCS定位在绝对坐标系上。

如果一个零件有多个表面需要从不同方位进行加工，则在每个方位上建立加工坐标系和与之关联的安全平面，构成一个加工方位组。

在生成的刀具位置源文件中，有的数据是参照加工坐标系，有的数据是参照工作坐标系。在操作对话框中指定的起刀点、安全平面的 *Z* 值和刀杆矢量以及其他矢量数据，都是参照工作坐标系；而确定刀具位置的各点坐标是参照加工坐标系。例如：在刀具位置源文件中，常有直线运动命令"GOTO X，Y，Z，I，J，K"，其中X、Y、Z是刀尖相对于加工坐标系的坐标值，而I、J、K则是工作坐标系指定的刀杆矢量方向。

2）参考坐标系。当加工区域从零件的一部分转移到另一部分时，参考坐标系用于定位非模型几何参数（如起刀点、返回点、刀杆的矢量方向和安全平面等），这样可以减少参数的重新指定工作。参考坐标系的坐标轴用 *XR*、*YR*、*ZR* 表示。

提示： *系统在进行加工初始化时，参考坐标系 RCS 定位在绝对坐标系上。*

(2) 创建加工坐标系的方法　创建加工坐标系时，可以在工序导航器中双击 MCS_MILL，或者在“创建几何体”对话框中单击按钮，弹出“Mill Orient”对话框，该对话框用于定义加工坐标系和参考坐标系。

1) 机床坐标系（加工坐标系）MCS。

① 坐标系平移与旋转。单击按钮，弹出“CSYS”对话框，在“类型”下拉列表框中可以编辑坐标系的原点位置、坐标系方位。

② 坐标系建立。单击“CSYS”对话框中的按钮，弹出下拉列表框，通过适合的选项可以直接建立所需的坐标系。

2) 参考坐标系 RCS。建立方法与加工坐标系相同。当在对话框中选择“链接 RCS 与 MCS”时，则链接参考坐标系 RCS 到加工坐标系 MCS，使参考坐标系与加工坐标系的位置和方向相同。

3) 安全平面。安全平面是为防止刀具与工件、夹具发生碰撞而设置的平面。因此安全平面应高于零件的最高点。

安全平面的创建方法很多，下面介绍一种比较常用的创建方法，其他方法读者可在练习中自行体会。

在“Mill Orient”对话框中，单击“安全设置选项”的下拉列表框，在下拉列表框中选择“平面”命令，如图 6-23 所示，则对话框的“安全设置”选项组中增加了“指定平面”选项，单击对应的按钮，弹出图 6-24 所示的“平面”对话框。在绘图区选择模型中的平面，这时会出现一个与被选择平面重合的基准平面，在“偏置”选项组中输入一个偏置距离，输入时注意图中蓝色箭头提示的偏置方向，配合“反向”按钮，将安全平面创建在高于零件最高点的某个位置。

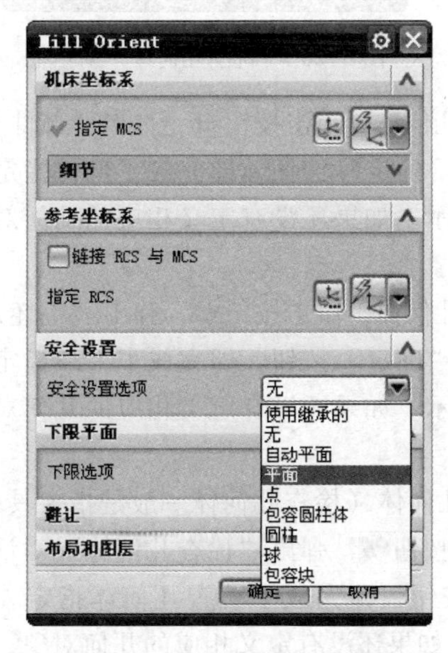

图 6-23 “Mill Orient”对话框

图 6-24 “平面”对话框

提示：在创建任何加工操作之前，应显示加工坐标系和安全平面，检查它们的位置和方向是否正确。

3. 创建铣削几何体

在平面铣和型腔铣中，铣削几何体用于定义加工时的零件几何体、毛坯几何体和检查几何体；在固定轴铣和多轴铣中，还可用于定义要加工的轮廓表面。

在“创建几何体”对话框中，“MILL_GEOM”（铣削几何体）按钮和“WORKPIECE”（工件）按钮的功能相同，两者都通过在模型上选择体、面曲线和切削区域来定义零件几何体、毛坯几何体和检查几何体，还可以定义零件的偏置厚度、材料和存储当前视图布局与层。这里以铣削几何体为例，说明其创建方法。

在图6-25中选择“MILL_GEOM”按钮，单击“应用”按钮，系统弹出图6-26所示“铣削几何体”对话框。

图6-25　单击“MILL_GEOM”按钮

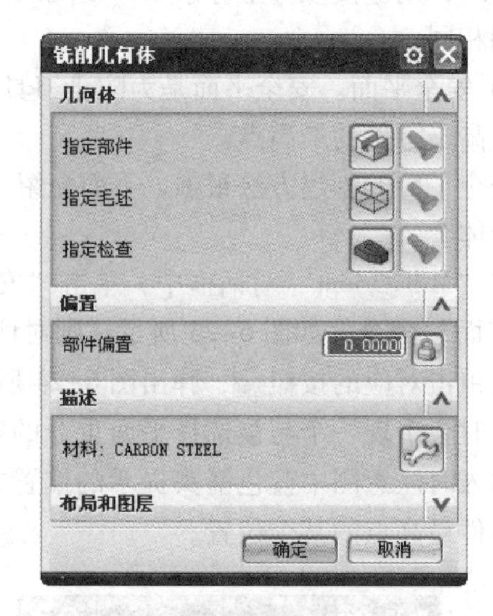

图6-26　“铣削几何体”对话框

（1）指定部件　该选项用于指定或编辑部件几何体，单击按钮，弹出“部件几何体”对话框，用鼠标选中模型中的部件几何体，单击“确定”按钮，即完成了部件指定。如单击“显示”按钮，已定义的几何对象将高亮显示。如果还没有定义相应的几何对象，该按钮则以灰色显示。

（2）指定毛坯　该选项用于指定或编辑毛坯几何体，单击按钮，弹出“毛坯几何体”对话框，用鼠标选中模型中的毛坯几何体，单击“确定”按钮，即完成了毛坯指定。如单击“显示”按钮，已定义的几何对象将高亮显示。如果还没有定义相应的几何对象，该按钮则以灰色显示。

（3）指定检查　该选项用于指定或编辑检查几何体（检查几何体一般是指夹具几何体，或者是部件上可能与刀具发生干涉的部位），单击按钮，弹出“检查几何体”对话框，用鼠标选中模型中的检查几何体，单击“确定”按钮，即完成了检查几何体指定。如单击“显示”按钮，已定义的几何对象将高亮显示。如果还没有定义相应的几何对象，该按钮则以灰色显示。

（4）部件偏置　该选项是在零件实体模型上增加或减去由偏置量指定的厚度。

（5）材料　该选项为零件指定材料属性。材料属性是确定切削速度和进给量大小的一个重要参数。当零件材料和刀具材料确定以后，切削参数也就基本确定了。选择切削速度和进给量对话框中的“从表格中重置”命令，用这些参数推荐合适的切削速度和进给量数值。

单击按钮，弹出“材料”对话框，在对话框中列出了材料数据库中的所有材料类型，材料数据库由配置文件指定。选择合适的材料后，单击“确定”按钮，则为当前创建的铣削几何体指定了材料属性。

（6）保存图层设置　选择该选项，可以保存层的设置。

（7）布局名　该文本框用于输入视图布局的名称，如果不更改，则沿用默认名称。

（8）保存布局/图层　该选项用于保存当前的视图布局和图层。

6.3.6 创建加工方法

完成一个零件的加工通常需要经过粗加工、半精加工和精加工几个步骤，而粗加工、半精加工和精加工的主要差异在于加工后残留在零件表面余料的多少及表面粗糙度。加工方法可以通过对加工余量、几何体的内外公差、切削步距和进给速度等选项的设置，控制表面残余量，另外加工方法还可以设置刀轨的显示颜色与显示方式。

提示：在部件文件中若不同的刀轨使用相同的加工参数时，可使用创建加工方法的办法，先创建加工方法样式，以后在创建操作时直接选用该方法即可，创建的操作将可以获得默认的相关参数；在创建操作时如果不选择加工方法，也可以通过操作对话框中的切削、进给等选项进行切削方法的设置；而对于通过选择加工方法所继承的参数，也可以在操作中进行修改，但修改仅对当前操作起作用。

系统默认的铣削加工方法有三种：粗加工（MILL_ROUGH）；半精加工（MILL_SEMI_FINISH）；精加工（MILL_FINISH），如图 6－27 所示。

图 6-27　铣削加工方法

在刀片工具栏中单击“创建方法”按钮，或者在下拉菜单中选择“插入”→“方法”命令，系统将弹出图 6-28 所示的“创建方法”对话框。

在“创建方法”对话框中，首先要选择类型及方法子类型，然后选择位置（父本组），当前加工方法将作为父本组的从属组，继承父本组的参数，再在“名称”文本框中输入程序组的名称（可以使用默认名称），单击“确定”按钮，系统将弹出图 6-29 所示的“铣削方法”对话框。

图 6-28 “创建方法”对话框

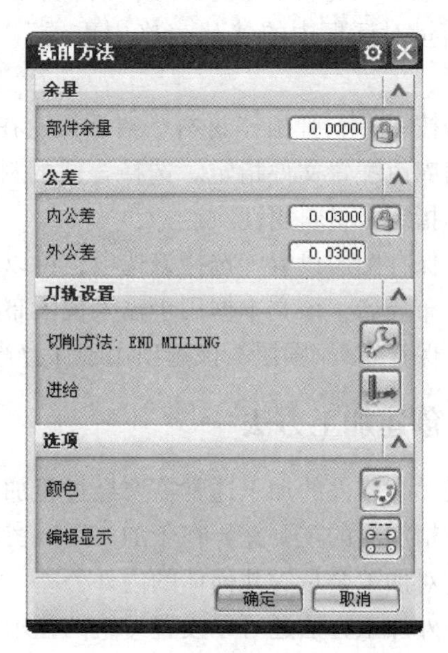

图 6-29 “铣削方法”对话框

1. 基本设置

1）部件余量。为加工方法指定加工余量。使用该方法的操作将具有同样的加工余量。

2）内公差/外公差。公差限制了刀具在加工过程中离零件表面的最大距离，指定的值越小，加工精度越高。内公差限制了刀具在加工过程中越过零件表面的最大过切量；外公差是刀具在切削过程中没有切至零件表面的最大间隙量。

3）切削方法。指定切削方式，可从弹出的对话框中选择一种切削方式。

2. 进给率的设置

进给率是影响加工精度和加工后零件的表面质量以及加工效率的重要因素之一。在一个刀轨中，存在着非切削运动和切削运动，每种切削运动中还包括不同的移动方式和不同的切削条件，需要设置不同的进给速度。单击图 6-29 中的按钮，弹出“进给”对话框，单击“更多”按钮，如图 6-30 所示。

1）切削。设置正常切削零件过程中的进给速度，即程序当中 G0、G1、G2 和 G3 等工进切削的速度。

2）快速。用于设置快速运动时的进给速度，可选择“G0 快速模式”或者“G1 进给模式”。

3）逼近。用于设置接近速度，即刀具从起刀点到进刀点的进给速度。在平面铣或型腔铣中，接近速度可以控制刀具从一个切削层到下一个切削层的移动速度。在平面轮廓铣中，接近速度可以控制刀具做进刀运动前的进给速度。

4）进刀。用于设置进刀速度，即刀具切入零件时的进给速度，是从刀具进刀点到初始切削位置的移动速度。

5）第一刀切削。设置每一刀切削时的进给速度。

6）步进。设置刀具进入下一行切削时的进给速度。

7）移刀。设置刀具从一个切削区域跨越到另一个切削区域时做水平非切削运动的移动速度。

8）退刀。设置退刀速度，即刀具切出零件时的进给速度，也就是刀具完成切削退刀到退刀点的运动速度。

9）离开。设置离开速度，即刀具从退刀点离开零件的移动速度。

10）返回。设置刀具返回速度。

图 6-31 所示为各种切削进给速度的示意图。

图 6-30 “进给”对话框

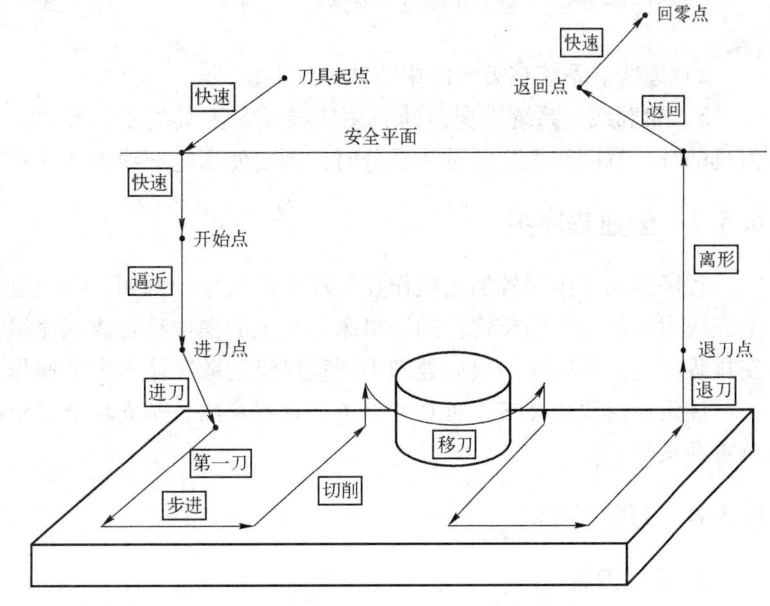

图 6-31 各种切削进给速度的示意图

3. 设置刀轨显示颜色

单击图 6-29 中的按钮，弹出“刀轨显示颜色”对话框，如图 6-32 所示。在显示刀轨时使用不同的颜色表示不同的刀具运动类型，观察刀轨时可以区分不同类型的刀轨。选择每个运动类型对应的颜色按钮，会弹出“颜色”对话框，从中选择一种颜色作为指定运动类型的显示颜色。

4. 设置刀轨显示选项

单击图 6-29 中的按钮，弹出“显示选项”对话框，如图 6-33 所示。

（1）刀具显示　在“刀具显示”下拉列表框中有四个选项。

1）无。在回放刀轨时不显示刀具。

2）2D。在回放刀轨时以二维方式显示刀具。

3）3D。在回放刀轨时以三维方式显示刀具。

4）轴。在回放刀轨时以矢量箭头表示刀具的轴线。

（2）刀轨显示　刀轨的显示方式有以下三个选项。

1）实线。系统在刀轨的中心线处绘制实线。

图 6-32 “刀轨显示颜色”对话框

图 6-33 “显示选项”对话框

2）虚线。系统在刀轨的中心线处绘制虚线。

3）轮廓线。系统根据刀轨，用实线绘制刀具的走刀轮廓。当要查看刀具的横向步进、刀具的铣削宽度和铣削的重叠部分时，需要使用轮廓线方式显示。

6.3.7 创建程序组

程序组用于排列各加工操作在程序中的次序。例如：一个复杂零件如果需要在不同机床上完成表面加工，则应将在同一机床上加工的操作组合成程序组，以便刀轨的输出。合理地安排程序组，可以在一次后处理中按程序组的顺序输出多个操作。

注意：通常情况下，用户可以不创建程序组，而直接使用模板所提供的默认程序组创建所有的操作。

6.3.8 刀轨校验

1. 重播刀轨

重播刀轨是在图形窗口中显示已经生成的刀轨。通过回放刀轨，可以验证刀轨的切削区域、切削方式和切削行距等参数。当生成一个刀轨后，需要通过不同的角度进行观察，或者对不同部位进行观察。设定了窗口显示范围后，进行回放，可以从不同角度进行刀轨的查看。从不同的角度、不同的部位、不同的大小对同一刀轨进行观察。在很多情况下，UG 所生成的刀轨是不显示在绘图区的，当需要进行刀轨的确认、检验时，可以通过重播刀轨进行刀轨回放。

提示：UG 发展到 8.0 版本，“重播刀轨”按钮已经失去了实际意义，需要重播刀轨时，只需在导航器中单击需要查看的操作，则该操作的刀轨将自动显示出来。

注意：如果所选择的操作经过参数修改，但没有重新生成，进行回放时，显示的将是原先已经生成的刀轨，如果没有已生成的刀轨，则不做显示。

2. 刀轨的模拟

对于已经生成的刀轨，可在图形窗口中以线框形式或实体形式模拟刀轨。让用户在图形方式下更直观地观察刀具的运动过程，以验证各操作参数定义的合理性。实体模拟切削可以对零件进行比较逼真的模拟切削，通过模拟切削可以提高程序的安全性和合理性。模拟切削以实际加工 1% 的时间并且在不造成任何损失的情况下检查零件过切或者未铣削到位的现象。通过实体模拟切削可以发现实际加工中存在的某些问题，以便编程员及时修正，避免零件报废。

通过单击操作工具栏或操作对话框中的“确认刀轨”按钮，可以启动刀轨可视化功能。启动后，将弹出图 6-34 所示“刀轨可视化”对话框。刀轨校验的方式有三种，即重播、3D 动态和 2D 动态。

（1）重播　重播方式校验是沿着一条或几条刀轨显示刀具的运动过程。与前面讲的重播刀轨有所不同，校验中的重播可以对刀具运动进行控制，并在重播过程中显示刀具的运动。另外可以在刀轨单节（刀位点）列表中直接指定开始重播的刀位点。

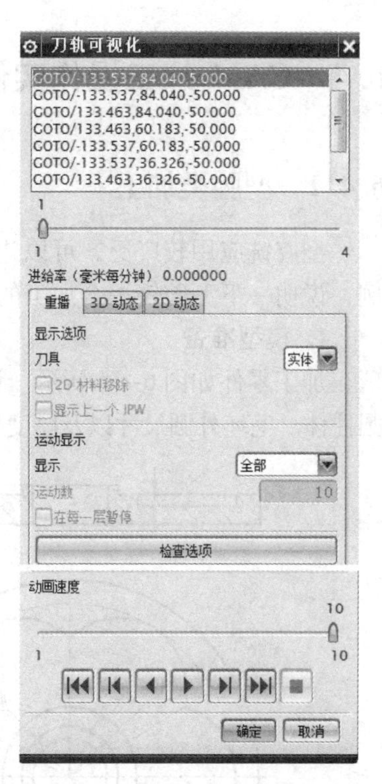

图 6-34 “刀轨可视化”对话框

通过对话框可以指定其刀位点，指定切削校验的位置；可以设置在模拟切削过程中刀具的显示方式，可以有开、点、轴、实体和装配等；可以通过调节动画速度调节杆来调节模拟的速度；通过播放控制按钮进行模拟切削的控制，包括返回起点、反向单步播放、反向播放、正常播放、正向单步播放和选择下一个操作。

（2）3D 动态　3D 动态显示刀具切削过程，该显示方式主要是以显示加工余料为主，需要计算每个操作执行完以后的加工余料，因此仿真速度较慢，较少采用该种显示方式。

（3）2D 动态　2D 动态显示刀具切削过程，是显示刀具沿刀轨切除零件材料的过程。它以三维实体方式仿真刀具的切削过程，非常直观。

“显示”用于在绘图区显示加工后的形状，并以不同的颜色显示加工区域和没有切削的工件部位。使用不同刀具时将显示不同的颜色。如果刀具与零件发生过切，将在过切部位用红色显示，提示用户刀轨存在错误。

“比较”对加工后的形状与要求的形状做对比，在绘图区中显示加工后的形状，并以不同的颜色表示加工部位材料的切除情况。其中绿色表示该面已经达到加工要求，而天蓝色表示该面还有部分材料没有切除，红色表示加工该表面时发生过切。

以动态方式显示刀具切削过程时，需要指定用于加工成零件的毛坯。如果在创建操作时没有指定毛坯几何体，那么在选择播放时，系统会弹出一个警告窗口，提示当前没有毛坯可用于校验。单击“确定”按钮，系统会弹出一个“临时毛坯”对话框，可以在对话框中指定毛坯类型为“自动块”，自动创建一个立方体作为毛坯。可以通过拖动零件上的方向箭头控制毛坯尺寸，也可以在对话框中直接输入 X、Y、Z 各方向的偏置值。还可以在对话框中指定毛坯类型为“来自组件的偏置”，通过输入偏置值，可以把零件放大输入的偏置尺寸，从而定义为毛坯。

由于加工公差以及加工余量设置不同，可能在仿真切削之后会显示白色斑点或者红色斑点，这种情况不影响加工。

6.4 CAM 加工操作实例

6.4.1 型腔类加工

型腔铣应用较广泛，可以进行粗加工、半精加工及精加工。下面以一个花盘加工为实例，说明一下型腔铣综合加工的运用。

1. 模型准备

加工零件如图 6-35 所示。该零件为一个花盘零件，毛坯为 ϕ200 mm、高度 20mm 的扁圆柱体。毛坯外圆尺寸以及厚度尺寸已经通过其他加工方法加工到位。根据零件图加工零件。

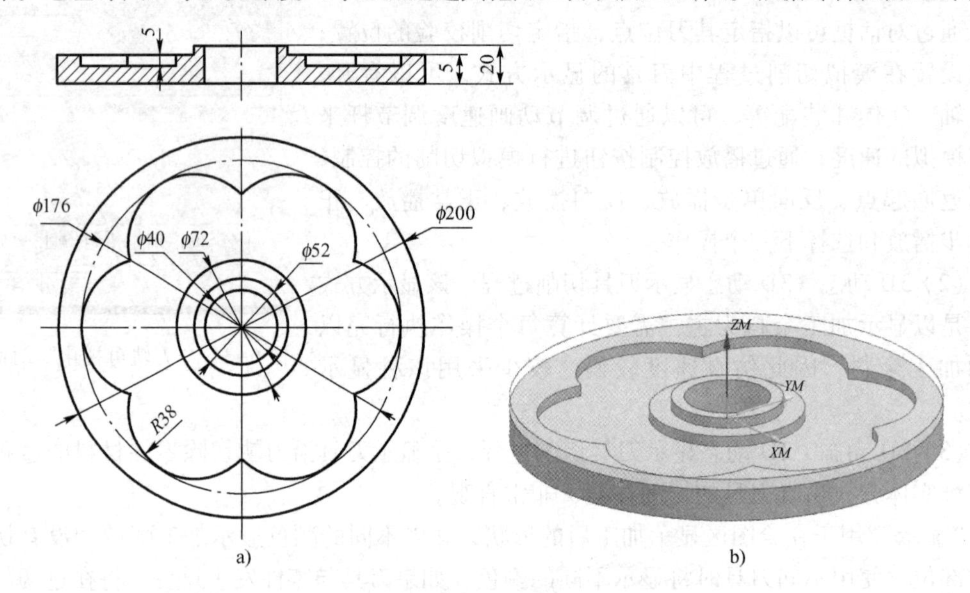

图 6-35 加工零件

a）花盘零件二维图，b）花盘零件三维图

花盘加工方案见表 6-2。

表 6-2 花盘加工方案

序 号	方 法	程 序 名	刀具直径/mm	R 角/°	刃长/mm	跨距/mm	切深/mm	余量/mm
1	粗加工	CAVITY_M_1	20	0°	50	10	1	0.5
2	侧壁精加工	CAVITY_M_2	20	0°	50	10	0.5	0
3	底面精加工	CAVITY_M_3	20	0°	50	10	0.5	0

2. 进入加工环境

单击标准工具栏中“开始”按钮，在下拉菜单中选择“加工”命令，在弹出的“加工环境”对话框中单击“确定”按钮，进入加工界面。

3. 设置加工方法

1）在导航器工具栏中单击“加工方法视图”按钮，将工序导航器设为加工方法视图。

2）双击工序导航器中的“MILL_ROUGH”，弹出“铣削方法”对话框，在部件余量栏中输入“0.5”，表示粗加工时留余量0.5 mm，单击“确定”按钮退出对话框。

3）双击工序导航器中的“MILL_FINISH”，弹出“铣削方法”对话框，在部件余量栏中输入“0”，表示精加工时留余量0 mm，单击“确定”按钮退出对话框。

4. 设置加工坐标系、安全平面

1）在导航器工具栏中单击“几何视图”按钮，将工序导航器栏设置为几何视图。

2）在工序导航器栏中双击按钮MCS_MILL，弹出“Mill Orient”对话框，单击按钮，弹出“CSYS”对话框，在“类型”下拉列表框中选择“对象的CSYS”命令，用鼠标选择毛坯的上表面，则在毛坯上表面中心建立了加工坐标系，且 *Z* M 坐标轴方向竖直向上。

3）在“安全设置选项”的下拉列表框中选择“平面”命令，用鼠标选中毛坯的上表面，弹出“距离”参数栏，输入安全距离“2”，单击“确定”按钮，完成加工坐标系与安全平面的设置。

5. 加工几何体

1）在工序导航器栏中单击MCS_MILL前面的“+”号，将其展开。

2）双击按钮WORKPIECE，弹出“铣削几何体”对话框。

3）在“铣削几何体”对话框中，单击按钮，弹出“部件几何体”对话框。

4）用鼠标选择花盘实体，单击“确定”按钮，回到“铣削几何体”对话框。

5）单击按钮，弹出“毛坯几何体”对话框，用鼠标选择毛坯实体，单击“确定”按钮，回到“铣削几何体”对话框。

6）单击“确定”按钮，完成加工几何体的建立。

6. 建立刀具

1）在刀片工具栏中单击“创建刀具”按钮，弹出“创建刀具”对话框。

2）在“子类型”中单击按钮，在“名称”文本框中输入铣刀名“EM20”，如图6-36所示，单击“确定”按钮；在弹出的“铣刀-5参数”对话框中，输入铣刀参数，即D=20，L=250，FL=50，如图6-37所示。

7. 创建粗加工操作 CAVITY_M_1

1）在刀片工具栏中单击“创建工序”按钮，弹出“创建工序“对话框，如图6-38所示；按图6-38设置各选项，单击“确定”按钮，弹出“型腔铣”对话框。

2）在对话框的刀轨设置栏中，将“最大距离”改为“1”，如图6-39所示。

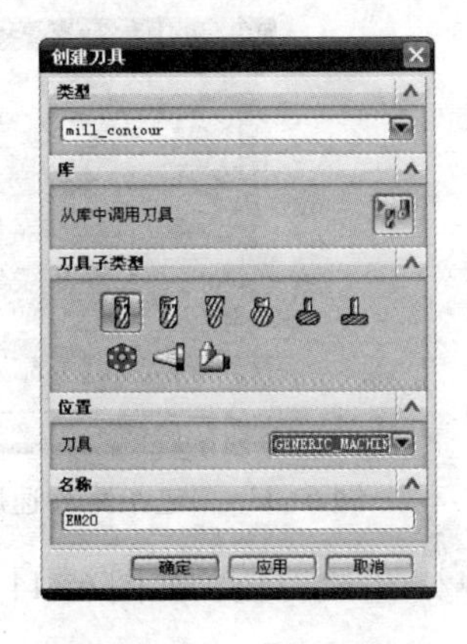

图6-36　建立刀具

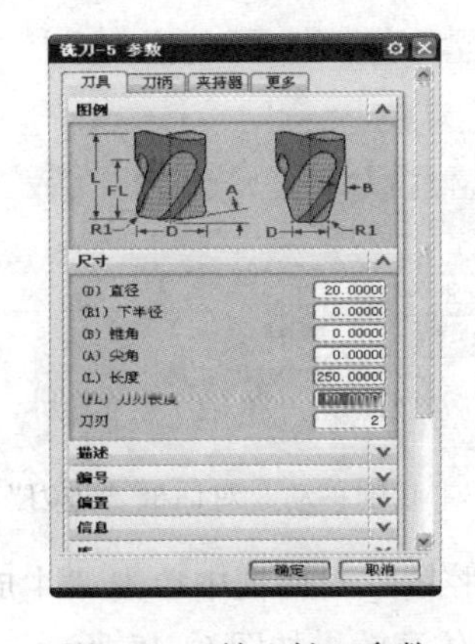

图6-37　输入铣刀参数

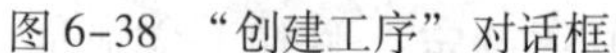

图 6-38 “创建工序”对话框

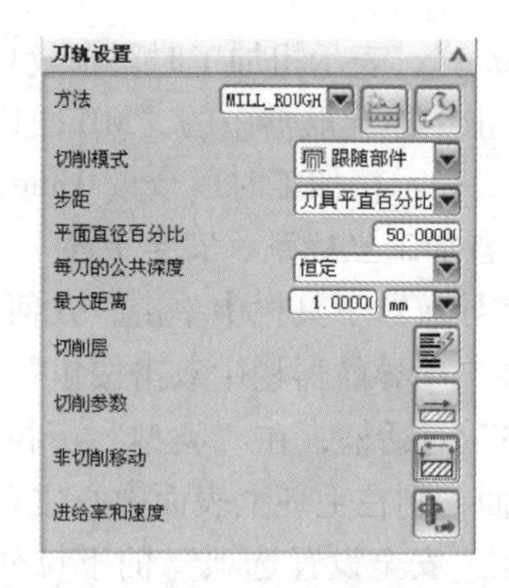

图 6-39 “刀轨设置”栏

3）单击“切削参数”按钮，弹出“切削参数”对话框。

4）在“策略”选项卡中，将切削顺序改为“深度优先”，如图 6-40 所示。

5）单击“连接”选项卡，将开放刀路改为，即变换切削方向，如图 6-41 所示，以提高切削效率。

6）单击“确定”按钮，退出”切削参数“对话框。

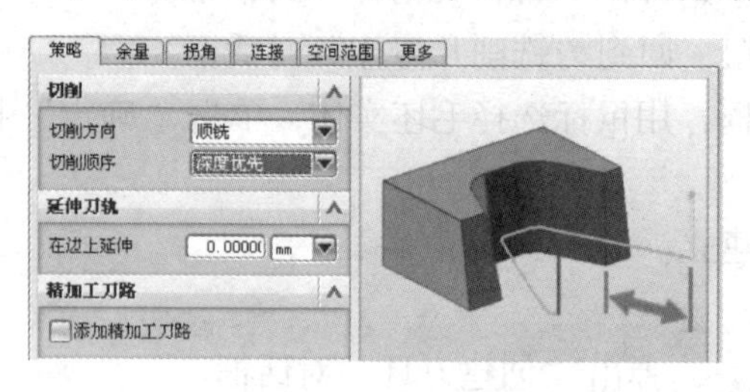

图6-40 “切削参数”对话框“策略”选项卡

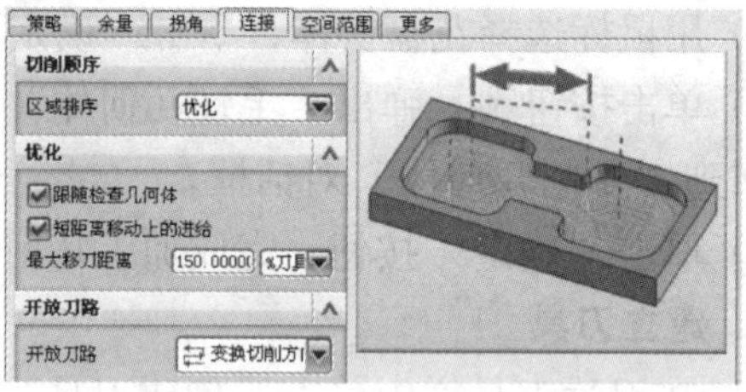

图 6-41 “切削参数”对话框“连接”选项卡

7）单击“非切削移动”按钮，弹出“非切削移动”对话框，在“进刀”选项卡中，封闭区域的进刀类型选择为“螺旋”，斜坡角改为“3”，如图 6-42 所示，单击“确定”按钮，返回“型腔铣”对话框。

8）单击“进给率和速度”按钮，在弹出的“进给率和速度”对话框中，将主轴速度激活，在“主轴速度”文本框中输入“1200”，“切削”文本框中输入“800”，如图 6-43 所示，单击“确定”按钮，返回“型腔铣”对话框。

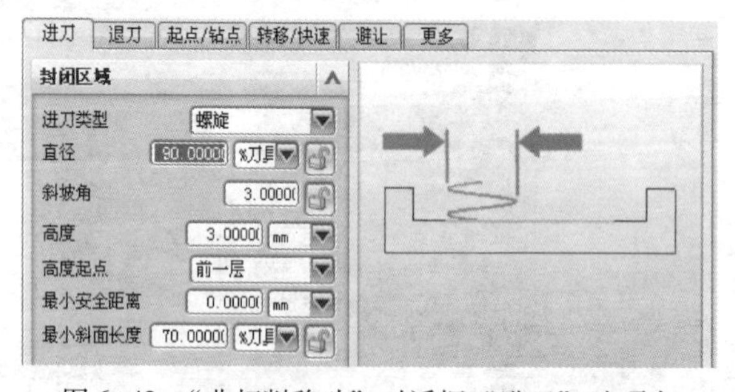

图 6-42 “非切削移动”对话框“进刀”选项卡

图 6-43 “进给率和速度”对话框

9）在“型腔铣”对话框中单击“生成”按钮，生成刀轨，如图 6-44 所示。

10）粗加工仿真效果如图 6-45 所示。

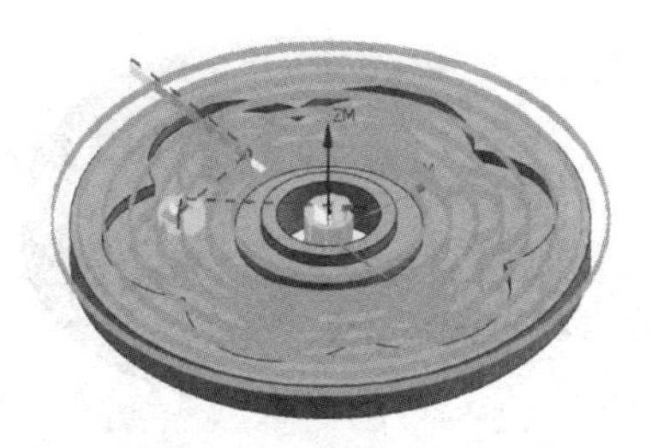

图 6-44　粗加工刀轨

图 6-45　粗加工仿真效果

8. 创建侧壁精加工操作 CAVITY_M_2

1）在导航器工具栏中单击“加工方法视图”按钮，则导航器显示为加工方法视图，如图 6-46 所示。单击按钮 MILL_ROUGH 前边的“+”，则导航器显示如图 6-47 所示状态。

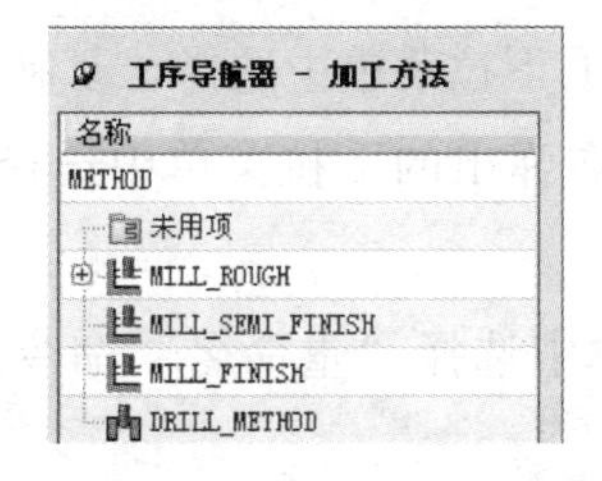

图 6-46　加工方法视图

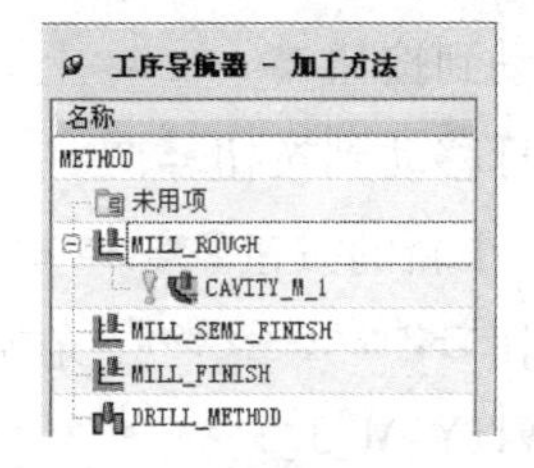

图 6-47　导航器展开状态

2）鼠标移动到按钮 CAVITY_M_1 上，右击，在弹出的下拉菜单中选择“复制”命令。

3）再将鼠标移动到按钮 MILL_FINISH 上，右击，在弹出的下拉菜单中选择“内部粘贴”命令，则出现一个新的按钮 CAVITY_M_1_COPY。

4）右击按钮 CAVITY_M_1_COPY，在弹出的下拉菜单中选择“重命名”命令，将该按钮的名称改为：CAVITY_M_2。

5）双击按钮 CAVITY_M_2，弹出“型腔铣”对话框。

6）将切削模式改为轮廓加工，将每层背吃刀量的最大距离改为“0.5”，如图 6-48 所示。

7）单击“切削参数”按钮，弹出“切削参数”对话框。

8）在“余量”选项卡中，将“使底面余量与侧面余量一致”选项关闭，在“部件底面余量”文本框中输入“0.5”，如图 6-49 所示。

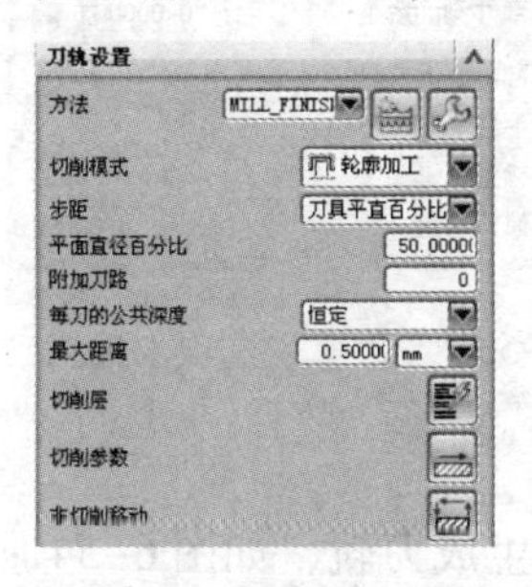

图 6-48　修改最大距离

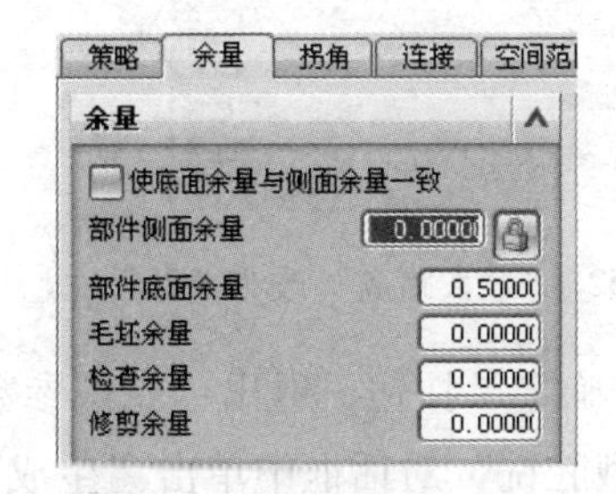

图 6-49　“余量”选项卡输入“0.5”

9）单击“确定”按钮，退出“切削参数”对话框。

10）在“型腔铣”对话框中单击“生成”按钮，生成刀轨，如图 6-50 所示。

11）侧壁精加工仿真效果如图 6-51 所示。

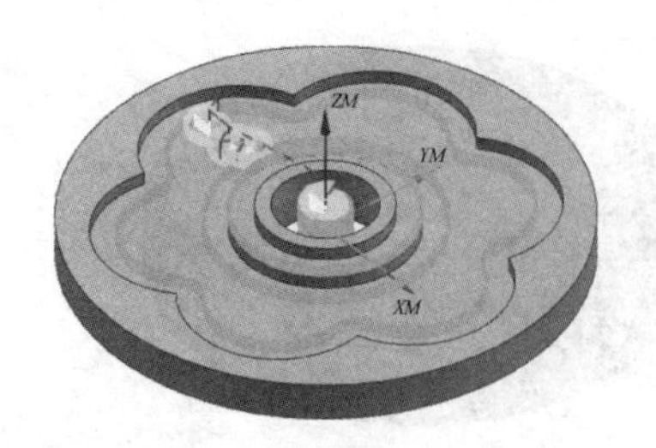

图 6-50　侧壁精加工刀轨

图 6-51　侧壁精加工仿真效果

9. 创建底面精加工操作 CAVITY_M_3

1）在导航器工具栏中单击“加工方法视图”按钮，则导航器显示为加工方法视图。单击按钮 MILL_FINISH 前边的“+”。

2）鼠标移动到按钮 CAVITY_M_2 上，右击，在弹出的下拉菜单中选择“复制”命令。

3）再将鼠标移动到按钮 MILL_FINISH 上，右击，在弹出的下拉菜单中选择“内部粘贴”按钮，则出现一个新的按钮 CAVITY_M_2_COPY。

4）右击按钮 CAVITY_M_2_COPY，在弹出的下拉菜单中选择“重命名”命令，将该操作的名称改为：CAVITY_M_3。

5）双击按钮 CAVITY_M_3，弹出“型腔铣”对话框。

6）将切削模式改为跟随部件，将每层背吃刀量的最大距离改为“20”，（如输入的每层背吃刀量值超过了该切削区域的最大深度值，则系统会自动只在底面生成一层切削路径，因此在此利用该特点，可以输入一个超过所有切削区域深度的数值“20”）如图 6-52 所示。

7）单击“切削参数”按钮，弹出“切削参数”对话框。

8）在“余量”选项卡中，在“部件底面余量”文本框中输入“0”，如图 6-53 所示。

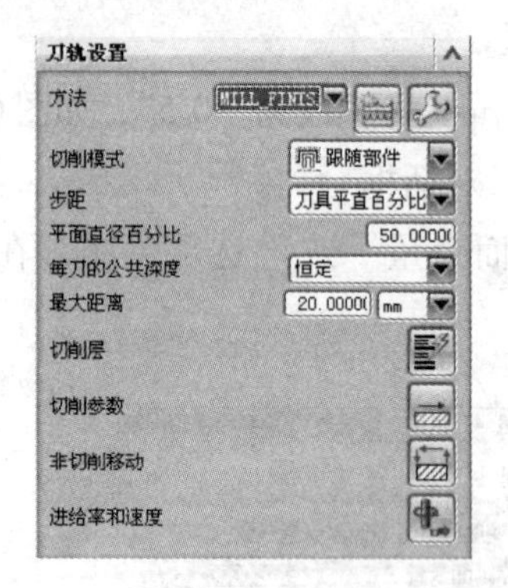

图 6-52　“最大距离”改为“20”

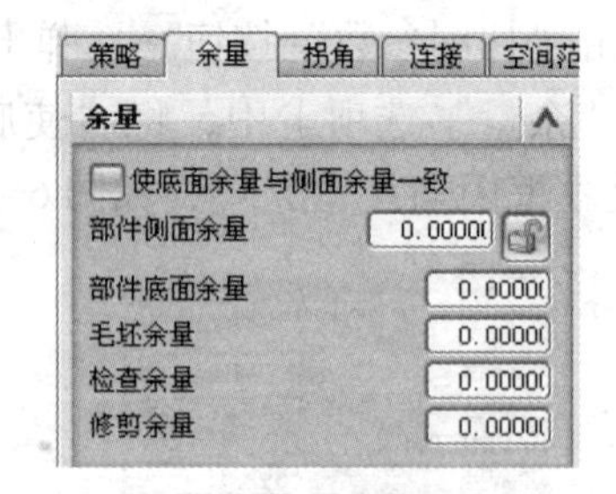

图 6-53　“余量”选项卡输入“0”

9）单击“确定”按钮，退出“切削参数”对话框。

10）在“型腔铣”对话框中单击“生成”按钮，生成刀轨，如图 6-54 所示。

11）底面精加工仿真效果如图 6-55 所示。

至此，花盘零件的加工完成了。在该实例中，利用了一般的型腔铣完成了粗加工，利用轮廓加工的切削模式完成了侧壁精加工，最后利用切削层中每层背吃刀量不得大于切削区域深度的特点，完成底面的精加工。

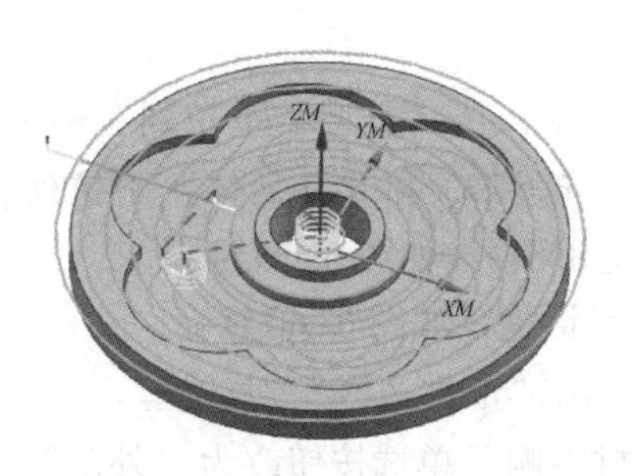

图 6-54　底面精加工刀轨

图 6-55　底面精加工仿真效果

6.4.2　刻字加工实例

1. 模型准备

创建一个 200 mm × 80 mm × 15 mm 的长方体，在其表面利用 A 文本(T) 功能写上“CAM 加工”字样，字体为黑体，大小可自行调整，以充满长方体上表面为宜。

如图 6-56 所示，需要在该长方体上按照文本轮廓，刻出深度为 0.2 mm 的字体。

图 6-56　刻字加工图

2. 进入加工环境

单击标准工具栏中“开始”按钮，在下拉菜单中选择“加工”命令，在弹出的“加工环境”对话框中单击“确定”按钮，进入加工界面。

3. 建立铣刀

1）在刀片工具栏中单击“创建刀具”按钮，在弹出的“创建刀具”对话框中的子类型中单击按钮，在“名称”文本框中输入铣刀名“KEZI”，其余参数默认，如图 6-57 所示。单击“确定”按钮，弹出“铣刀 -5 参数”对话框。

2）在弹出的“铣刀 -5 参数”对话框中，本次使用的刀具是一种特殊形状的雕刻刀具，应按如下输入铣刀参数：（D）直径 = 0.2，（R1）下半径 = 0.1，（B）锥角 = 20，（L）长度 = 10，（FL）刀刃长度 = 5，其余参数默认，如图 6-58 所示，单击“确定”按钮，完成刀具参数的设置。

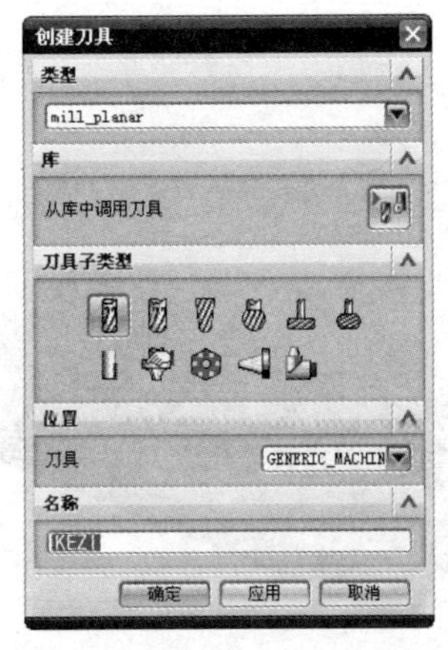

图 6-57　建立铣刀

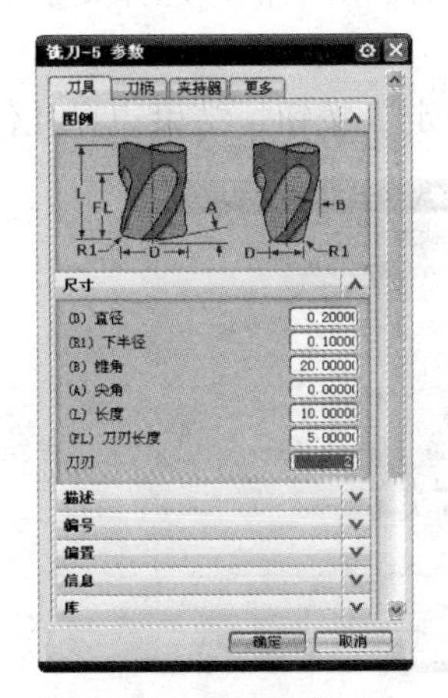

图 6-58　刀具参数设置

4. 建立边界几何体

1）在刀片工具栏中单击“创建几何体”按钮，在“类型”下拉列表框中选择“mill_planar”，在“子类型”栏中单击“MILL_BND”按钮，在“几何体”下拉列表框中选择“MCS_MILL”，在“名称”文本框中输入“MILL_BND”，如图6-59所示。

2）单击“确定”按钮，出现“铣削边界”对话框，如图6-60所示。

3）在“铣削边界”对话框中单击按钮，弹出“部件边界”对话框。

4）在“过滤器类型”中单击按钮，将“材料侧”单选按钮改为“外部”，如图6-61所示。

图6-59　设置“创建几何体”对话框

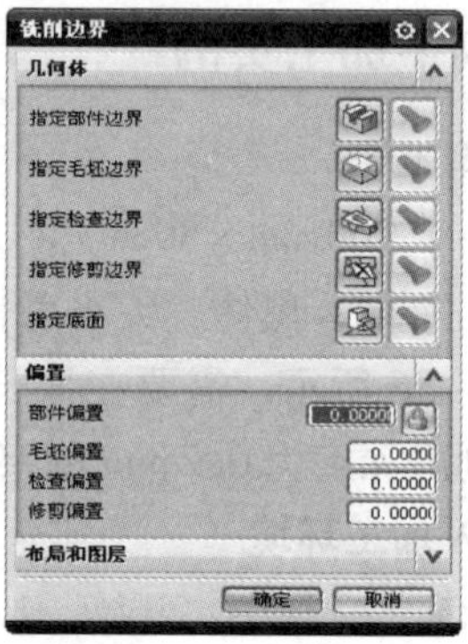

图6-60　“铣削边界”对话框

5）用鼠标选择模型上文字中的外部轮廓曲线（外部轮廓曲线是指在某一个文字中，独立的外部曲线部分），此时需要注意，当选择完一个封闭的外部轮廓曲线以后，要在对话框中单击“创建下一个边界”按钮，再选择下一个独立的外部轮廓曲线；当所有的外部轮廓曲线选择完毕以后，在对话框中将材料侧的“内部”单选按钮激活，再用鼠标选择文字中的内部轮廓曲线，同样也是选择完一个封闭的内部轮廓曲线以后，要在对话框中单击“创建下一个边界”按钮，再选择下一个独立的内部轮廓曲线。选择完毕单击“确定”按钮，回到“铣销边界”对话框。

6）单击按钮，定义底面。

7）进入“平面”对话框，选择文字所在的平面，在“距离”文本框中输入“-0.2”，如图6-62所示。

8）单击“确定”按钮，结束边界几何体的建立。

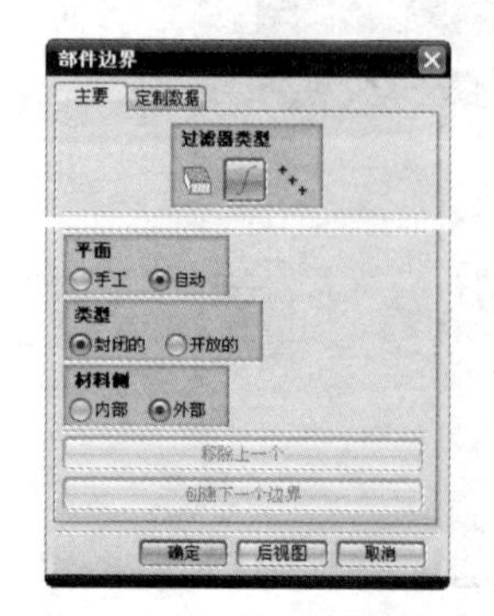

图6-61　“部件边界”对话框

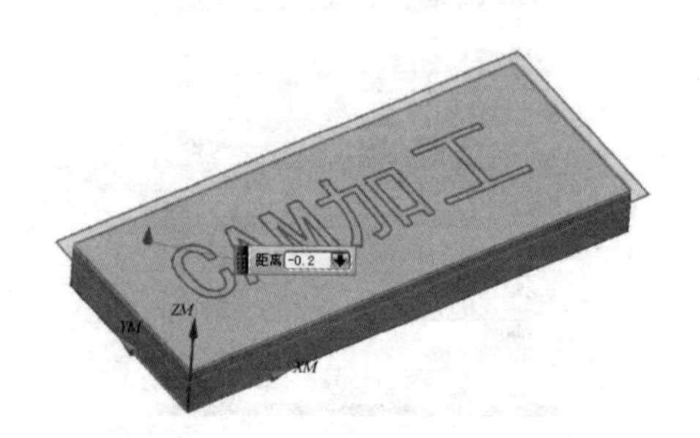

图6-62　加工底面选择示意图

5. 创建操作

1）在刀片工具栏中单击“创建工序”按钮，弹出“创建工序”对话框，按图6-63设置各项，单击“确定”按钮，弹出“平面铣”对话框。

2）在对话框中单击“生成”按钮，生成刀轨，如图6-64所示。

图6-63　设置各项

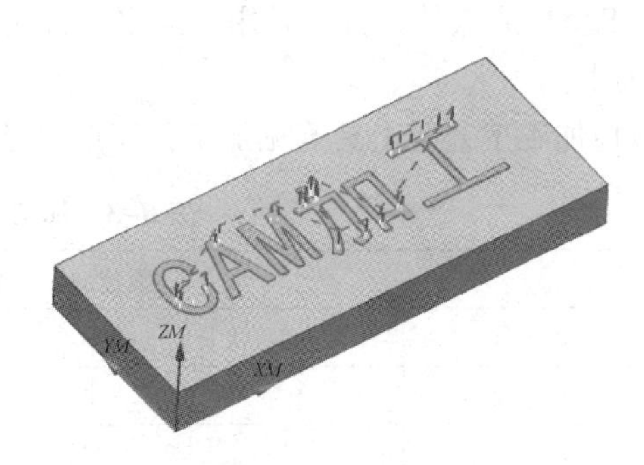

图6-64　生成刀轨

3）分析该刀轨发现：整个字深（0.2 mm）一次加工完成，而选用的刻字刀具刀尖强度有限，如零件材料硬度较高，该刀轨不合适，需要调整。

4）在工序导航器中双击按钮 PLANAR_MILL，弹出“平面铣”对话框，在“平面铣”对话框中单击“切削层”按钮，出现“切削层”对话框。

5）如图6-65所示，单击按钮，在“类型”下拉列表框中选择“用户自定义”，在“每刀深度”中的“公共”文本框中输入“0.1”，定义每层背吃刀量不大于0.1 mm。单击“确定”按钮，返回“平面铣”对话框。

6）在“平面铣”对话框中，单击“进给率和速度”按钮，系统弹出“进给率和速度”对话框。激活主轴速度，并在“主轴转速”文本框中输入“2000”；在“切削”文本框中输入“1200”，最后单击“确定”按钮完成进给率和速度的设置。

7）单击“生成”按钮，重新生成刀轨，如图6-66所示。再分析刀轨，已经变成分层切削。

图6-65　“切削层”对话框

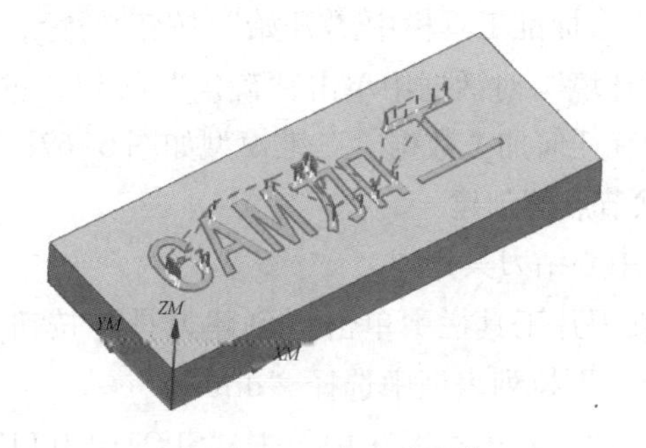

图6-66　重新生成刀轨

6.4.3 孔加工操作实例

1. 工艺分析

工件材料为45钢，毛坯尺寸为ϕ100 mm×20 mm，对于中间孔进行平底扩孔操作。

2. 填写加工程序单

1）在立铣加工中心上加工，使用工艺板进行装夹。

2）加工坐标原点的设置：采用三点定位方法，*X*、*Y* 轴取在工件的中心；*Z* 轴取在工件的最高平面上。

3）数控加工工艺及工具等见加工程序单，见表6-3。

表6-3 加工程序单

数控加工程序单								
图号	工件名称	编程人员		编程时间		文件存档位置及档名		
1	YH05－Z					E:\CH05\YH05－Z. prt		
序号	程序名	刀具				加工余量	理论加工工时间	备注
		类型	直径/mm	刀角半径	装刀长度/mm			
1	01_D3_center dirll. nc	中心头	3	0	30	0		中心钻
2	02_D10dirll. nc	钻头	10	0	30	0		精钻
3	03_D15dirll. nc	钻头	15	0	30	0		扩孔
零件示意图 （略）				说明： 加工坐标原点的设置：采用三点定位方法，*X*、*Y* 轴取在工件的中心，轴取在工件的最高平面上				

3. 模型准备

1）运行 NX8.0 软件。

2）单击标准工具栏中的“新建”按钮，弹出“新建”对话框，单击“确定”按钮。单击标准工具栏中“开始”按钮，在下拉菜单中选择“建模”命令，进入模型绘制界面，根据图6-67a所示绘制零件的三维模型。

3）点击标准工具栏中“开始”按钮，在下拉菜单中选择“加工”命令，在弹出的“加工环境”对话框中单击“确定”按钮，进入加工界面。此时，在工序导航器中可以看到，没有任何加工数据。三维模型如图6-67b所示。

4. 父节点的创建

（1）中心钻刀具创建

1）在刀片工具栏中单击“创建刀具”按钮，弹出“创建刀具”对话框，在对话框的“类型”下拉列表框中选择“drill”。

2）在“刀具子类型”中单击“SPOTDRILLING_TOOL”按钮。

3）在“刀具”下拉列表框中选择“GENERIC_MACHINE”。

4）在“名称”文本框中输入“D3”，如图6-68所示。单击“确定”按钮，进入“钻

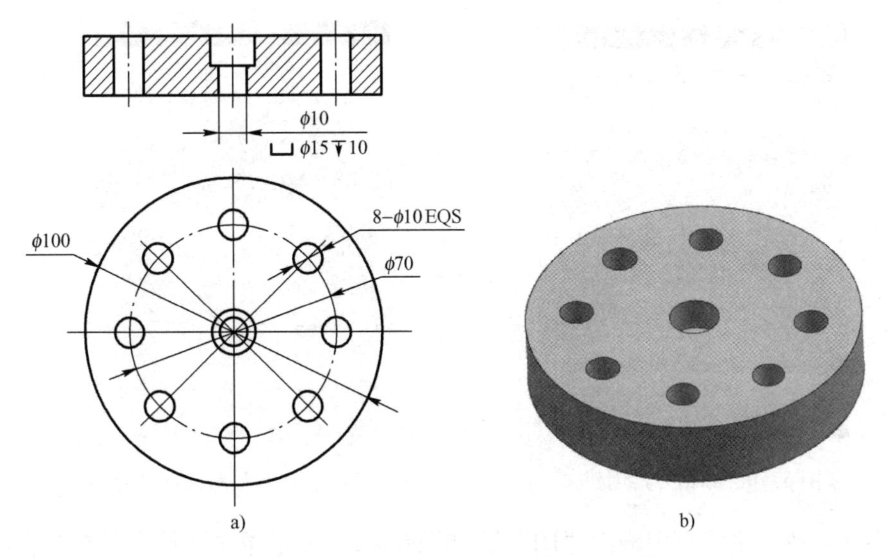

图 6–67　钻孔加工零件

a）二维图　b）三维模型

刀”对话框。如图 6–69 所示，将（D）直径设置为“3”，其余参数默认，单击“确定”按钮，完成中心钻的创建，同时退出“创建刀具”对话框。

图 6–68　中心钻刀具创建

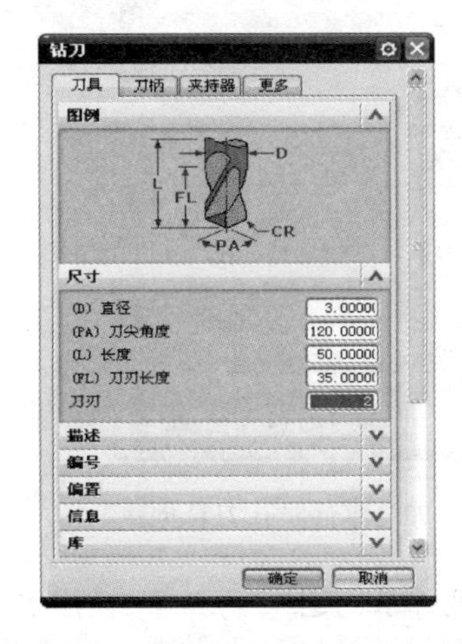

图 6–69　“钻刀”对话框（中心钻）

（2）啄钻刀具创建

1）在刀片工具栏中单击“创建刀具”按钮，弹出“创建刀具”对话框。

2）在“刀具子类型”中单击“DRILLING_TOOL”按钮。

3）在“名称”文本框中输入“D10”，如图 6–70 所示。单击“确定”按钮，进入“钻刀”对话框。如图 6–71 所示，将（D）直径设置为“10”，其余参数默认，单击“确定”按钮，完成啄钻刀具的创建，同时退出“创建刀具”对话框。

（3）平底扩孔刀具创建

1）在刀片工具栏中单击“创建刀具”按钮，弹出“创建刀具”对话框。

2）在“刀具子类型”中单击“COUNTERBORING_TOOL”按钮。

图 6-70　啄钻刀具创建

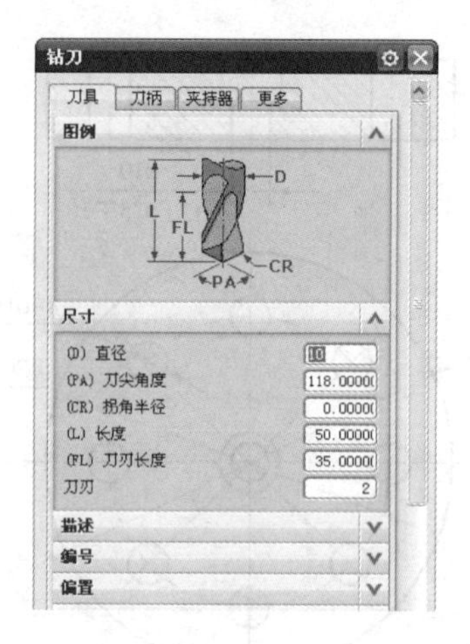

图 6-71　“钻刀”对话框（啄钻）

3）在“名称”文本框中输入“D15”，如图 6-72 所示。单击“确定”按钮，进入“铣刀 -5 参数”对话框。如图 6-73 所示，将（D）直径设置为“15”，其余参数默认，单击“确定”按钮，完成平底扩孔刀具的创建，同时退出“创建刀具”对话框。

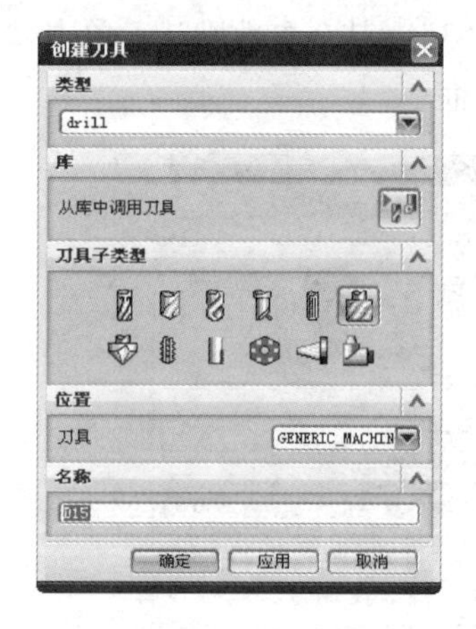

图 6-72　平底扩孔刀具创建

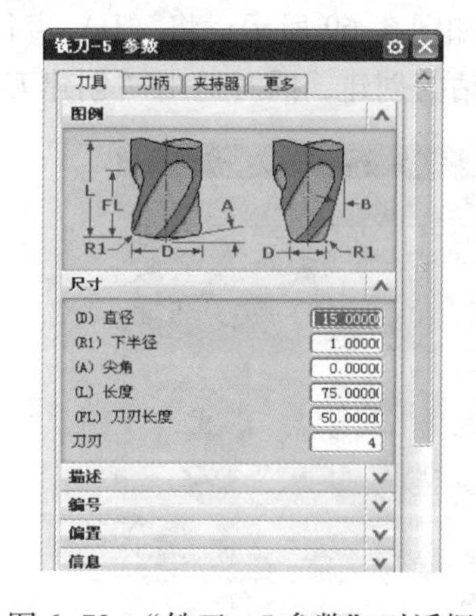

图 6-73　“铣刀 -5 参数”对话框

（4）加工坐标系创建

1）在导航器工具栏中单击“几何视图”按钮，将工序导航器显示为几何视图，双击工序导航器中的按钮 MCS_MILL，弹出“Mill Orient”对话框，如图 6-74 所示。

2）在对话框中单击按钮，坐标系变为动态坐标，用鼠标选择工件上表面的圆心位置（要激活圆心捕捉功能），单击“确定”按钮，加工坐标系被移动到工件的上表面中心，如图 6-75 所示。

（5）工件创建

1）单击工序导航器中按钮 MCS_MILL 前边的“＋”号，将出现按钮 WORKPIECE，双击该按钮，弹出“工件”对话框，如图 6-76 所示。

2）单击对话框中按钮，弹出“部件几何体”对话框，如图 6-77 所示，用鼠标选择绘图区的零件几何体，单击“确定”按钮，返回“工件”对话框。

图 6-74　创建加工坐标系

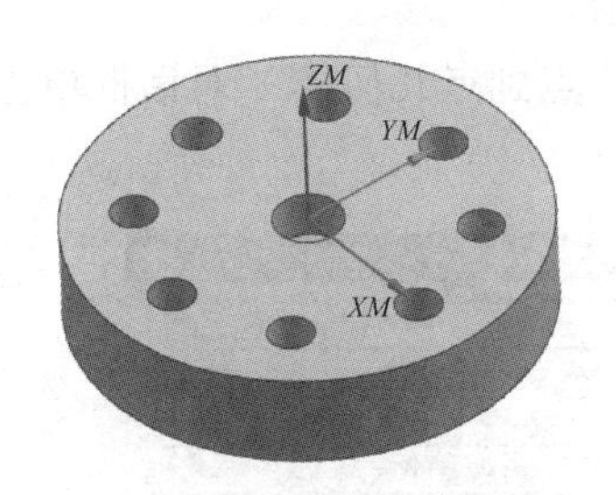

图 6-75　加工坐标系移动后效果

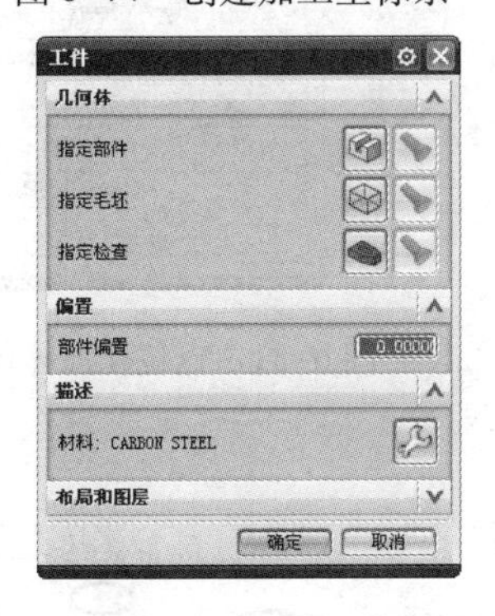

图 6-76　“工件”对话框

图 6-77　工件创建

3）单击对话框中按钮，弹出“毛坯几何体”对话框，用鼠标选择绘图区的毛坯几何体（该几何体在隐藏空间中，可通过组合键〈Ctrl〉+〈Shift〉+ B 将其显示），单击“确定”按钮，返回“工件”对话框。再次单击“确定”按钮，完成几何体设置。

提示：部件与毛坯在孔加工中不一定要指定，如果没有指定，则表示不能用动态仿真；若指定了，则可以动态仿真。

（6）点位几何体创建。

1）在刀片工具栏中点击“创建几何体”按钮，弹出“创建几何体”对话框，在“几何体子类型”中单击“DRILL_GEOM”按钮，将“几何体”设置为“WORKPIECE”，如图 6-78 所示。

2）单击“确定”按钮，弹出“钻加工几何体”对话框，如图 6-79 所示。

图 6-78　点位几何体创建用
“创建几何体”对话框

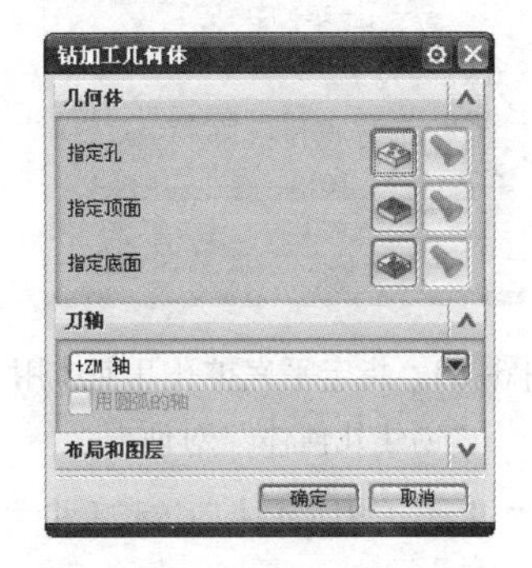

图 6-79　点位几何体创建用
“钻加工几何体”对话框

3）在“钻加工几何体”对话框中单击按钮，弹出“点到点几何体”对话框，如图 6-80 所示。

4）在“点到点几何体”对话框单击“选择”按钮，弹出图 6－81 所示对话框。

图 6-80　点位几何体创建用“点到点几何体”对话框

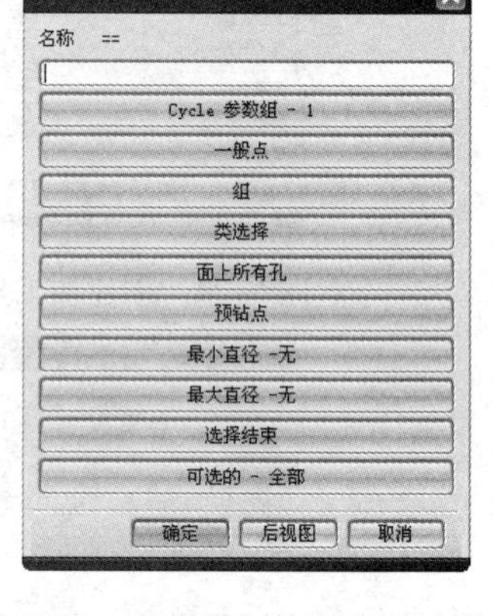

图 6-81　点位几何体创建用对话框

5）单击“面上所有孔”按钮，单击零件的上表面，单击四次“确定”按钮，完成点位几何体创建，如图 6-82 所示。

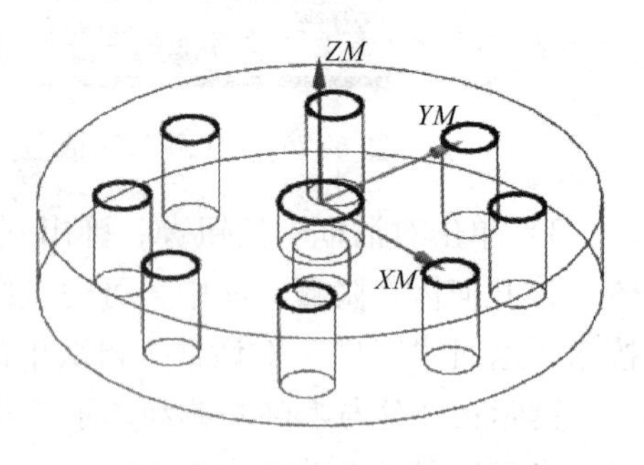

图 6-82　点位几何体创建

（7）指定平底扩孔几何体

1）在刀片工具栏中单击“创建几何体”按钮，弹出“创建几何体”对话框，在“几何体子类型”中单击“DRILL_GEOM”按钮，将“几何体”设置为“WORKPIECE”，如图 6-83 所示。

2）单击“确定”按钮，弹出“钻加工几何体”对话框，如图 6-84 所示

图 6-83　指定平底扩孔几何体用“创建几何体”对话框

图 6-84　指定平底扩孔几何体用“钻加工几何体”对话框

3）在“钻加工几何体”对话框中单击按钮，弹出“点到点几何体”对话框，如图 6-85 所示。

4）在“点到点几何体”对话框中单击“选择”按钮，弹出图 6-86 所示对话框。

图 6-85　指定平底扩孔几何体用“点到点几何体”对话框

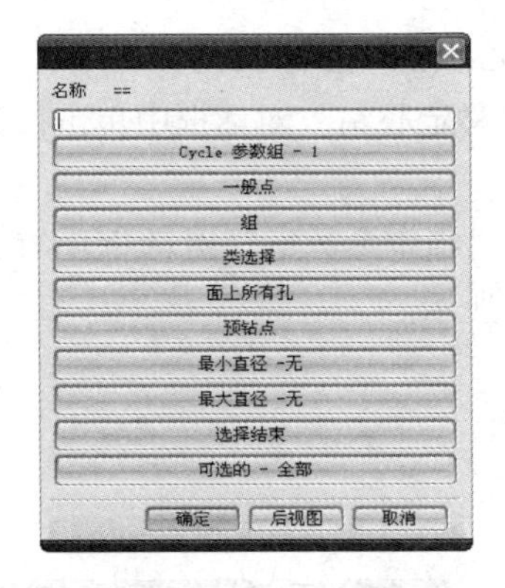

图 6-86　指定平底扩孔几何体用对话框

5）单击中间大孔的边缘，选择零件的上表面，单击三次“确定”按钮，完成指定平底扩孔几何体，如图 6-87 所示。

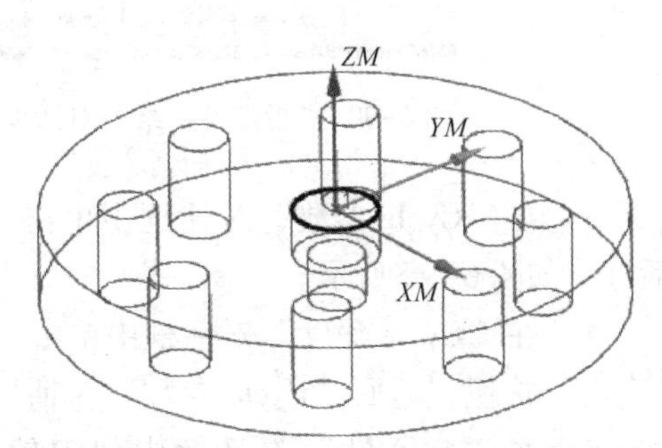

图 6-87　指定平底扩孔几何体

5. 中心钻创建

1）在刀片工具栏中单击“创建工序”按钮，系统弹出“创建工序”对话框，在“类型”下拉列表框中选择“drill”。

2）“在工序子类型”中单击“SPOT_DRILLING”按钮。

3）在“刀具”下拉列表框中选择“D3”。

4）在“几何体”下拉列表框中选择“DRILL_GEOM”。

5）其余参数默认，如图 6-88 所示。

6）单击“确定”按钮，弹出“定心钻”对话框，如图 6-89 所示。

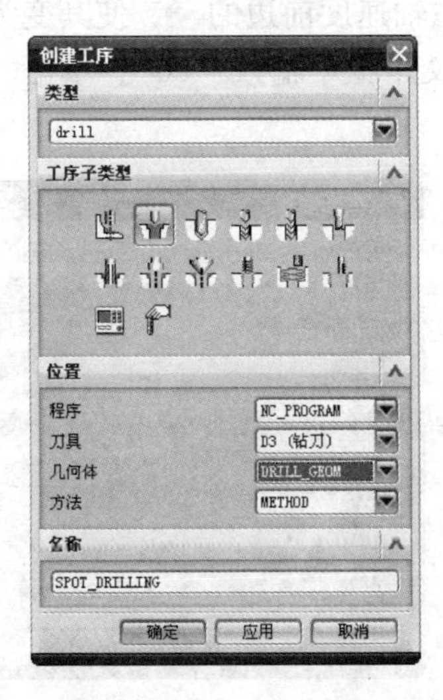

图 6-88　“创建工序”对话框（中心钻创建）

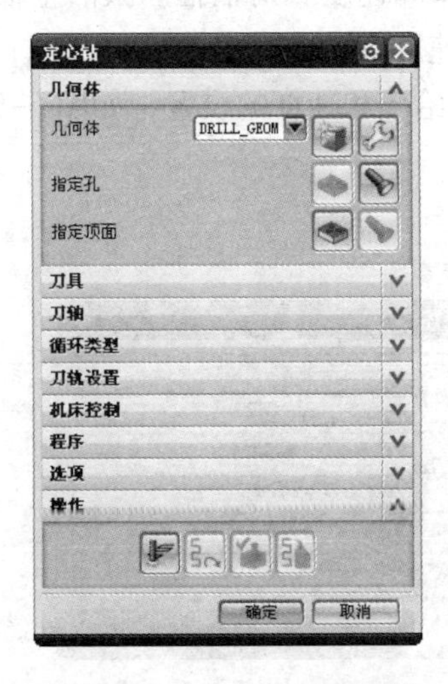

图 6-89　“定心钻”对话框

6. 中心钻加工参数设置

1）在“定心钻”对话框中单击按钮，系统弹出“指定参数组”对话框，如图 6-90 所示。

2）在“指定参数组”对话框中直接单击“确定”按钮，进入“Cycle 参数”对话框，如图 6-91 所示。

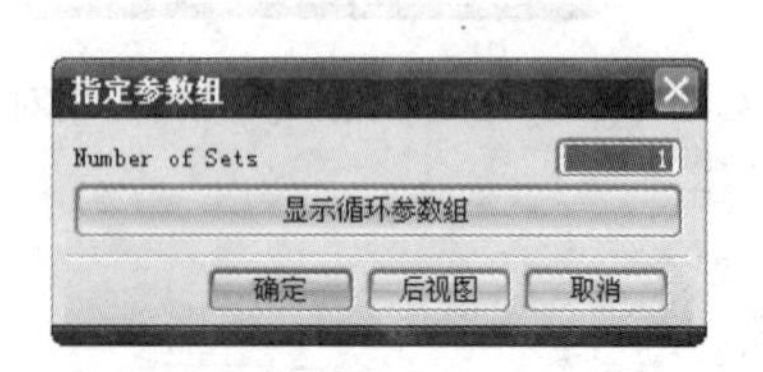

图 6-90 “指定参数组”对话框

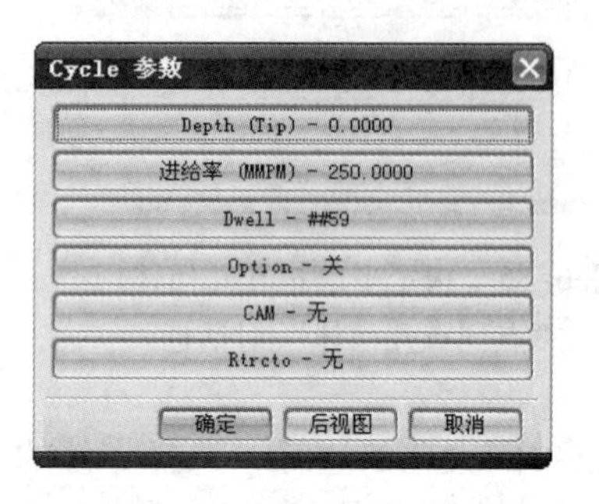

图 6-91 “Cycle 参数”对话框

3）在“Cycle 参数”对话框中单击“Depth（Tip）”按钮，系统弹出“Cycle 深度”对话框，如图 6-92 所示。

4）在“Cycle 深度”对话框中单击“刀尖深度”按钮，在文本框中输入“2.5”，单击“确定”按钮，返回“Cycle 参数”对话框。单击“确定”按钮，完成循环参数设置。

5）在“定心钻”对话框中“刀轨设置”中单击“避让”按钮，系统弹出“避让参数”对话框。单击“Clearance plane”按钮，系统弹出“安全平面”对话框，在对话框中单击“指定”按钮，系统弹出“平面”对话框，接着在绘图区选择工件上表面，然后在“距离”文本框中输“20”，最后单击三次“确定”按钮，完成避让设置。

6）在“定心钻”对话框中“刀轨设置”中单击“进给率和速度”按钮，系统弹出“进给率和速度”对话框。激活主轴速度（单击主轴速度前边的，使其变为状态），在“主轴速度”文本框中输入“200”；在“切削”文本框中输入“80”，单击“确定”按钮，完成进给率和速度的设置，如图 6-93 所示。

图 6-92 “Cycle 深度”对话框

图 6-93 中心钻加工进给率和速度设置

7. 中心钻刀轨生成

1）在“定心钻”对话框中单击按钮，系统开始计算刀轨。

2）计算完成后，单击“确定”按钮，完成中心钻刀轨操作，如图 6-94 所示。

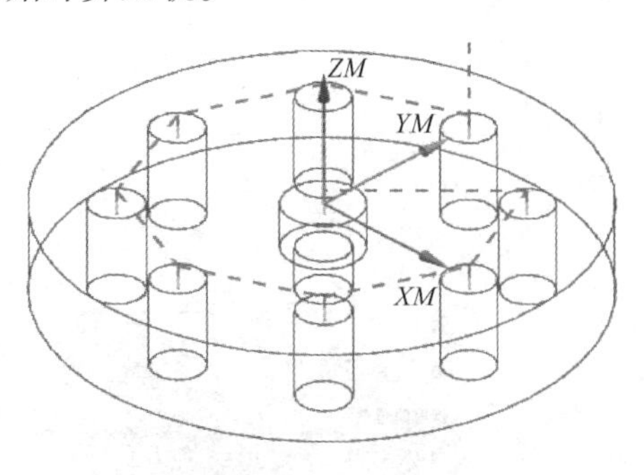

图 6-94　中心钻刀轨

8. 啄钻创建

1）在刀片工具栏中单击“创建工序”按钮，系统弹出“创建工序”对话框，在类型下拉列表框中选择“drill”。

2）在“工序子类型”中单击“PECK_DRILLING”按钮。

3）在“刀具”下拉列表框中选择“D10”。

4）在“几何体”下拉列表框中选择“DRILL_GEOM”。

5）其余参数默认，如图 6-95 所示。

6）单击“确定”按钮，弹出“啄钻”对话框，如图 6-96 所示。

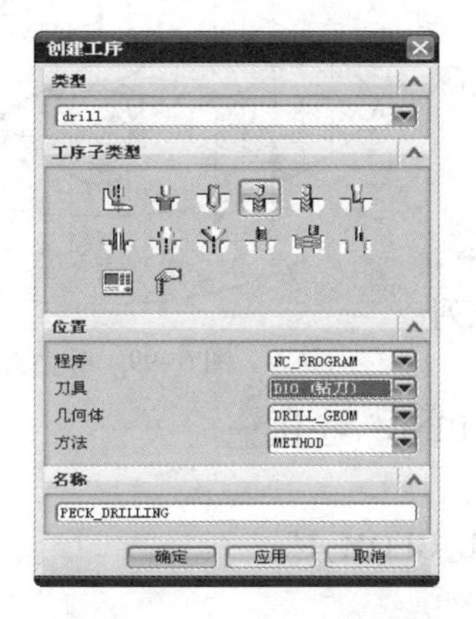

图 6-95　“创建工序”对话框（啄钻创建）

图 6-96　“啄钻”对话框

9. 啄钻加工参数设置

1）在“啄钻”对话框中单击“循环类型”中“循环”对应的按钮，弹出下拉列表框，选择“啄钻”，系统弹出“距离”对话框，单击“确定”按钮，系统弹出“指定参数组”对话框。再次单击“确定”按钮，进入“Cycle 参数”对话框，单击“Increment－无”按钮，系统弹出“增量”对话框。单击“恒定”按钮，系统弹出“增量参数设置”对话框，在“增量”文本框中输入“2.5”，单击两次“确定”按钮，系统返回“啄钻”对话框。

2）在“循环类型”中的“最小安全距离”文本框中输入“10”；在“深度偏置”中的“通孔安全距离”文本框中输入“1.5”；在“孔余量”文本框中输入“0”，如图 6-97 所示。

3）在“啄钻”对话框中“刀轨设置”中单击“进给率和速度”按钮，系统弹出“进给率和速度”对话框。激活主轴速度，并在“主轴速度”文本框中输入“200”；在

“切削”文本框中输入“80”，最后单击“确定”按钮完成进给率和速度的设置，如图 6-98 所示。

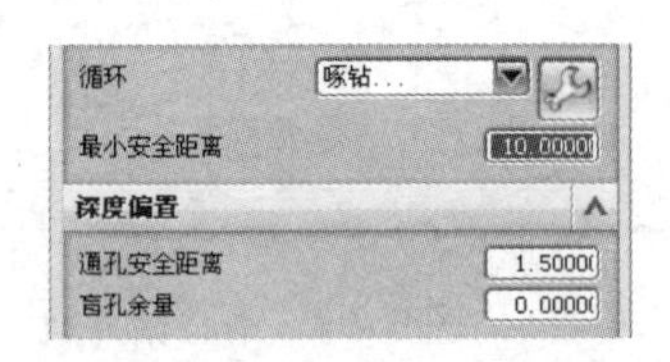

图 6-97 最小安全距离与深度偏置

图 6-98 啄钻加工进给率和速度设置

10. 啄钻刀轨生成

1）在“啄钻”对话框中单击按钮，系统开始计算刀轨。

2）计算完成后，单击“确定”按钮，完成啄钻刀轨操作，如图 6-99 所示。

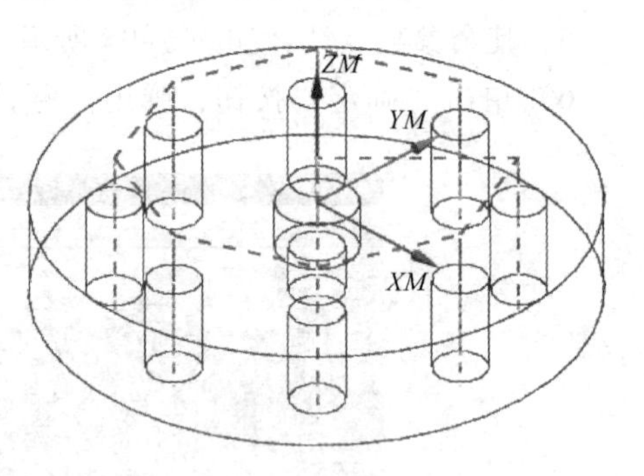

图 6-99 啄钻刀轨

11. 平底扩孔创建

1）在刀片工具栏中单击“创建工序”按钮，系统弹出“创建工序”对话框，在“类型”下拉列表框中选择“drill”。

2）在“工序子类型”中单击“COUNTERBORING”按钮。

3）在“刀具”下拉列表框中选择“D15”。

4）在“几何体”下拉列表框中选择“DRILL_GEOM_1”。

5）其余参数默认，如图 6-100 所示。

6）单击“确定”按钮，进入“沉头孔加工”对话框，如图 6-101 所示。

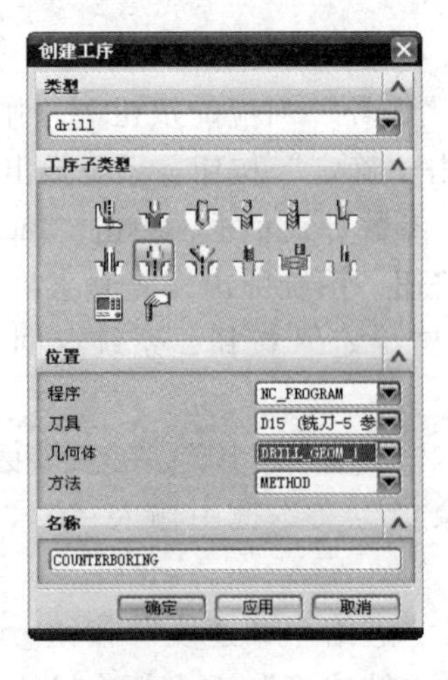

图 6-100 创建操作对话框（平底扩孔创建）

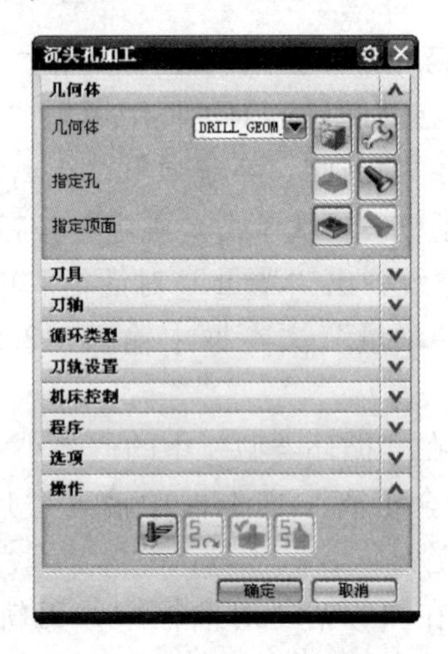

图 6-101 “沉头孔加工”对话框

12. 平底扩孔加工参数设置

1）在“循环类型”中选择“标准钻”，系统弹出“指定参数组”对话框，再次单击“确定”按钮，系统弹出“Cycle 参数”对话框，单击“Depth - 模型深度”按钮，系统弹出“Cycle 深度”对话框。单击“刀尖深度”按钮，系统弹出“深度”对话框，在“增量”文本框中输入沉头孔深度值“10”，单击两次“确定”按钮，系统返回“沉头孔加工”对话框。

2）在“ 最小安全距离”文本框中输入“10”。

3）在“沉头孔加工”对话框中“刀轨设置”中单击“避让”按钮，系统弹出“避让参数”对话框。单击“Clearance plane”按钮，系统弹出“安全平面”对话框，在对话框中单击“指定”按钮，系统弹出“平面”对话框，接着在绘图区选择工件上表面，然后在距离文本框中输“20”，最后单击三次“确定”按钮，返回到“沉头孔加工”对话框。

4）在“沉头孔加工”对话框中“刀轨设置”中单击“进给率和速度”按钮，系统弹出“进给率和速度”对话框。激活主轴速度，并在“主轴速度”文本框中输入“200”；在“切削”文本框中输入“80”，最后单击“确定”按钮完成进给率和速度的设置。

13. 平底扩孔刀轨生成

1）在“沉头孔加工”对话框中单击按钮，系统开始计算刀轨。

2）计算完成后，单击“确定”按钮，完成刀轨操作，如图 6-102 所示。

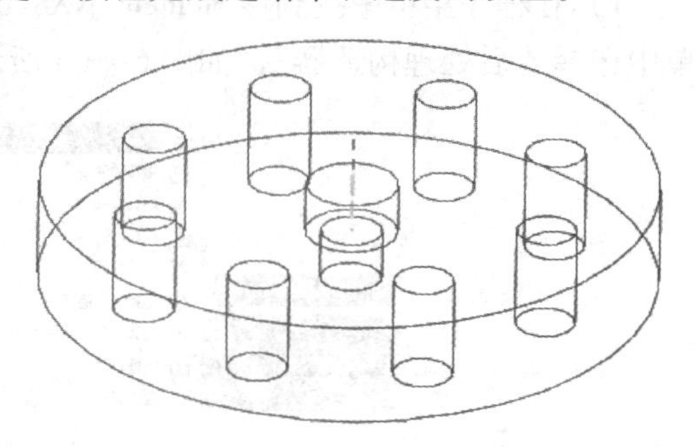

图 6-102　平底扩孔刀轨

14. 刀轨的校验

1）在导航器工具栏中单击“几何视图”按钮，将工序导航器显示为几何视图状态，如图 6-103 所示。

2）在工序导航器单击按钮 WORKPIECE，即选中了所有的加工操作。

3）在操作工具栏中单击“确认刀轨”按钮，弹出“刀轨可视化”对话框，如图 6-104 所示。

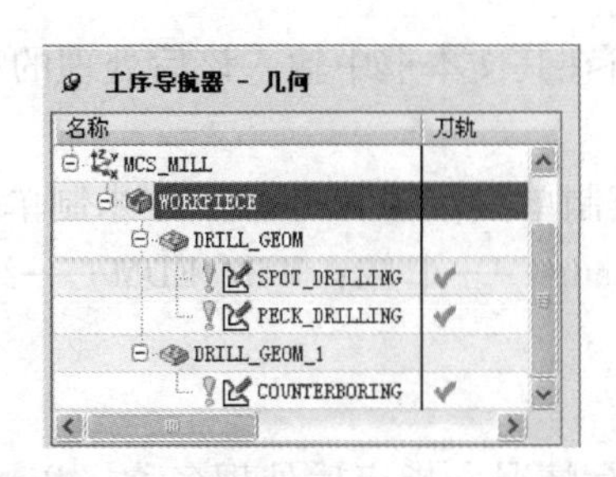

图 6-103　几何视图状态的工序导航器

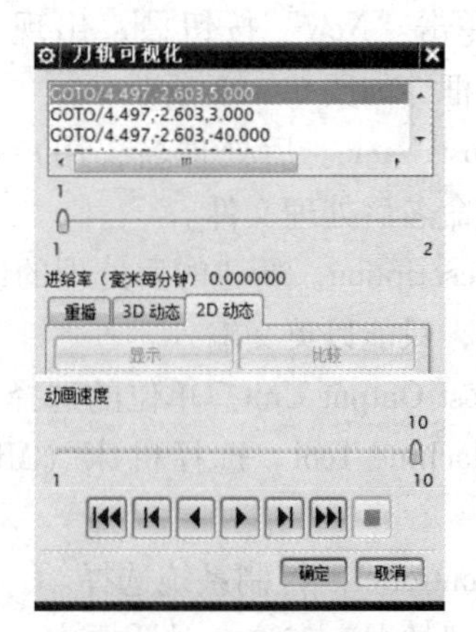

图 6-104　“刀轨可视化”对话框

4）在对话框中单击“2D 动态”按钮，再单击“播放”按钮，仿真加工开始，效果如图 6-105 所示。

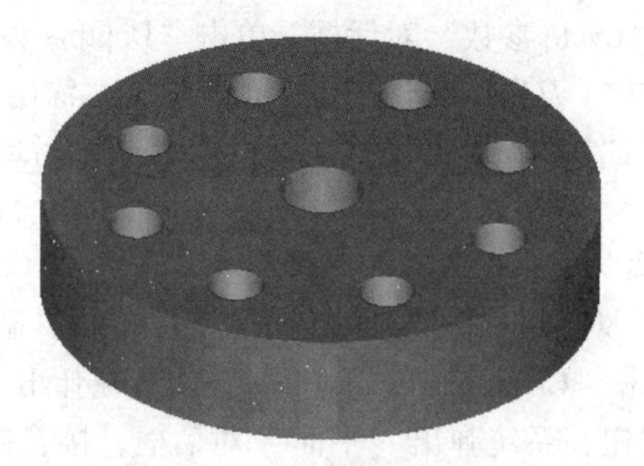

图 6-105　刀轨仿真结果

6.4.4　UG CAM 的后处理操作

1. 后处理器的启动与参数初始设置

1）在程序菜单中找到“Siemens NX8.0”，并在其下拉菜单中找到“加工”，在下级菜单中选择“后处理构造器”，如图 6-106 所示，打开后处理构造器。

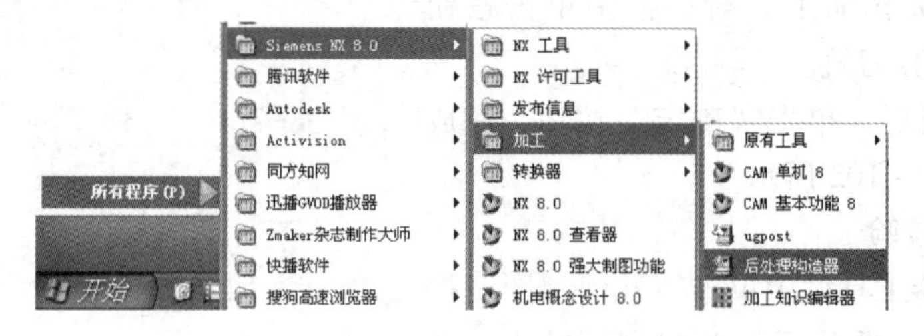

图 6-106　进入后处理构造器

2）在打开的后处理构造器中，通过“New”或“Open”按钮，可以重新创建或打开一个后处理文件（.pui），如图 6-107 所示。

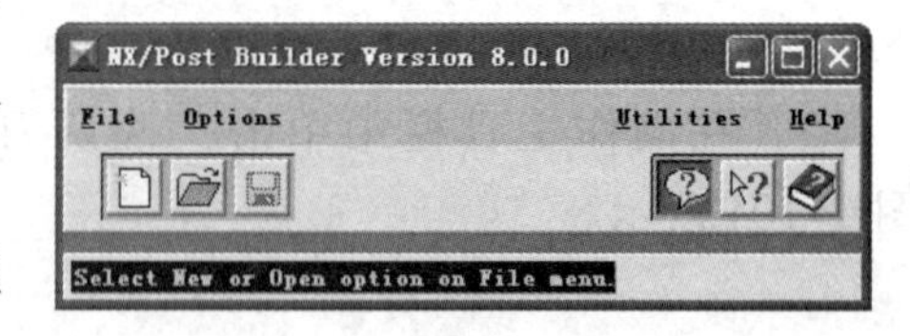

图 6-107　新建和打开按钮

3）单击“New”按钮，出现创建新后处理文件对话框，如图 6-108 所示。

① Post Name。后处理名，用户可以更改，将以该名称命名后处理文件。

② Description。新建的后处理的说明部分，即可在其文本框中输入该后处理的一些注释说明文字，只能以英文输入。

③ Post Output Unit。单位的选择（Inches——英制单位；Millimeters——米制单位）。

④ Machine Tool。选择机床（Mill——铣床；Lathe——车床；Wire EDM——线切割机床）。

⑤ Controller。控制系统选择。

在一般情况，在这个对话框中，只需要根据实际情况，指定后处理名称（Post Name）、选择单位（Post Output Unit）、指定机床类型（Machine Tool）即可。设置完毕，单击“OK”

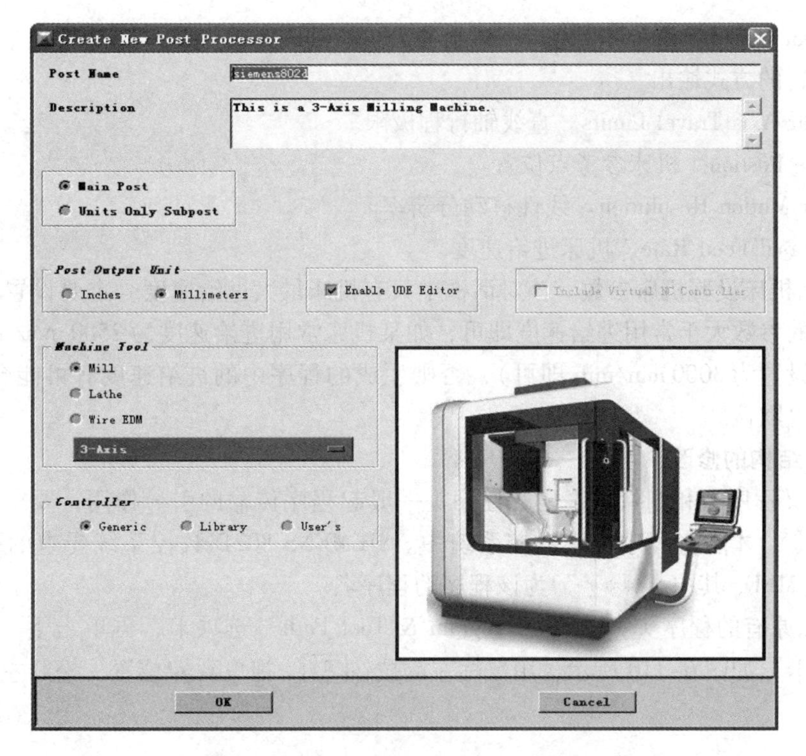

图 6-108　创建新后处理文件对话框

按钮，进入下一个对话框。

不同数控系统的程序格式不完全相同，下面以 SIEMENS 802D 铣床数控系统为例，介绍后处理的具体定制过程。

2. 设置机床参数

1）进入机床参数设置对话框，如图 6-109 所示。在该对话框中可以设置机床的行程、参考点坐标、机床分辨率以及最大进给速度等参数。其中只有机床最大进给速度（Traversal Feed Rate）会影响 NC 程序在机床上的使用，因此其余参数可不必设置。

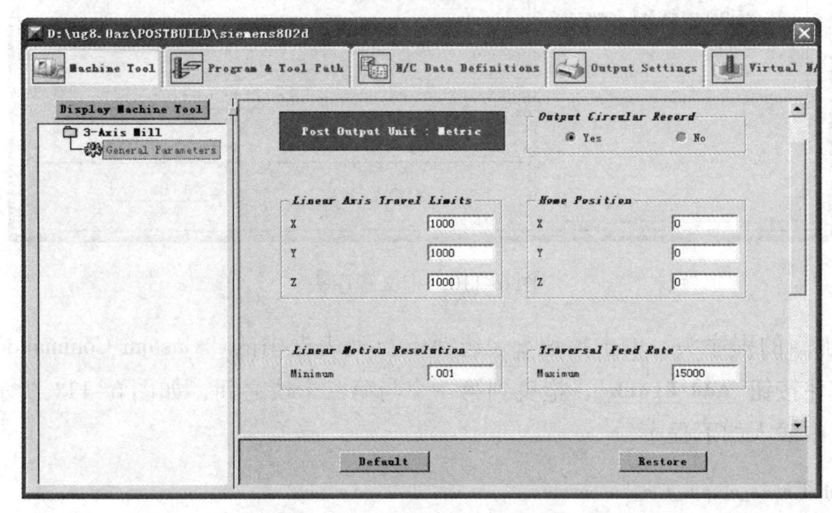

图 6-109　机床参数设置对话框

① Output Circular Record。输出圆弧轨迹，可控制圆弧轨迹是采用圆弧指令输出还是采用直线度逼近的方式输出。

② Linear Axis Travel Limits。直线轴行程极限。

③ Home Postion。机床参考点位置。

④ Liner Motion Resolution。线性移动分辨率。

⑤ Traversal Feed Rate。机床进给速度。

2）根据机床设置机床参数。该对话框中只有机床最大进给速度一定要设置（根据机床需要，设置的参数大于常用进给速度即可，如某机床常用进给速度为2500 mm/min，则将最大进给速度设置为3000 mm/min 即可），否则生成的程序中的进给速度有可能会发生错误。其他参数可以默认。

3. 程序结构的修改

（1）定义程序头和删除程序尾　程序头一般起程序传输的引导作用，要求输出系统指定的引导指令，才能将程序传入数控系统中。SIEMENS 802D 数控系统要求的引导指令为%_N_＊＊＊_MPF，其中“＊＊＊”为该程序的程序名。

1）删除原有的程序头。单击“Program & Tool Path”选项卡，再单击下一级的“Program”选项卡，如图6-110所示，用鼠标左键按住[%]，拖曳到[回收站]位置，松开左键，将其扔入回收站。

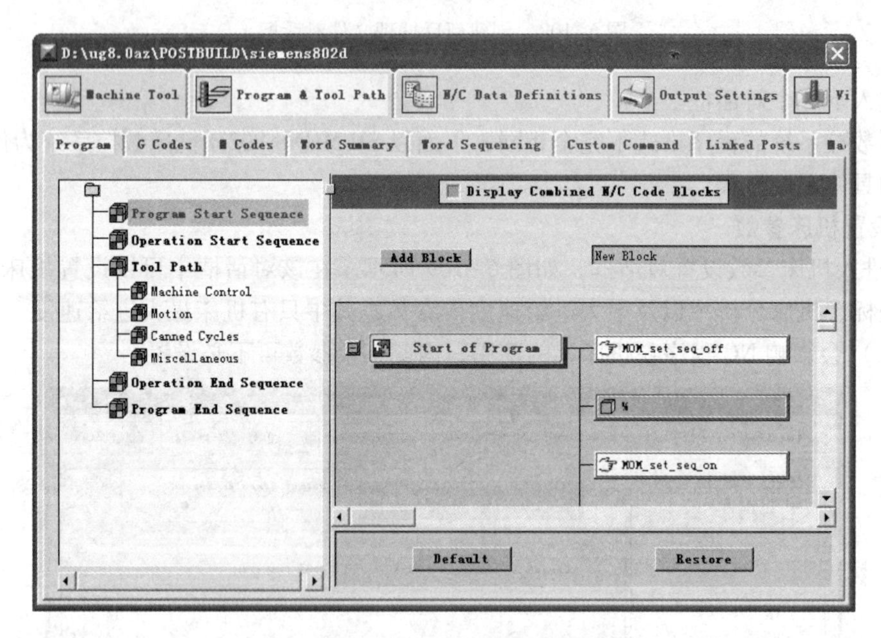

图6-110　定义程序头

2）添加新的程序头。单击按钮[▼]，选择下拉列表框中的“Custom Command”，然后用鼠标左键按住按钮 **Add Block** ，拖曳到第一个与第二个块之间，如图6-111所示，并在弹出的文本框中输入如下程序。

```
global mom_output_file_basename
MOM_output_literal "%_N_$mom_output_file_basename\_MPF"
```

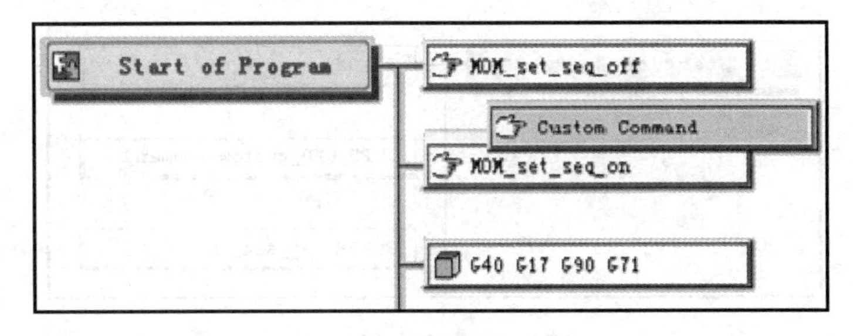

图 6-111　添加程序头

单击文本框中的“OK”按钮，程序头修改完成。

3）删除程序尾。单击“Program”选项卡中左侧程序结构树中的“Program End Sequence”，则右侧的窗口显示如图 6-112 所示。将[%]拖曳扔进回收站，则程序尾修改完成。

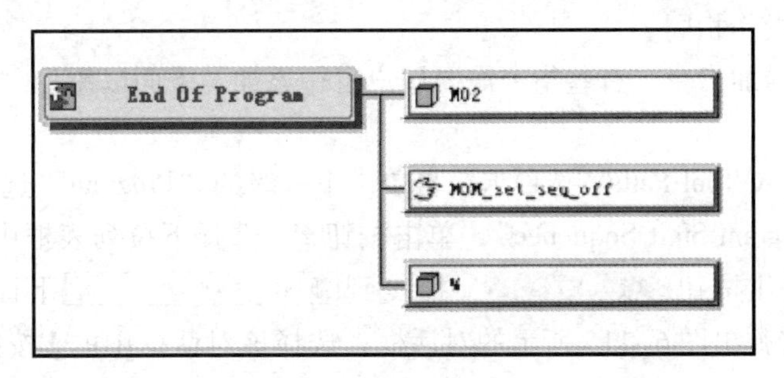

图 6-112　删除程序尾

（2）修改和删除程序段号

1）修改程序段号。单击“N/C Data Definitions”选项卡，在下级选项卡中单击“Other Data Elements”，显示图 6-113 所示参数对话框，即为修改程序段号的参数项。其中，Sequence Number Start 为程序段起始序号；Sequence Number Increment 为程序段号变化增量；Sequence Number Frequency 为程序段号频率；Sequence Number Maximum 为程序段号最大值。

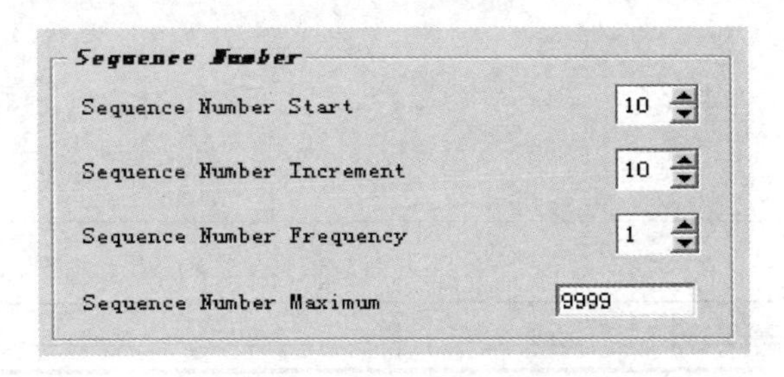

图 6-113　参数对话框

2）删除程序段号。单击“Program & Tool Path”选项卡，再单击下一级的“Program”选项卡，选择左侧程序结构树中的“Program Start Sequence”选项，右侧的窗口显示如图 6-114 所示，将[MOM_set_seq_on]拖曳扔入回收站，则可以删除程序段号。

（3）删除程序中非法指令　程序当中如果有不适合机床数控系统的非法指令，需要删除这些指令。下面以删除“T　M06”为例说明删除过程。

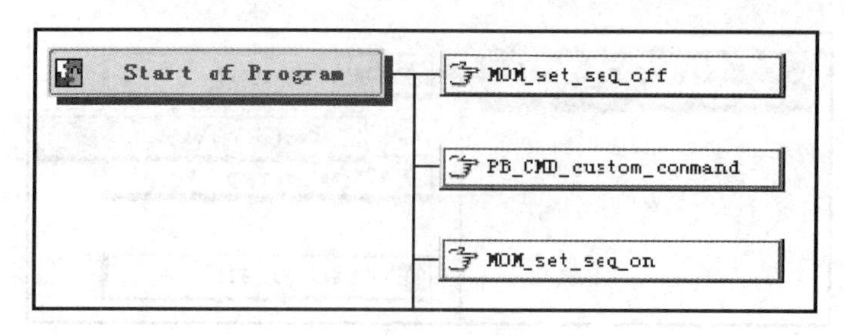

图 6-114　程序段显示

单击“Program & Tool Path”选项卡，再单击下一级的“Program”选项卡，选择左侧程序结构树中的“Operation Start Sequence”，在右侧的窗口内找到 T M06，用鼠标左键按住 T M06，拖拽扔入回收站，则“**T M06**”程序段被删除。

删除其他指令操作相同。

（4）在程序中增加指令　有些指令需要用户自行添加，下面以添加“G54 G64”指令为例，说明添加过程。

单击“Program & Tool Path”选项卡，再单击下一级的“Program”选项卡，选择左侧程序结构树中的“Program Start Sequence”，单击按钮↓，选择下拉列表框中的“New Block”，然后用鼠标左键按住按钮 **Add Block**，拖曳到 G40 G17 G90 G71 下面（会产生高亮变化），松开左键，将弹出图 6-115 所示的对话框。选择该对话框中的↓按钮，在下拉列表框中选择“Text”，然后将按钮 **Add Word** 用鼠标左键拖放到对话框中绿色竖线的位置，松开鼠标，弹出“Text Entry”文本框，在文本框中输入“G54 G64”，依次单击“OK”按钮，完成指令添加。

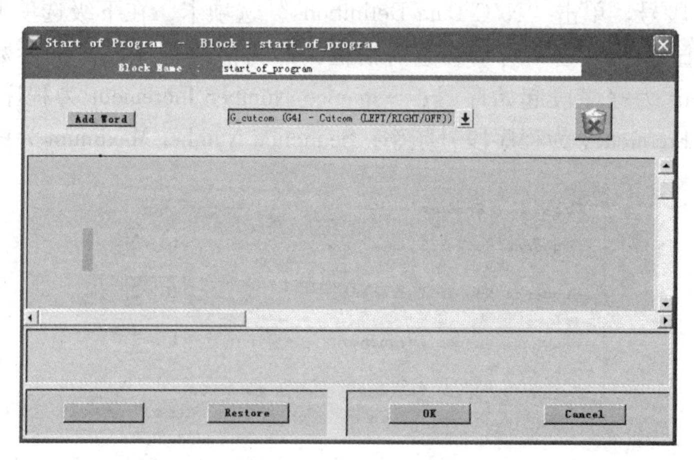

图 6-115　增加指令

（5）修改 I、J、K 为半径编程　在有些数控系统中，对于通用后处理中默认的 I、J、K 编程格式常会出现错误报警，通常可以将其修改成圆弧编程的格式。下面以 SIEMENS 802D 系统为例，说明其修改过程。SIEMEN S802D 的圆弧编程半径输出代码为“CR =”。

1）单击“Program & Tool Path”选项卡，再单击下一级的“Program”选项卡，选择左侧程序结构树中的“Motion”，右侧的窗口显示如图 6-116 所示。单击按钮 Circular Move，弹出“Circular Move”对话框。

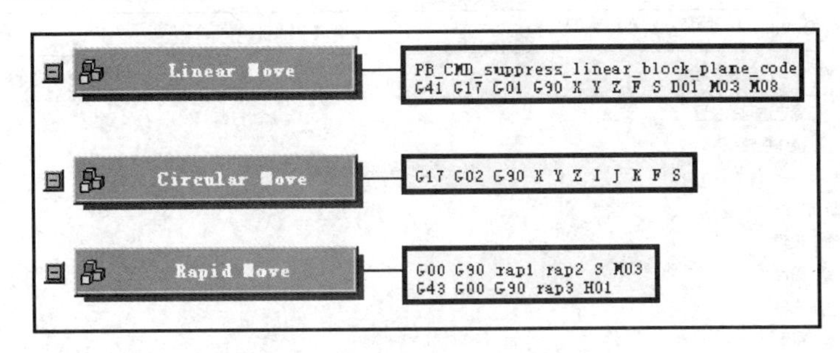

图 6-116　Motion 对应的参数

2）将对话框中的 I J K 几个代码全部扔进回收站，然后单击按钮，在下拉列表框中选择“R” - “Arc Radius”，然后将按钮 Add Word 用鼠标左键拖放到原来放置 I、J、K 代码的位置，效果如图 6-117 所示。

图 6-117　增加 R 代码效果

3）将圆弧输出由整圆改为四分之一圆弧。如图 6-118 所示，将圆弧的输出由默认的“Full Circle”修改为“Quadrant”。

4）修改圆弧半径代码为“CR =”。将鼠标放在新插入的块 R 上，右击，弹出图 6-119 所示下拉列表框，先选择“Force Output”，即强制输出半径指令，再选择“Edit”，在弹出的对话框中，将 R 改为 CR=，单击两次“OK”完成设置。

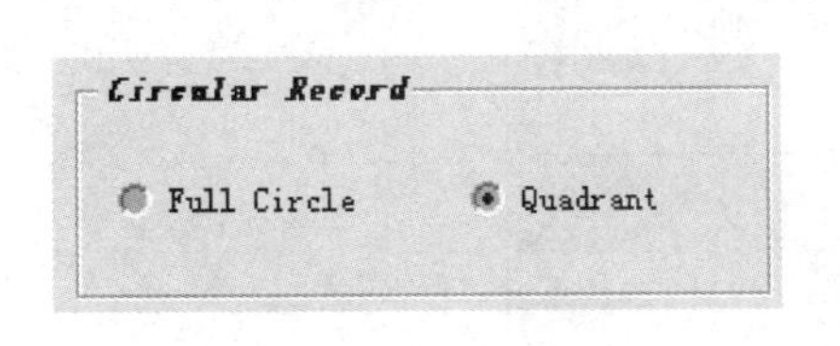

图 6-118　圆弧输出控制

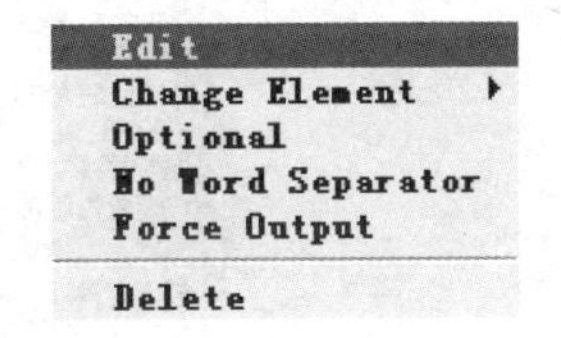

图 6-119　圆弧半径指令的修改

4. 后处理的保存与调用

完成后处理的修改以后，需要将其保存，便于编程时调用。

（1）后处理的保存　单击左上角的“Save”按钮，弹出“Save As”对话框，如图 6-120 所示。选择一个非中文的保存路径（保存路径和文件夹均不可以为中文形式），确认后处理文件名以后，单击“保存”按钮即可。如图 6-120 所示，保存路径为 D:盘下的 post 文件夹，后处理文件名为 siemens802d. pui。

（2）后处理的调用　在工序导航器中选中一个加工工序，在操作工具栏中单击“后处理”按钮，弹出“后处理”对话框，如图 6-121 所示。可以看到，在下拉列表框中并没有所保存的“siemens802d”后处理，需要手动添加后处理。

在对话框中单击“浏览查找后处理器”按钮，弹出“打开后处理器”对话框，在该对话框中，通过 D:盘下的 post 文件夹路径，找到 siemens802d. pui 文件，单击“OK”按钮，

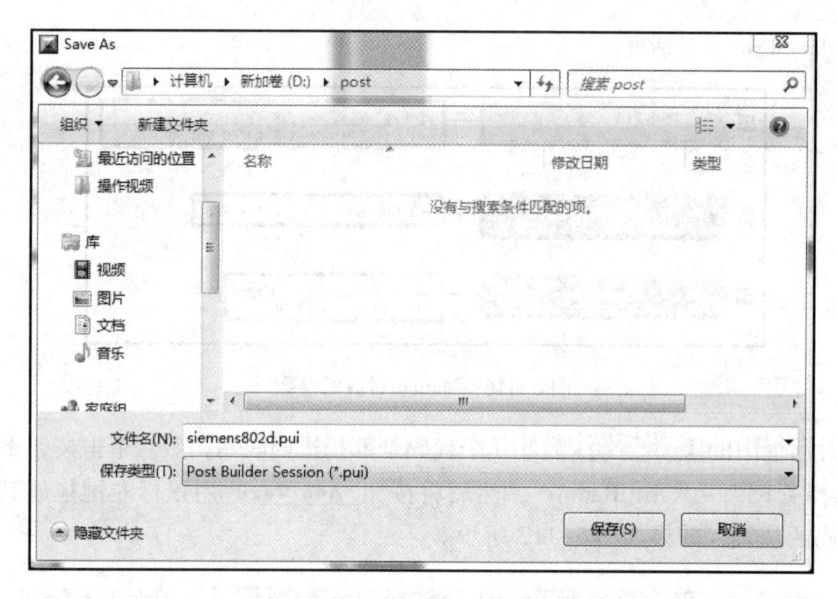

图 6-120 “Save As”对话框

返回到“后处理”对话框。此时观察下拉列表框，发现 siemens802d 已被添加，在下拉列表框中选择该后处理，通过“文件名”文本框确定生成的代码文件保存的位置及名称，最后单击“确定”按钮即可。

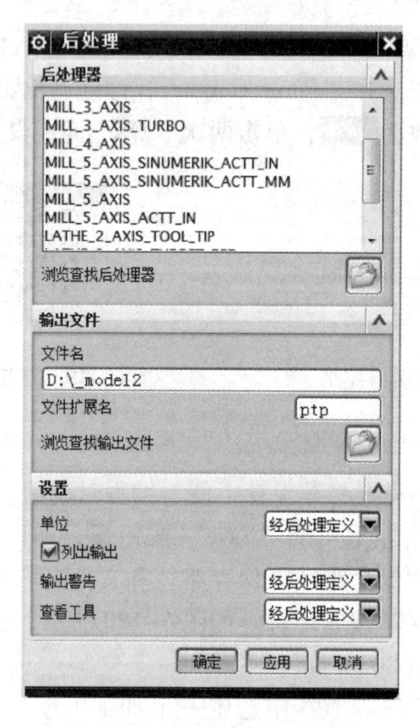

图 6-121 “后处理”对话框

附　　录

附录 A　华中世纪星数控车床 G 准备功能表

G 指令	组　别	功　能	参　数
G00 * G01 G02 G03	01	快速定位 直线插补 顺圆插补 逆圆插补	X、Z X、Z X、Z、I、K、R X、Z、I、K、R
G04	00	暂停	P
G20 * G21	08	英制输入 米制输入	X、Z X、Z
G28 G29	00	返回刀具参考点 由参考点返回	
G32	01	螺纹切削	X、Z、R、E、P、F
* G36 G37	17	直径编程 半径编程	
* G40 G41 G42	09	刀具半径补偿取消 左刀补 右刀补	 T T
* G54 G55 G56 G57 G58 G59	11	坐标系选择	
G65		宏指令简单调用	P、A ~ Z
G71 G72 G73 G76 G80 G81 G82	06	外径/内径车削复合循环 端面车削复合循环 闭环车削复合循环 螺纹切削复合循环 外径/内径车削固定循环 端面车削固定循环 螺纹切削固定循环	X、Z、U、W、C、P、Q、R、E X、Z、I、K、C、P、R、E
* G90 G91	13	绝对编程 相对编程	
G92	00	工件坐标系设定	X、Z
* G94 G95	14	每分钟进给 每转进给	
G96 * G97	16	恒线速度切削	S

注：1. 00 组中的 G 指令是非模态指令，其他组的 G 指令是模态指令。

2. * 标记为默认值。

附录 B　西门子 802D 数控铣床 G 准备功能表

G 指令	说　明	功　能	参　数
G0 * G1 G2 G3	模态有效	快速定位 直线插补 顺圆插补 逆圆插补	X、Y、Z X,、Y、Z X、Y、I、J、CR = X、Y、I、J、CR =
G331		螺纹插补	Z、K、S
G332		切削内螺纹（不带补偿夹具）	Z、K
G04	非模态有效	暂停	F 或 S
* G17 G18 G19	模态有效	*OXY* 平面选择 *OXZ* 平面选择 *OYZ* 平面选择	
G25 G26	非模态有效	主轴转速或工作区域下限 主轴转速或工作区域上限	X、Y、Z X、Y、Z
G33	模态有效	恒螺距的螺纹切削	Z、K
* G40 G41 G42	模态有效	刀具半径补偿取消 刀具半径左补偿 刀具半径右补偿	
* G500 G54 G55 G56 G57 G58 G59	模态有效	取消可设定零点偏置 第一可设定零点偏置 第二可设定零点偏置 第三可设定零点偏置 第四可设定零点偏置 第五可设定零点偏置 第六可设定零点偏置	
G53 G153	非模态有效	取消可设定零点偏置 取消可设定零点偏置，包括基本框架	
* G60 G64	模态有效	准确定位 连续路径方式	
G9	非模态有效	准确定位	
* G601 G602	模态有效	在 G60、G9 方式下精准确定位 在 G60、G9 方式下粗准确定位	
G70 * G71 G700 G710	模态有效	英制尺寸 米制尺寸 英制尺寸，也用于进给率 F 米制尺寸，也用于进给率 F	
* G90 G91	模态有效	绝对编程 相对编程	
G94 * G95	模态有效	进给率 F，单位 mm/min 进给率 F，单位 mm/r	
* G450 G451	模态有效	圆弧过渡 等距线交点过渡	
CYCLE82		钻削、沉孔加工循环	
CYCLE83		深孔钻削	

（续）

G 指令	说　明	功　能	参　数
CYCLE840		带补偿夹具切削螺纹	
CYCLE84		带螺纹插补切削螺纹	
CYCLE85		镗孔 1	
CYCLE86		镗孔 2	
CYCLE88		镗孔 4	
HOLES1		钻削直线排列的孔	
HOLES2		钻削圆弧排列的孔	
SLOT1		铣槽	
SLOT2		铣圆形槽	
POCKET3		矩形腔	
POCKET4		圆形腔	
CYCLE71		端面铣	
CYCLE72		轮廓铣	
CYCLE971		校验刀具测量头，刀具测量	
CYCLE976		在孔中或表面校验刀具测量头	
CYCLE977		与轴平行测量钻孔、轴、槽、拐角	
CYCLE978		在平面内或垂直方向单点测量	

注：带 * 号的功能在程序启动时生效。

附录 C　西门子 802S 数控车床 G 准备功能表

G 指令	说　明	功　能	参　数
G0 * G1 G2 G3	模态有效	快速定位 直线插补 顺圆插补 逆圆插补	X、Z X、Z X、Z、I、K、CR = X、Z、I、K、CR =
G04	非模态有效	暂停	F 或 S
G5	模态有效	中间点圆弧插补	X、Z、IX =、KZ =
G17 * G18	模态有效	*OXY* 平面选择（加工孔时） *OXZ* 平面选择	
G22 * G23	模态有效	半径编程 直径编程	
G25 G26	非模态有效	主轴转速下限 主轴转速上限	S S
G33	模态有效	恒螺距的螺纹切削	Z、K 或 X、I 或 Z、X、I 或 Z、X、K
* G40 G41 G42	模态有效	刀具半径补偿取消 刀具半径左补偿 刀具半径右补偿	

（续）

G 指令	说　明	功　能	参　数
* G500 G54 G55 G56 G57	模态有效	取消可设定零点偏置 第一可设定零点偏置 第二可设定零点偏置 第三可设定零点偏置 第四可设定零点偏置	
G53	非模态有效	取消可设定零点偏置	
* G60 G64	模态有效	准确定位 连续路径方式	
G9	非模态有效	准确定位	
* G601 G602	模态有效	在 G60、G9 方式下精准确定位 在 G60、G9 方式下粗准确定位	
G70 * G71	模态有效	英制尺寸 米制尺寸	
* G90 G91	模态有效	绝对编程 相对编程	
G94 * G95	模态有效	进给率 F，单位 mm/min 进给率 F，单位 mm/r	
* G450 G451	模态有效	圆弧过渡 等距线交点过渡	
LCYC82		钻削、沉孔加工	
LCYC83		深孔钻削	
LCYC840		带补偿夹具切削螺纹	
LCYC85		镗孔	
LCYC93		切槽（凹槽循环）	
LCYC94		凹凸切削（退刀槽循环）	
LCYC95		坯料切削循环	
LCYC97		螺纹切削循环	

注：带 * 号的功能在程序启动时生效。

附录 D　FANUC0－MD 数控铣床 G 准备功能表

G 指令	组　别	功　能
G00　☆	01	定位（快速进给）
G01　☆	01	直线插补（切削进给）
G02	01	圆弧插补 CW
G03	01	圆弧插补 CCW
G04	00	暂停，准确停止
G09	00	准确停止
G17　☆	02	*OXY* 平面指定
G18	02	*OXZ* 平面指定
G19	02	*OYZ* 平面指定
G20	06	英制输入
G21	06	米制输入

（续）

G 指令	组　别	功　能
G27	00	返回参考点校验
G28		返回参考点
G29		从参考点返回
G30		返回第二参考点
G40 ☆	07	刀具半径补偿取消
G41		刀具半径左侧补偿
G42		刀具半径右侧补偿
G43	08	刀具长度正补偿
G44		刀具长度负补偿
G49		刀具长度补偿取消
G52	00	局部坐标系设定
G53		机床坐标系选择
G54 ☆	14	工件坐标系 1 选择
G55		工件坐标系 2 选择
G56		工件坐标系 3 选择
G57		工件坐标系 4 选择
G58		工件坐标系 5 选择
G59		工件坐标系 6 选择
G60	00	单一方向定位
G61	15	准确定位方式
G64 ☆		切削方式
G73	09	深孔钻循环
G74		反攻螺纹循环
G76		精镗
G80☆		固定循环取消
G81		钻削循环，锪孔
G82		钻削循环，镗阶梯孔
G83		深孔钻削循环
G84		攻螺纹循环
G85		镗孔循环
G86		镗孔循环
G87		反镗孔循环
G88		镗孔循环
G89		镗孔循环
G90☆	03	绝对编程
G91☆		相对编程

（续）

G 指令	组　别	功　能
G92	00	坐标系设定
G94☆	05	每分钟进给
G98☆	10	返回初始平面
G99		返回 R 平面

注：1. 带☆号的 G 指令表示接通电源时，即为该 G 指令的状态。

2. G00、G01、G90 和 G91 可由参数设定选择。

3. 00 组 G 指令为非模态 G 指令。

参考文献

[1] 熊光华 . 数控机床 [M]. 北京：机械工业出版社，2012.
[2] 郑晓峰 . 数控原理与系统 [M]. 2 版 . 北京：机械工业出版社，2013.
[3] 武文革，等 . 现代数控机床 [M]. 3 版 . 北京：国防工业出版社，2016.
[4] 席子杰 . 最新数控机床加工工艺编程技术与维护维修实用手册 [M]. 吉林：吉林电子出版社，2004.
[5] 张志义 . 数控应用技术 [M]. 北京：化学工业出版社，2005.
[6] 罗敏等 . 数控原理与编程 [M]. 北京：机械工业出版社，2011.
[7] 徐衡 . FANUC 数控系统手工编程 [M]. 北京：化学工业出版社，2013.
[8] 韩鸿鸾，等 . 数控机床装调与维修 [M]. 北京：中国电力出版社，2015.
[9] 翟肖墨 . 数控机床加工技术 [M]. 北京：机械工业出版社，2005.
[10] 何雪明，等 . 数控技术 [M]. 3 版 . 武汉：华中科技大学出版社，2014.
[11] 张安鹏 . UG NX8. 0 数控加工技术与案例应用 [M]. 北京：北京航空航天大学出版社，2014.
[12] 刘军 . 机床数控技术 [M]. 北京：电子工业出版社，2015.
[13] 卢万强，等 . 数控加工工艺与编程 [M]. 北京：北京理工大学出版社，2011.
[14] 缪德建，等 . 数控加工工艺与编程 [M]. 南京：东南大学出版社，2013.
[15] 马宏伟 . 数控技术 [M]. 2 版 . 北京：电子工业出版社，2014.
[16] 郁元正 . 现代数控机床原理与结构 [M]. 北京：机械工业出版社，2013.
[17] 陈光明 . 数控技术与数控机床 [M]. 北京：中国电力出版社，2013.
[18] 胡占齐，等 . 机床数控技术 [M]. 3 版 . 北京：机械工业出版社，2014.
[19] 王占平 . 数控铣削编程实例精讲 [M]. 北京：机械工业出版社，2014.
[20] 陈胜利 . UG NX8 数控编程基本功特训 [M]. 2 版 . 北京：电子工业出版社，2014.